Monographien zur Chemischen Apparatur
Herausgegeben von Dr. A. J. Kieser
Heft 4

Die sieblose Schleuder

zur Abscheidung von Sink- und Schwebestoffen

aus Säften, Laugen, Milch, Blut, Serum, Lacken, Farben, Teer, Öl, Hefewürze, Papierstoff, Stärkemilch, Erzschlamm, Abwässer

Theoretische Grundlagen und praktische Ausführungen

Von

Berthold Block
Zivilingenieur
Berlin-Charlottenburg

Mit 131 Abbildungen im Text

(Erweiterter Sonderdruck aus „Chemische Apparatur" 1919/21)

Springer-Verlag Berlin Heidelberg GmbH
1921

ISBN 978-3-662-33652-6 ISBN 978-3-662-34050-9 (eBook)
DOI 10.1007/978-3-662-34050-9

Vorwort.

Diese Monographie stellt einen erweiterten Sonderdruck meiner Abhandlungen in der „Chemischen Apparatur“ dar. Sie beschäftigt sich mit der Möglichkeit, Schlamm aus Flüssigkeiten durch sieblose Schleudern (Zentrifugen) zu trennen. In den Bereich der Beurteilung fallen deshalb nicht solche Schleudern, die mit Siebtrommeln arbeiten und für die Trennung grobkörniger Stoffe, wie Stärke, Salzkristalle u. dgl. vorteilhafte Verwendung gefunden haben.

Als die Not der Hungerblockade uns dazu zwang, neue Nahrungsquellen zu erschließen, glaubte man dies auch durch die Zucht von Mineralhefe zu erreichen. Die Hefewürze war aber so dünn, daß es notwendig wurde, in einfachster Weise die schlammigen Hefezellen von den großen Flüssigkeitsmengen zu befreien. Für die Hauptmenge der zu entfernenden Flüssigkeit kamen entweder nur Schleudern oder Mehrkörperverdampfer in Frage. Erst der Rest des Wassers kann dann wirtschaftlich in Trocknern ausgetrieben werden. Es zeigte sich aber bald, daß Verdampfer für die Voreindickung nur dann brauchbar sind, wenn der größere Teil der gröberen Hefezellen vorher entfernt wurde, durch Absetzen oder Schleudern, weil der schon bei ca. 20% Trockengehalt eintretende dickbreiige Zustand ein weiteres schnelles Abdampfen unmöglich machte. Da dies an den maßgebenden Stellen verkannt wurde, scheiterte auch hieran nicht zum geringsten Teil die, unserem Nahrungsmangel abhelfensollende, Hefegewinnung. Genügend leistungsfähige Schleudern, die die gewaltigen Würzemengen bewältigen konnten, standen noch nicht zur Verfügung, so daß ich mich 1915 eingehender als bisher mit der Frage der Trennung schlammiger Stoffe von Flüssigkeiten beschäftigte.

Dazu kam dann der Mangel an Filtertüchern für die Filterpressen, der veranlaßte, daß an vielen Stellen Versuche mit sieblosen Schleudern vorgenommen wurden. Mit dem Ersatz der Filterpressen ist aber nicht nur die Ersparnis der Tücher, die meistens aus ausländischen Rohstoffen hergestellt werden, verbunden, sondern auch eine Erleichterung der Handarbeit.

Eine eingehende Behandlung der Abscheidung schlammiger Stoffe mit Hilfe der Schleuderkraft (Zentrifugalkraft) und der hierfür vorgeschlagenen oder verwendeten Schleudern dürfte deshalb für viele Industriezweige nützlich sein. Zusammenfassende Beurteilungen der verschiedenen Konstruktionen und theoretische Berechnungen, die erst neue Ausblicke für den Fortschritt bieten, und die Grenzen der Anwendungsmöglichkeiten erkennen lassen, gibt es bisher nicht. Ansätze, die Schleuder auch theoretisch zu erfassen, liegen meistens weit zurück und sind, entsprechend dem damaligen Stand des Schleuderbaues, unvollkommen.

Berthold Block.

Inhalt.

A. Allgemeines.

1. Anwendungsgebiete und Verwendungsmöglichkeiten der Schleuder.

In vielen Betrieben entstehen Lösungen und Abwässer, die durch Absetzen, Filtern oder Schleudern von den festen Beimengungen getrennt werden müssen.

Die Löselaugen der Kaliwerke werden vom unlöslichen Rückstand bisher in Absatzkästen getrennt, die „Schlämme" (der Rückstand) durch Filterpressen gedrückt, um die anhaftende Chlorkalilauge zu gewinnen, und dann getrocknet. Schlammschleudern können hier nützlicher sein. Ebenso bei der Trennung der Blutkörperchen und des Blutgerinnsels vom Blutserum, der unlöslichen Rückstände vom Fleischextraktersatz, zur Klärung von Leimbrühen, Abwässern, Säften (Zitronensäure s. Journ. Ind. Eng. Chem. 1916, Bd. 8, S. 136) u. dgl. In den Ölpressereien sind vielfach Schleudern im Gebrauch, um das von den Pressen ablaufende Öl, das stark mit Trub (5—30%) verunreinigt ist, von diesem zu trennen. Die Filterpressen und Filterschleudern verschleimen sehr leicht, während die Scheideschleudern schneller und besser arbeiten, indem sich das schwere Trub an dem Trommelmantel ablagert und das geklärte Öl durch ein Schälrohr abgenommen wird.

Bei der Aufbereitung der Erze, um das Rohprodukt hüttenmännisch verwertbar machen zu können, muß das „Taube", die Gangart möglichst entfernt und der Metallgehalt angereichert werden. Bei dieser nassen Aufbereitung der in Wasser angerührten Trübe kann die Trennung in deren Bestandteile mit Hilfe der Schleudern geschehen. — Zum Waschen der Schlämme gehört viel Wasser, welches geklärt werden muß, häufig unter Anwendung von Schleudern, ehe es in die öffentlichen Flußläufe geführt werden darf.

Aus den Wäschereien der Steinkohle wird Waschwasser abgeführt, das eine so trübe Brühe ist, die nahezu 100 g feste Stoffe im Liter enthält, die ebenfalls nicht in öffentliche Gewässer geleitet werden darf. Der Ton ist in diesem Kohlenwaschwasser am feinsten verteilt, setzt sich also langsamer ab als der Kohlenschlamm, so daß in Schleudern, besser wie in Absetzteichen, eine Trennung zwischen Ton (Lette) und Kohle zu erreichen wäre. Der angereicherte Kohlenschlamm dürfte dann im Werte als Brennstoff entsprechend steigen.

Das Wollfett aus den Waschwässern der Wollwäschereien und das Fett aus anderen Abwässern kann mit Vorteil durch Schleudern gewonnen werden.

Die Reinigung der Abwässer für Städte und größere Gemeindeplätze erfolgt meistens in Klärbecken oder Klärbrunnen verschiedener Bauweise. Der hierbei gewonnene Klärschlamm ist mehr oder weniger dünnflüssig. Er enthält im Durchschnitt nur 5—10% feste Bestandteile. An eine Verwendung dieses dünnflüssigen Schlammes, z. B. für die Landwirtschaft, ist meistens nicht zu denken, da er die Kosten der Abfuhr nicht lohnt. Eine einfache Ablagerung ist wegen seiner unangenehmen sonstigen Eigenschaften nicht zulässig. Wegen seines großen Fettgehaltes und seines Gehaltes an Kolloiden kann er auf dräniertem Boden schwer entwässert werden, weil sich die Poren des Bodens sehr rasch zusetzen; eine schnelle Verdunstung tritt aus dem gleichen Grunde ebenfalls nicht ein. Verhältnismäßig rasch läßt sich der Schlamm bearbeiten durch Ausschleudern. Er wird hierbei lufttrocken gemacht, gleichzeitig sein Rauminhalt erheblich vermindert und dadurch seine weitere Beseitigung leicht ermöglicht. Diese Tatsache, sowie die Erwägung, daß bei der unsauberen und gesundheitsgefährlichen Beschaffenheit des Schlammes jede Handarbeit soweit wie möglich vermieden werden müßte, führten z. B. zur Schaffung der selbsttätig arbeitenden Schleuder Bauart „Schaeferter Meer".

Um die Trocknungskosten für Kartoffeln zu vermindern, sucht man einen Teil des Fruchtwassers abzuschleudern, wodurch allerdings teilweise wertvolle Nährsalze verloren gehen.

In den Stärkefabriken erfordert die Trennung der Rohstärke vom Fruchtwasser in Absetzkästen, Rinnen oder Fluten viel Zeit, Raum und Arbeitskräfte. Dazu kommt noch die unerwünscht lange Berührung der Stärke mit dem Fruchtwasser, wodurch jene leicht Schaden nehmen kann. Durch Schleudern vermeidet man diese Nachteile und erreicht höhere Ausbeuten.

Die Schlempe in den landwirtschaftlichen Brennereien kann häufig nicht rechtzeitig verfüttert und so am besten nutzbar gemacht werden. Abtrennen der festen Stoffe durch Schleudern dürfte das Eindampfen des nährextrakthaltigen

Ablaufwassers und somit die Überführung der Schlempe in ein trockenes Dauerfutter erleichtern.

Durch Abschleudern dürfte man auch leichter und vollkommener die Pülpe aus den Abwässern der Papier-, Pappenfabriken, der Zuckerfabriken, den Trocknereien, den Stärkefabriken, Brauereien u. dgl. gewinnen können.

In den letzteren und den Hefefabriken dient die Schlammschleuder zur Trennung der Hefe von der Würze. Milch wird in den Schleudern nicht nur in Butterfett und Magermilch zerlegt, sondern auch von Schlamm befreit. Zur Trennung der Eimasse von den Schalen, für die Vorbereitung zur Trocknung, finden sie auch nützliche Anwendung (Pußburg).

Lacke, Farben, Firnis, Tinten, Glasuren, Gerbbrühen können von den groben Teilen befreit werden.

Bei Schmier- und Brennölen ist es häufig wichtig, die Unreinigkeiten und Wasser zu entfernen. Schmieröl bringt aus den Lagern Metallteilchen, aus den Gehäusen Formsand, aus den Rohren Zunder mit, die entfernt werden müssen, wenn das Öl in Umlaufschmierungen immer wieder verwendet werden soll. Dieses Öl wird meistens gekühlt, so daß durch undichte Kühlrohre, aber auch durch Tropfwasser, Dampfkondensat u. dgl. eine Wasserölemulsion entsteht, die schlecht schmiert und auch zur Rostbildung Veranlassung gibt. Auf Schiffen erspart man dann durch die Reinigung und Entwässerung mit der Schleuder nicht nur Raum und Gewicht, sondern hat auch dauernde Betriebssicherheit. Deren Wirkung wird nicht gestört durch Schiffbewegungen, wie dies naturgemäß bei Absatzbehältern der Fall ist. — Automobil-Umlaufschmieröle nehmen Schmutz, Benzin, Ruß und Wasser auf; das Wasser der hydraulischen Treibanlagen nimmt Schmieröl auf. Öle zum Härten der Werkzeuge werden mit der Zeit unsauber; empfindliche Ölmotoren verlangen schmutzfreies Treiböl, andere wasserfreies Öl, um die Explosionsentzündung zu sichern; für Ölfeuerung wässerige Brennöle zu verwenden, bedingt höheren Brennstoffverbrauch, schmutzige veranlassen Verstopfungen der Rohre und Düsen. In den Metallschleifereien muß man Öl und Metallschlamm trennen zwecks Wiederverwendung.

Vorteile bieten die Schleudern beim Entfernen der Klärmittel aus Säften, der Bleicherde aus Ölen, der Katalysatoren aus Lösungen; ferner die Abscheidung so feiner Salzkristalle, die durch Siebschleudern nicht mehr abgefangen werden.

Unentbehrlich sind die Schleudern im Laboratorium u. a. zur Untersuchung von Blut, Harn, Milch, Speichel, Wasser und vieler mikrochemischer Analysen.

2. Besondere Verhältnisse in den Zuckerfabriken.

Der aus den Zuckerrüben gewonnene Rohsaft enthält verschiedene Stoffe (Eiweiß, Pülpe, Salze), die die Weiterverarbeitung des Rohsaftes zwecks Gewinnung des Zuckers erschweren. Durch Wärme und Zusätze von Chemikalien sucht man diese störenden Bestandteile (die sogenannten Nichtzuckerstoffe) möglichst zur Ausfällung zu bringen oder wenigstens deren schädliche Wirkung zu mildern. Als billigstes Mittel neben der Wärme hat sich hier Ätzkalk bewährt. Er wird durch Brennen von kohlensaurem Kalk in Kalköfen gewonnen und entweder unmittelbar dem Zuckerrohsaft zugesetzt (sogenannte Trockenscheidung), oder es wird erst Kalkmilch hergestellt und diese dann dem Saft beigemischt. In dem bisher getrübten, unklaren Rohsaft werden durch den Kalk die kolloidalen Beimengungen ausgeflockt, sie „scheiden" sich vom Saft. Dieser Vorgang wird deshalb mit „Scheidung" bezeichnet. Aus dem Buch „Das Kalkbrennen im Schachtofen"[1]) entnehme ich die Abb. 1, die eine solche ununterbrochen arbeitende Scheideeinrichtung darstellt. Den aus dem Kalkofen durch einen Drehrost selbsttätig abgezogenen, gebrannten Kalk wirft ein Becherwerk in das Kalkscheidegefäß, wo er mit der entsprechenden Menge Rohsaft gemischt wird. Grus, unverbrannter Koks, nicht ablöschende Kalkstücke werden durch eine Schnecke abgeführt. Ein Teil des zu gesetzten Kalkes verbindet sich mit dem im „Dünnsaft" gelösten Zucker zu Kalksaccharat. Dieses Saccharat wird ebenfalls unlöslich und scheidet sich mit den Unreinigkeiten als Schlamm ab. Das Saccharat würde mit ihnen verlorengehen, wenn jetzt der gesamte abgeschiedene Schlamm vom Saft getrennt würde. Um diesen Zuckerverlust zu vermeiden, muß man das Kalksaccharat wieder in Lösung bringen. Dies geschieht durch Zuführung von Kohlensäure. Solange noch Kalksaccharat vorhanden ist, verbindet sich die Kohlensäure mit dessen Kalk zu kohlensaurem Kalk, und der Zucker geht wieder in Lösung. Auch der im Überschuß zugesetzte Ätzkalk wird zu kohlensaurem Kalk umgewandelt, im Saft weniger löslich und zur Ausfällung gebracht. Man

---

[1]) Leipzig 1918. Otto Spamer.

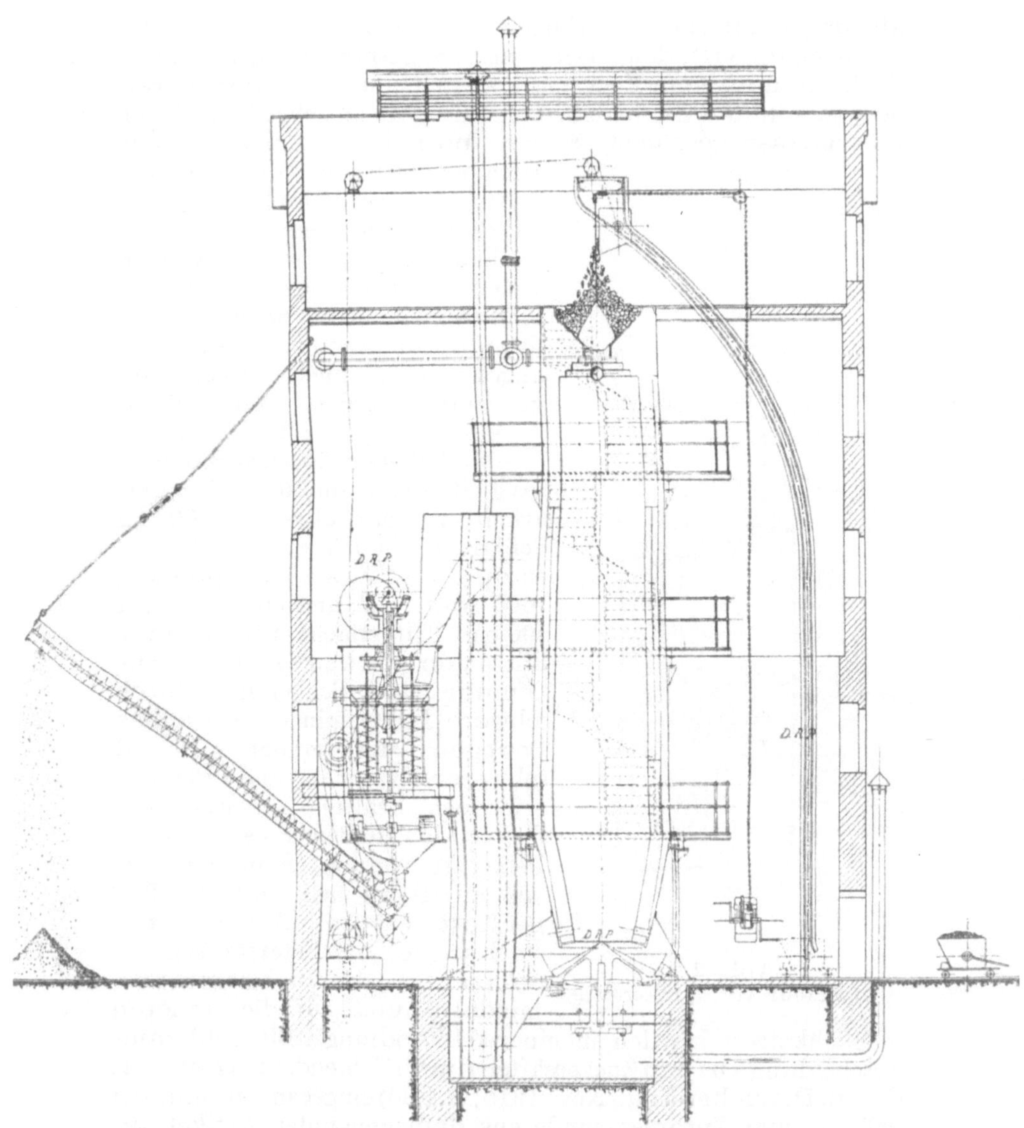

Abb. 1. Scheidegefäß anschließend an einen Kalkofen.

nennt diesen Vorgang im Zuckerbetriebe „Saturation", der in „Saturateuren" vorgenommen wird. Die Abb. 2 zeigt eine Ausführungsart. Es würde zu weit führen, wenn ich hier auf alle dabei auftretenden Einzelvorgänge eingehen wollte. Der nun noch im Saft, dem sogenannten Schlammsaft, verbleibende Schlamm muß vom Zuckersaft, dem Dünnsaft, getrennt werden, was in den Zuckerfabriken zur Zeit ausschließlich durch Filterpressen geschieht. Solche sind näher in dem Werke von Bühler Filtern und Pressen 2. Aufl.[1]) beschrieben, und es sei auf dieses Buch verwiesen (S. 61).

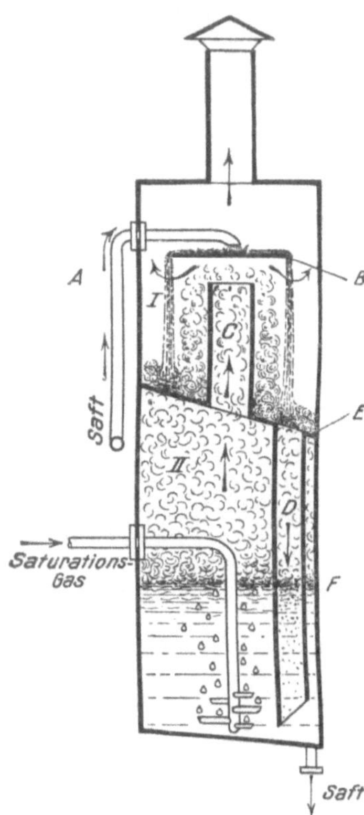

Abb. 2.
Saturateur für Zuckersaft.

Die Filterpressen erfordern viele unangenehme, schwere Handarbeit, denn nach je 1—2 Stunden müssen die mit Schlamm angefüllten Rahmen entleert und gereinigt werden. Eine Rohzuckerfabrik, die z. B. 20000 Ztr. = 1000 t Rüben täglich verarbeitet (es gibt solche, die 50000 Ztr. verarbeiten), hat etwa *100000 kg* Schlamm täglich zu bewältigen, wozu 6 Stück Filterpressen, 1000 mm Rahmengröße, mit 500 qm Filterfläche, für die erste Filtration notwendig sind. Die Öffnung und Schließung durch schwere Druckspindeln sowie das Bewegen der großen Anzahl schwerer Rahmen und Platten erfordert kräftige Arbeiter, die durch die heißen Pressen recht belästigt werden, denn der Saft soll möglichst heiß, mit 80—90° gefiltert werden. Auf die Bestrebungen, die Filterpressen zu ersetzen, die Handarbeit zu vermindern, und auf die anderen Möglichkeiten bin ich in einer Abhandlung „Die Schlammabscheidung aus den Zuckersäften durch Schleudern“ (Zeitschr. d. V. d. D. Zucker-Ind., Nov. 1918, S. 383) eingegangen, und ich will das hier Interessierende aus dem genannten Artikel anführen, da die Verwendung der Schleudern auch für andere chemische Fabriken von großer Bedeutung sein kann.

[1]) Leipzig 1921. Otto Spamer.

Zu dem Verlangen, die schwierige, teure Handarbeit an den Filterpressen zu verringern, kommt jetzt der große Mangel an guten brauchbaren Filtertüchern. Wenn man auch früher gern an die Ersparnis der Filtertücher herangegangen wäre, so war dies nicht brennend, während jetzt der drückende Zwang vorliegt, Tücher auf alle Fälle zu ersparen. Nach dem Geschäftsbericht der Zuckerfabrik Stralsund erforderten die Filtertücher im Betriebsjahr 1913/14 einen Aufwand von 0,43 Pfennig für 100 kg verarbeitete Zuckerrüben, dagegen im Jahre 1919 schon 5,18 Pf. Man erinnerte sich wieder der schon früher angewendeten Schlammtrennung ohne Filtertücher. Schon häufig waren Schleudern für die Schlammabscheidung vorgeschlagen und auch angewendet, ohne aber durchschlagende Erfolge zu erzielen. Die Versuche blieben wieder liegen, wurden vergessen, weil eben eine unabweisliche Dringlichkeit zur Ersetzung der Filterpressen durch andere Einrichtungen nicht vorlag. Heute ist dies aber anders geworden, und es ist notwendig, eingehend zu prüfen, ob die Schleuder nicht auch hier vorteilhafte Verwendung finden kann.

Man könnte daran denken, den Schlamm der Scheide- bzw. Saturationssäfte durch sogenannte Filterschleudern abzutrennen. Es sind dies Schleudern mit gelochten Trommeln (wie die Salzschleudern), die aber nicht mit Sieben, sondern mit Filtertüchern ausgelegt sind oder mit besonderen Filtereinsätzen, z. B. nach den D. R.-Patenten Nr. 25097/1882, 72822/1893 und 119503 1899. Diese freie Trommeloberfläche wird nicht viel günstiger wirken als die Filterfläche einer Presse, und da diese bei letzteren vielmals größer ist, so würde die Filterschleuder in ihrer Gesamtwirkung weit hinter der Filterpresse zurückbleiben. Ganz abgesehen davon, daß die Filterschleuder ja wieder Tücher gebraucht, die man doch gerade ersparen will. Deshalb erscheint es auch fraglich, ob die von van der Linde erfundene neuartige Filterschleuder mit Vorteil Einführung finden kann, besonders in bezug auf die Tüchersparnis. Ersparnis an Arbeitskraft, die durch erhöhten mechanischen Kraftaufwand ersetzt wird, ist erreichbar. Diese Schleuder besteht aus einem geschlossenen Gehäuse, in dem sich eine Trommel befindet, die mit Filtersieben und einem Filtertuch bedeckt ist. Von außen wird die Trommel durch eine Welle angetrieben, die hohl ist und gleichzeitig zur Ableitung des gefilterten Saftes dient. Sie dreht sich mit 400 Umdrehungen. Der Schlammsaft wird in das Gehäuse durch einen seitlichen Stutzen eingeführt und mittels Druck durch das sich drehende Trommelfilter gedrückt. Der Schlamm setzt sich auf der äußeren Trommelfilterfläche ab. Hat sich eine gewisse Schichtdicke gebildet, dann wird diese durch die Schleuderkraft, durch die reibende Wirkung des Schlammsaftes und durch die Schwerkraft von der Filterfläche abfliegen und abgleiten. Der Schlamm sammelt sich unten an und kann zeitweilig abgelassen werden. Er wird somit wohl selbsttätig vom Filter getrennt, aber das Filtertuch wird durch die Schleuderkraft und die reibende Wühlung im Schlammsaft viel mehr leiden als das ruhendem Druck ausgesetzte Filtertuch der Filterpresse. Trotz der eifrigen Werbetätigkeit, die die Filtertuchverteilungsstelle für die van der Lindesche Filterschleuder ausübte, hat sie deshalb doch keine rechte Anwendung gefunden. Auch die alte Schleuder, Bauart „ter Meer“, dürfte wegen der vorhandenen Filterfläche hier keine Anwendung finden können.

Idealer wäre eine Schleuder, die ohne weiteres den Schlamm vom Dünnsaft trennt, lediglich durch den Einfluß der Schleuderkraft auf die spezifisch verschieden schweren Stoffe, wie dies z. B. bei den Milchschleudern und den Hefeschleudern schon jetzt mit ausgezeichnetem Erfolg geschieht. Es sind dies Schleudern mit ungelochten Trommeln, ohne jede Sieb- oder Filtertucheinlage. Jede Filterwirkung ist ausgeschaltet. Ist diese aber nicht zur Trennung notwendig, dann ergibt sich aus der Verwendung solcher Trennschleudern für Zuckerfabriken der weitere große Vorteil, daß weniger Kalk zur Scheidung notwendig ist.

Da solche Ersparnisse auch bei anderen Betrieben wohl möglich sind, so sei auch hier eingehend darauf eingegangen, wie ich dies schon besonders für die Bedürfnisse der Rohzuckerfabriken in dem schon erwähnten Artikel (Zeitschr. d. V. d. D. Zucker-Ind. 1918, S. 383) getan habe.

Die Vorgänge beim Filtern des Zuckersaftes, soweit sie uns hier interessieren, sind folgende: Das feine Netzwerk der im Saft vorhandenen Kolloide (hauptsächlich die Eiweißstoffe) legt sich auf die Filtertücher, eins wird auf das andere gedrückt, die Maschen werden immer mehr verengt, und schließlich ist das Gitter geschlossen, und sogar den feinen Saftmolekülen ist der Durchgang gesperrt. Man muß deshalb das Netzwerk zerreißen, die Kolloide zur Ausflockung bringen durch die sogenannte Scheidung. Aber auch dann wird sich auf dem Filtertuch ein Fetzen über den anderen legen und schließlich noch den Durchlauf erschweren. Will man das Filtern des Saftes, den Durchfluß der Moleküle aufrechterhalten, dann muß man verhindern, daß die Netze sich dicht aufeinanderlegen können, man muß Zwischenlagen einbringen, Steine einpacken (wie beim Sandfilter), die für genügenden Abstand sorgen. Diese Steine brauchen nun nicht riesig groß zu sein, sondern mikroskopisch kleine Kalkmoleküle und Kalkkonglomerate genügen. Sie müssen aber in solcher Menge zwischengepackt werden, daß die Netze nicht aufeinanderliegen. Hierzu sind erfahrungsgemäß allein mindestens $1^1/_2$—2% Kalk erforderlich, lediglich allein, um die Filtration zu ermöglichen. Fällt aber die Filterung fort, dann sind auch die 2% Kalk überflüssig, und benötigt wird nur Kalk, der zur Scheidung und Reinigung wirklich dient. Man kommt dann mit dem vierten Teil der bisherigen Kalkmenge aus. Nur $^1/_4$ an Kalksteinen ist zu kaufen, heranzuschaffen von den Kalkbrüchen, zu lagern und zu brennen. Viel weniger Schlamm ist am Schluß der Betriebszeit fortzuschaffen. Vorteile von außerordentlicher Bedeutung. Im Jahre 1913/14 wurden in Deutschland 16 946 000 t Rüben verarbeitet. Die Ersparnis von nur $1^1/_2$% Kalk oder 3% Kalkstein entspricht 508 380 t Kalkstein. Allein die Bahn würde um 50 000 Waggonfrachten entlastet.

In der Zeitschr. d. V. d. D. Zucker-Ind. 1918, S. 191, berichtet Dr. H. Claaßen eingehend über Versuche, die er gemeinsam mit Oberingenieur L. Hirt, Grevenbroich, an verschiedenen Schleudern anstellte, um den Schlamm aus den Säften der Scheidung oder der ersten Saturation zu entfernen. Er kommt hierbei zu dem Schlußergebnis, daß 1. die Schleudermaschinen zum Abscheiden des Schlammes aus Rübensäften durchaus ungeeignet seien; 2. daß auch aus grundsätzlichen Erwägungen keine Aussicht vorhanden ist, sie jemals mit technischem und wirtschaftlichem Erfolg dafür brauchbar zu machen. Die unter 1 genannte Ansicht trifft für die heutigen Schleudern zu, und ich will es vorläufig dahingestellt sein lassen, ob spätere Formen Besseres bieten werden. Aber dem zweiten Einspruch der grundsätzlichen Ablehnung kann ich mich nicht anschließen, denn ich bin der Meinung, daß ein tieferes Eingehen in die physikalischen Vorgänge doch Aussicht auf Lösung dieser Aufgabe läßt. Jedenfalls bin ich der Ansicht, daß theoretisch die Verwendung der Schleudern für den genannten Zweck möglich ist; dies zu beweisen ist nach den zur Zeit vorliegenden Erfahrungen schwer, doch will ich in den nachfolgenden Zeilen den Versuch unternehmen. Ist aber theoretisch deren Verwendung möglich, dann ist es nur eine Frage der Zeit, wann die praktische Ausführung in Erscheinung tritt.

Hier möchte ich an einen ähnlichen Vorgang erinnern, über den Fleischmann (Lehrbuch der Milchwirtschaft 1915, S. 220) berichtet. „Herr Albert Fesca erzählte mir gelegentlich eines Besuches, den ich ihm am 5. Mai 1880 in seiner Fabrik in der Chausseestraße zu Berlin abstattete, folgendes: Im Jahre 1861 ließ er sich in seiner Fabrik für Zuckerschleudern, um zu sehen, ob aus der Milch durch Schleuderkraft Rahm ausgeschieden werde, zwei zylindrische Gefäße anfertigen, die mit Milch angefüllt und in eine Zuckerschleudertrommel eingelegt wurden. Nach der Schleuderung fand er in beiden eine dichte Rahmschicht. Er teilte seine Versuche dem Teltower landwirtschaftlichen Verein mit und bat um Äußerung darüber, ob man glaube, daß die Entrahmung der Milch durch Schleuderkraft für die Landwirtschaft Bedeutung gewinnen könne. Man gab ihm folgenden Bescheid: Die Möglichkeit der Milchentrahmung sei ganz interessant, aber da der Rahm von selbst (!) aufsteige, wenn man die Milch ruhig stehenlasse, so werde es wohl niemand einfallen, sich zwecks Gewinnung des Rahms teure Maschinen anzuschaffen. Der Vereinsvorstand könne dem Experiment des Herrn Fesca eine praktische Bedeutung nicht beimessen. — Dieser Bescheid veranlaßte damals Herrn Fesca von weiteren Versuchen abzusehen.“ — Und heute kann man sich keine Milchwirtschaft ohne Schleuder vorstellen. — —

B. Das Absetzen des Schlammes.

3. Die Vorgänge beim Absetzen des Schlammes.

Das Trennen des Schlammes in den sieblosen Schleudern ist nichts als ein beschleunigtes Absetzen. Wir müssen uns deshalb erst eingehend mit den Vorgängen und Verhältnissen befassen, die beim Absetzen des Schlammes eintreten.

Die Trennung der Körper, die spezifisch leichter oder schwerer sind als die sie umgebende Flüssigkeit, erfolgt in den Absatzgefäßen allein durch die Wirkung des Gewichtsunterschiedes, die erschwert wird durch die Flüssigkeitsreibung und Zähigkeit. Je geringer die spezifischen Gewichtsunterschiede sind, um so geringer ist die absetzende, trennende Wirkung, um so mehr Zeit ist für die gewünschte Trennung erforderlich.

Ist das spezifische Gewicht des festen Körpers gleich dem der Flüssigkeit, dann erfolgt keine Trennung, der Körper bleibt in jeder Höhenlage schwebend.

Ist das spezifische Gewicht des Körpers kleiner als das der Flüssigkeit, dann steigt der Körper nach oben, er schwimmt.

Ist aber sein spezifisches Gewicht größer, dann sinkt er nach unten.

Diese Verhältnisse werden durch die nachstehenden Formeln klar zum Ausdruck gebracht.

Ist γ_1 das spezifische Gewicht der Flüssigkeit,
γ_2 ,, ,, ,, des festen Körpers,
dann schwebt der Körper, wenn $\gamma_2 = \gamma_1$ (γ_2 gleich γ_1),
,, steigt ,, ,, ,, $\gamma_2 < \gamma_1$ (γ_2 kleiner als γ_1).
,, sinkt ,, ,, ,, $\gamma_2 > \gamma_1$ (γ_2 größer als γ_1).

Im leeren (luftleeren) Raume fällt ein Körper unter der Anziehungskraft der Erde mit zunehmender Geschwindigkeit. Seine Fallgeschwindigkeit wird immer größer. Stellen sich seinem Fall Widerstände entgegen, seien es solche durch Luft- oder Flüssigkeitsreibung hervorgerufen, so werden die Verhältnisse ganz andere. Die Fallbeschleunigung wird immer kleiner, bis schließlich der Körper mit einer gewissen gleichbleibenden Geschwindigkeit fällt. Über diese Vorgänge veröffentlichte ich schon eine Studie in der Chemiker-Zeitung 1913 (Nr. 139, S. 1425: „Auslaugung und Trennung"), woraus ich einiges hier wieder anführen möchte.

Fällt ein Körper im stillstehenden Wasser, so bewegt er sich anfangs unter dem Einfluß der Schwerkraft mit beschleunigter Geschwindigkeit, bis die Reibungs- und Druckwiderstände der beschleunigenden Wirkung der Schwerkraft das Gleichgewicht halten. Es wachsen bekanntlich die Reibungs- und Druckwiderstände mit zunehmender Geschwindigkeit, da aber die beschleunigende Schwerkraft unveränderlich groß an dem betreffenden fallenden Körper wirkt, so muß der Körper bald eine Geschwindigkeit erreichen, bei der die Widerstände gleich der treibenden Kraft sind. Von da aber fällt der Körper mit gleichmäßiger Geschwindigkeit. Er fällt im leeren Raum in der ersten Sekunde mit einer Endgeschwindigkeit von 9,81 m, in der zweiten 19,62 m, in der dritten etwa 29,43 m usf. Dagegen fällt z. B. ein Quarzkörnchen von 2 mm Durchmesser im stillstehenden Wasser mit einer Geschwindigkeit von nur 0,14 m in der Sekunde.

Diese Fallgeschwindigkeit eines Körpers läßt sich folgendermaßen berechnen:

Nach Grashof (Theoretische Maschinenlehre) ist der Druck, den ein unbegrenzter Flüssigkeitsstrom auf eine ebene, zu seiner Richtung senkrechten Fläche ausübt,

$$P = \zeta \cdot \gamma_1 \cdot F \cdot \frac{v^2}{2g}. \qquad (1)$$

In dieser Formel bedeutet

ζ einen Erfahrungswert, der vom Reibungswiderstand zwischen der bewegten Fläche und dem Flüssigkeitsstrom abhängig ist, sowie von der Zähigkeit der Flüssigkeit,

γ_1 das spezifische Gewicht der Flüssigkeit (Gewicht eines Liters in kg),
F die zum Flüssigkeitsstrom senkrechte Fläche des Körpers in qm,
v die Geschwindigkeit des Flüssigkeitsstromes in m/sek,
g die Erdbeschleunigung = 9,81 m/sek.

Es ist gleichgültig, ob die Geschwindigkeit v der Flüssigkeitsstrom selbst besitzt, oder ob sich der Körper mit dieser Geschwindigkeit in der Flüssigkeit bewegt, wenn er z. B. in ihr nach unten fällt.

Dann wird die Fallgeschwindigkeit des Körpers durch ein Gewicht (bzw. die Erdanziehung) veranlaßt, vermindert um das Gewicht der von ihm durch seinen Raum V verdrängten Flüssigkeitsmenge. Es herrscht also Gleichgewicht, der Körper bewegt sich mit gleichbleibender Geschwindigkeit in der Flüssigkeit, wenn

$$P = V\,(\gamma_2 - \gamma_1)\,. \tag{2}$$

Darin ist V der Rauminhalt des Körpers in Litern,

γ_2 sein spezifisches Gewicht (kg/l),

somit sein Gewicht $G = V \cdot \gamma_2$

Beide Formeln 1 und 2 gleich gesetzt, ergibt

$$\zeta \cdot \gamma_1 \cdot F \cdot \frac{v^2}{2\,g} = V\,(\gamma_2 - \gamma_1) \tag{3}$$

und daraus

$$v^2 = \frac{V\,(\gamma_2 - \gamma_1) \cdot 2\,g}{\zeta \cdot \gamma_1 \cdot F} \tag{4}$$

$$v = \sqrt{\frac{V\,(\gamma_2 - \gamma_1) \cdot 2\,g}{\zeta \cdot \gamma_1 \cdot F}} \tag{5}$$

als eine gleichbleibende Fallgeschwindigkeit.

In der Formel 5 sind uns alle Zahlen bekannt bis auf den Erfahrungswert ζ. Will man die gleichbleibende Fallgeschwindigkeit v berechnen, dann muß man diesen Wert ζ kennen. Dieser ist aber nur bei wenigen Stoffen bekannt, es ist z. B. nach Bach $\zeta = 0{,}2$ fur Stahlkugeln im unbegrenzten Wasserstrom. S. a. Rittinger (Lehrbuch der Aufbereitungskunde 1867) und P. Schulz (Dissertation Freiberg-Dresden 1915) der $\zeta = 0{,}45$ fand, fur Kugeln im Wasser. Dort wo aber dieser Wert nicht bekannt ist, kann man die ganze Rechnung umgehen, wenn man durch Versuch die Fallgeschwindigkeit ermittelt. Diese zu bestimmen, ist sehr einfach, aber trotzdem hielt ich die Anfuhrung der Berechnung für nützlich, weil man an Hand derselben leicht beurteilen kann, was eintritt, wenn man dies oder jenes ändert, ohne jedesmal genaue neue Versuche anstellen zu müssen, was oft wichtig ist, um sich überhaupt ein Bild von den verschiedenen einzuschlagenden Wegen machen zu können.

Es geht aus Formel 4 hervor, daß der Körper sich in der Flüssigkeit um so schneller bewegt, je kleiner ζ ist, der von der Zähigkeit proportional beeinflußt wird. Temperaturerhöhungen, Verdünnungen, Änderungen der physikalischen Beschaffenheit der Flüssigkeit, die deren Zähigkeit erniedrigen, werden das Trennen begünstigen. Ebenso die Verwendung von Flüssigkeiten (Alkohol, Äther), die weniger zäh (viskos) sind als Wasser. Umgekehrt wird in zähen Ölen, unter sonst gleichen Bedingungen, entsprechend der größeren Zähigkeit, ein vielmals langsameres Absetzen erfolgen.

Aus der Formel 10 geht hervor, daß die Trennung vom spezifischen Gewicht des festen Körpers abhängig ist, daß also Körper von verschiedenen spezifischen Gewichten und sonst gleicher Form sich verschieden schnell absetzen werden. Sie lagern sich in verschiedenen Schichten, trennen und entmischen sich. Daran ist z. B. der Versuch gescheitert, die zum Entwässern von Porzellanmasse verwendeten Filterpressen durch Trennschleudern zu verdrängen. Die Porzellanmasse besteht aus Kaolin, Quarz, Spat u. dgl., mit verschiedenem spezifischen Gewicht, die sich deshalb unter dem Einfluß der Schleuderkraft in unliebsamer Weise entmischen s. a. S. 68. Nach der Sinkformel 5 ist dies auch beim Absetzen der Fall, doch eben nicht in so starkem, störendem Maße.

4. Die Fallgeschwindigkeit.

Es zeigt die Formel 4, daß die Fallgeschwindigkeit um so kleiner wird, je größer das spez. Gewicht γ_1 der Flüssigkeit ist. In Zuckersäften wird der Körper unter sonst gleichen Verhältnissen etwas langsamer sinken als im Wasser. Bei Außerachtlassung dieser Bedingungen können unangenehme Enttäuschungen eintreten. Extraktionsanlagen, in denen z. B. Bleicherde mit Benzin ($\gamma_1 = 0{,}64$—$0{,}7$) gut von Öl befreit werden können, sind unbrauchbar mit Trichloräthylen ($\gamma_1 = 1{,}47$), weil sich die feinschlammigen Erdteilchen nicht genügend schnell absetzen.

Je kleiner das Gewicht G des Körpers ist ($G = V \cdot \gamma_2$), um so langsamer wird er sinken. Im Gegensatz zum freien Fall im luftleeren Raum, wo bekanntlich die Körperform und Größe auf die Fallgeschwindigkeit ohne jeden Einfluß ist, wo eine leichte Vogelfeder genau so schnell fällt wie ein schweres Eisenstück.

Die Sinkgeschwindigkeit läßt sich in einfacher Weise durch Versuche bestimmen, indem man in ein möglichst hohes und weites Standglas die betreffende Flüssigkeit einfüllt und die festen Körper untersinken laßt. Bestimmt man die Fallzeit, in der der Körper eine bestimmte Länge durchfällt, und rechnet diesen Fallweg auf eine Sekunde um, so hat man die gesuchte Fallgeschwindigkeit v. Durchfällt z. B. ein Quarzkörnchen von 2 mm Durchmesser ein 500 mm hohes Standglas in 3,57 Sekunden, so beträgt der Fallweg oder die Fallgeschwindigkeit in der Sekunde

$$v = \frac{500}{3{,}57} = 140 \text{ mm}.$$

Dabei wird man die Temperatur möglichst so wählen, wie die Verhältnisse später im Betriebe eintreten, und auch darauf achten, daß der Körper vollkommen benetzt ist, weil sonst anhaftende Luftbläschen das Ergebnis stören.

Nachstehend gebe ich einige Zahlen.

Zahlenreihe I.

	Fallgeschwindigkeit v in mm in der Sekunde	
Goldsol	0,	
Quarzkörnchen (spez. Gewicht 2,8) in Wasser 0,002 mm Durchm.	0,004	Nach Attersberg, Kolloidchemische Beihefte 1914 IV, S. 55.
0,004 ,, ,,	0,014	
0,009 ,, ,,	0,055	
0,04 ,, ,,	0,83	
0,09 ,, ,,	4,0	
1,0 ,, ,,	100	
2,0 ,, ,,	140	
4,0 ,, ,,	190	
glatt pol. Quarzkugel i. Wass. 4,0 ,, ,,	409	Schulz, Diss. Freiberg.
,, ,, ,, ,, ,, 6,0 ,, ,,	616	
,, ,, Zinkblende ,, ,, (spez. Gew. 4 051) 5,48 ,, ,,	686	
,, ,, Steinkohle i. Wasser (spez. Gew. 1.308) 7,00 ,, ,,	1244	
Schlamm im Wasserreiniger	0,02	
Blutkörperchen vom Frosch (s. S. 102)	0,375	
,, von der Ziege (s. S. 102). . . .	0,041	
Kochsalz in konz. Sole bei 20° C, feinkörniges Vakuumsalz.	30—60	
Grobsalz, 3—5 mm Kantenlänge	175	
Cyannatriumkristall, 7 mm Kantenlänge, Lauge 29° Bé, 30° C	30	
Chlorbariumsalz in gesättigter Lauge bei 20° feinkörnig, blättrig.	5—50	
Kalichloratkristalle in gesättigter Lauge bei 20° C	10—60	
Ammonnitrat in Lauge von 30° Bé bei 10° C als Nadeln	5—10	
,, feinkörniges Salz	10—30	
Chlorkaliumsalz in Lauge von 45° Bé bei 15° C	20—60	
Quecksilberkugel 0,8 mm Durchm. in Glyzerin bei 18,3° C, $\gamma_1 = 1{,}2$.	4	Nach Jones Philosophical. Magazin 1894/451.
Stahlkugel 5,5 mm Durchm., spez. Gewicht 7,783 in Wasser	1284	
,, Paraffinöl, Viskosität 3,8 × Wasser . . .	623	

Solche Zahlen sind auch für die Durchbildung der Salzabscheider an Verdampfern von Wichtigkeit.

Ganz genau sind die auf diese Weise gemessenen Zahlen nicht, weil man die Fallzeit von Anbeginn der Bewegung rechnet, so daß auch der Weg in Rechnung gestellt wird, welchen die Körper mit beschleunigter Geschwindigkeit anfangs zurücklegen, bis er seine höchste Geschwindigkeit erlangt hat. Aber dieser Weg ist außerordentlich klein, kaum meßbar und berechnet sich zu

$$h = \frac{v^2 G^2 (\gamma_2 - \gamma_1)}{g} \tag{6}$$

v in mm/sek, G in kg.

Dies ergibt z. B. beim Quarzkörnchen Werte von weit unter einem Millimeter.

Für bestimmte Körper und Flüssigkeiten sind also die Fallgeschwindigkeiten eindeutige feststehende Werte. Kann man diese Werte nicht ändern, z. B. bedingt Vergrößerung der Korngröße sowie Erhöhung der Temperatur (infolge der Verminderung der Zähigkeit) eine Vergrößerung der Fall-

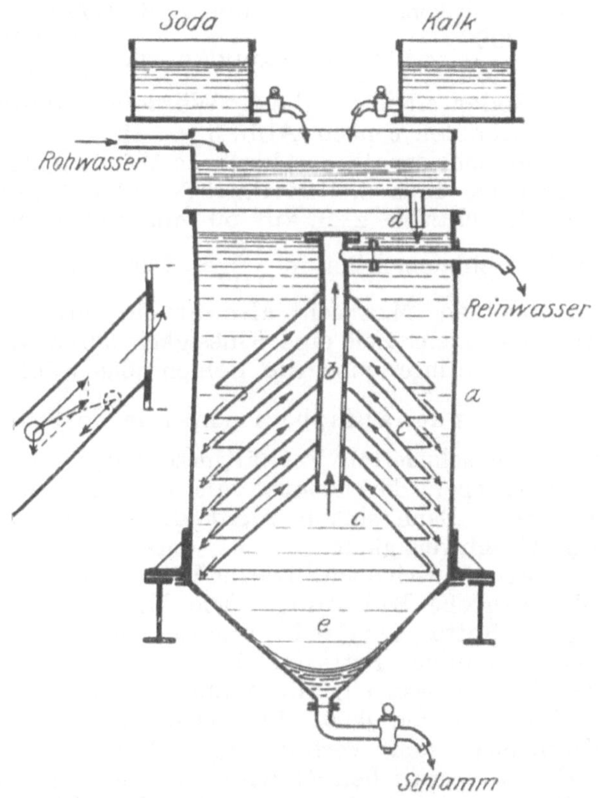

Abb. 3.
Wasserreiniger mit Einbauten zur Verringerung der Schichthöhe.

geschwindigkeit, dann muß man sich mit den technischen Einrichtungen diesen Verhältnissen anpassen. Wir werden noch sehen, wie diese durch die Schleuderkraft beeinflußt werden können.

Wenn die Fall- bzw. Sinkgeschwindigkeit einen bestimmten Größenwert besitzt, dann wird der feste Körper in einer ganz bestimmten Zeit auf dem Boden zur Ablagerung kommen. Ist die vom Körper zu durchfallende Flüssigkeitshöhe h_1 mm, dann ist die erforderliche Fallzeit

$$t = \frac{h_1}{v} \text{ Sekunden.} \qquad (7)$$

Ist die in einem Wasserreiniger vom obersten Schlammteilchen zu durchsinkende Schichthöhe z. B. 2000 mm, dann wird dies in $\frac{2000}{0{,}02} = 100\,000$ Sekunden oder $\frac{100\,000}{60 \cdot 60} = 28$ Stunden den Boden erreicht haben. Würde man durch entsprechende Einbauten c nach Abb. 3 (s. Hugo Fischer, Technologie des Scheidens[1]), S. 41; einen Wasserreiniger von Alfred Dervaux-Brüssel, D.R.P. 48268/12. Juli 1888 darstellend) die Schichthöhe z. B. auf 50 mm verringern, dann würde sich der Schlamm schon in $\frac{50}{0{,}02} = 2500$ Sekunden oder 41 Minuten absetzen. Man sieht also aus der Formel 7, daß man in um so kürzerer Zeit eine Flüssigkeit durch Absetzen klären kann, je geringer man die Schichthöhe wählt.

5. Aufsteigende, aufschwimmende Teilchen.

Alle die vorgeschilderten Verhältnisse gelten auch ohne weiteres für Körper, die leichter als die sie umgebende Flüssigkeit sind. Dann sinken nicht die Körper mit der errechneten Geschwindigkeit in der entsprechenden Zeit, sondern sie steigen nach oben. Dieser Vorgang hat besonders bei der Milch große Bedeutung. Die Milch wird zwecks Gewinnung des Fettes, zur Gewinnung der Butter, entrahmt. Die spezifisch leichteren Fettkügelchen steigen beim ruhigen Stehen der Milch langsam in die Höhe, trotzdem diese nur einen Durchmesser von 0,001 bis 0,010 mm besitzen und in dem Milchserum innig verteilt sind. Auch trotzdem der Unterschied im spezifischen Gewicht nur sehr gering ist, denn das Butterfett hat ein spezifisches Gewicht von 0,93 bei 15°, dagegen das sie umgebende Milchserum hat ein solches von 1,026. Dabei gelangen im natürlichen Gegensatz zu den sinkenden Körpern die größten Fettkügelchen am ersten an die Oberfläche, dann folgen die mittleren und erst zu allerletzt die kleinsten. Nach Wiegner (Z. f. Unters. d. Nahr.- u. Genußm. 1914, S. 425) steigen Butterfettkügelchen von 10 μ Durchmesser mit $v = 13{,}73$ mm stündlich, solche von

[1]) Leipzig 1920. Otto Spamer.

1 μ und 0,137 mm, in Wasser bei 15° C. Ähnliche Vorgänge sind bei der Klärung der Abwässer zu beachten. Schwimmstoffe, Fett bleiben oben, Sand und andere spezifisch schwereren Stoffe sinken nach unten, wie dies der Fettfänger nach Abb. 4 (Pfister & Langhauss, Nürnberg) zeigt.

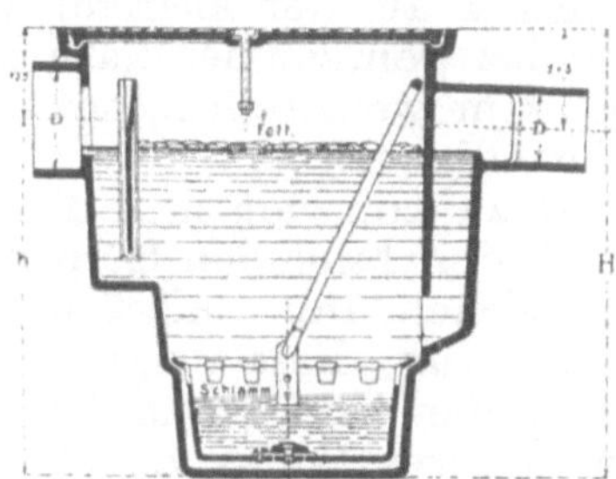

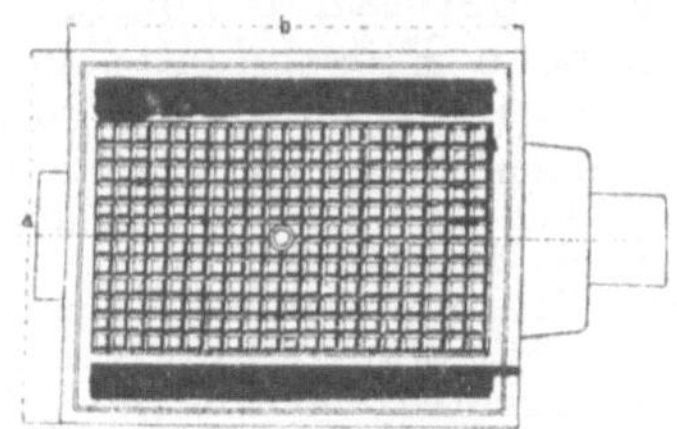

Abb. 4. Fettfänger.

Auf die Vorgänge bei der „Scheidung" der Zuckersäfte werde ich noch besonders eingehen.

6. Gegenseitige Beeinflussung der fallenden Körper.

Nun haben wir es beim Schlamm in Flüssigkeiten meistens nicht um einzelne, weit voneinander entfernt fallende Teilchen zu tun, sondern diese sind mehr oder weniger gedrängt. Man muß deshalb damit rechnen, daß die aneinander vorbeifallenden Körper noch eine gewisse Fernwirkung aufeinander ausüben. So stellte Bjerkves (Winkelmann, Handbuch der Physik 1908, I. 2, S. 1042) solche Fernwirkungen fest. Zwei Eschenholzkugeln von je 220 g Gewicht, die in einem Abstande von 150 mm durch das Wasser herabfielen, näherten sich bis zur Berührung; auch Kugeln von verschiedenem Gewicht und solche, die aus verschiedenen Höhen fielen, zogen sich an, auch eine auf dem Wasser schwimmende Kugel trat mit den herabfallenden in Wechselwirkung. — Bei entgegengesetzter Phase, d. h. wenn die eine Kugel fiel, die andere gleichzeitig aufstieg, trat eine deutliche Abstoßung auf, die noch bei 150 mm Abstand merklich war. — Von einer sehr rasch schwingenden Wachskugel wurden genäherte Körper angezogen, noch bei Abständen bis 30 mm. Er fand bestätigt, daß ein ruhender Körper von pulsierenden angezogen wird; zwei pulsierende (sich erweiternde und verengende) ziehen sich bei gleicher Phase an und stoßen sich bei entgegengesetzter ab. Die Wirkung ist sehr kräftig und noch auf relativ große Abstände bemerkbar. — Dies ist besonders, worauf ich schon jetzt hinweisen möchte, beachtbar bei der schnell umlaufenden, stark vibrierenden Trommel.

Aneinander vorbeifallende Körper (der größere fällt schneller als der kleinere) werden sich gegenseitig anziehen und bei genügender Nähe aneinander hängen und nun gemeinsam weiterfallen, mit einer gemeinsamen mittleren Geschwindigkeit.

Dazu kommen noch die Bewegungen, die die Flüssigkeit durch den fallenden Körper ausführt. Sie muß dem Körper ausweichen, ihn umfließen und an seinen alten Platz treten. Raum für diese ungehinderte Flüssigkeitsströmung muß vorhanden sein, wenn der Körper seinen Weg in richtiger, ungestörter Weise zurücklegen soll. Dabei tritt eine Erhaltung der Energie auf. Was dem Körper an Energie durch die Widerstände entzogen wird, geht auf die beiseite geschobene Flüssigkeit über.

Winkelmann schreibt weiter (a. a. O. S. 1046): „Das in den vorliegenden Angaben behandelte Phänomen gehört zu denen, die die vergleichende Betrachtung geradezu herausfordern. Denn es hat sich gezeigt, daß bei der Bewegung fester Körper in Flüssigkeiten scheinbare Kräfte auftreten, die ganz den Charakter von Fernkräften haben und somit stark an die Kräfte der Gravitation, der Elektrizität und des Magnetismus erinnern. Oder umgekehrt: die vorliegenden hydrodynamischen Erscheinungen bieten, da bei ihnen die nur scheinbare Fernnatur der Kräfte klar zutage tritt, eine willkommene Analogie zu den Vorstellungen, die man sich in der Feldtheorie der Elektrizität und des Magnetismus zu bilden hat, um auch hier die Fernwirkungen auf Druckkräfte zurückzuführen. Einige Analogien zwischen hydrodynamischen und hydromagnetischen Erscheinungen sehe man in einer Abhandlung von Rieke (Math. Annal. 30, 309, 1887) nach."

C. Die Wirkung der Schleuderkraft.

Wir haben aus der Formel 2 gesehen, daß die treibende Kraft des sinkenden (oder umgekehrt aufsteigenden) Körpers vom Unterschied des Körpergewichtes und der den Körper umgebenden Flüssigkeit abhängig ist. Ist dieser Unterschied klein, so erfolgt die Abscheidung langsam, ist zeit- und raumraubend. Nun gibt uns die Schleuderkraft die Möglichkeit, auf den Körper mit größerer Kraft einzuwirken, als dies durch die Erdanziehung geschieht.

7. Die Größe der Schleuderkraft und die Trenngeschwindigkeit.

Befestige ich z. B. eine Kugel an einer Schnur und drehe sie schnell um eine Achse, dann spannt der umlaufende Körper die Schnur und sucht sie zu zerreißen. Diese dabei vom Körper ausgeübte Kraft nennt man die Schleuder- oder Zentrifugalkraft.

Ist G das Gewicht des umlaufenden Körpers,
g die Erdbeschleunigung,

dann ist die Masse eines Körpers $m = \frac{G}{g}$. Dreht sich der Körper mit einer Geschwindigkeit von v_1 m in der Sekunde um eine Achse in der Entfernung r, dann ist die von ihm ausgeübte Schleuderkraft

$$C = \frac{m \cdot v_1^2}{r} = \frac{G}{g} \cdot \frac{v_1^2}{r}. \tag{8}$$

Befindet sich in einem mit Flüssigkeit gefüllten und schnell um eine Achse sich drehenden Gefäß ein fester Körper schwebend, dann wird neben der Erdanziehung auch die Schleuderkraft wirken. Vernachlässige ich die erstere, dann wird die treibende Kraft in Formel 2 $V(\gamma_2 - \gamma_1)$ durch die Schleuderkraft C ersetzt. Die Formel 3, die das Gleichgewicht zwischen der treibenden Kraft und den der Bewegung sich entgegenstellenden Widerständen darstellt

$$\zeta \cdot \gamma_1 \cdot F \cdot \frac{v^2}{2g} = V(\gamma_2 - \gamma_1)$$

geht über in

$$\zeta \cdot \gamma_1 \cdot F \cdot \frac{v^2}{2g} = C. \tag{9}$$

Beim schwebenden Körper wirkt auch nur das restierende Gewicht $V(\gamma_2 - \gamma_1)$ und dies für G in Formel 8 eingesetzt, gibt

$$C = \frac{V(\gamma_2 - \gamma_1) \cdot v_1^2}{g \cdot r} \tag{9a}$$

Daraus wird

$$\zeta \cdot \gamma_1 \cdot F \cdot \frac{v^2}{2g} = \frac{V(\gamma_2 - \gamma_1)\, v_1^2}{g \cdot r}$$

oder

$$v_2^2 = \frac{V(\gamma_2 - \gamma_1)}{\zeta \cdot \gamma_1 \cdot F} \frac{2 \cdot v_1^2}{r},$$

und die gleichbleibende Geschwindigkeit, mit der der Körper durch die Schleuderkraft in der Flüssigkeit bewegt wird, ist dann

$$v_2 = \sqrt{\frac{V \cdot (\gamma_2 - \gamma_1)\, 2 \cdot \boxed{v_1^2}}{\zeta \cdot \gamma_1 \cdot F \quad \boxed{r}}}. \tag{10}$$

8. Das Trenngeschwindigkeitsverhältnis zwischen der freien Sinkgeschwindigkeit und der durch die Schleuderkraft bewirkten.

Diese Formel 10 unterscheidet sich von der der einfachen Sinkformel 5 nur dadurch, daß an Stelle der Erdbeschleunigung g die Umlaufgeschwindigkeit im Quadrat $= \frac{v_1^2}{r}$ getreten ist. Da alle Werte sonst einander gleich sind, so verhält sich die Trenngeschwindigkeit beim Sinken zu der durch ihre Schleuderkraft wie

$$\sqrt{g} : \frac{v_1}{\sqrt{r}} \quad \text{oder wie} \quad 3{,}1 : \frac{v_1}{r}. \tag{11}$$

Das Trenngeschwindigkeitsverhältnis ist

$$S = \frac{v_2}{v} = \sqrt{\frac{v_1^2}{r \cdot g}} = \sqrt{\frac{2^2 r^2 \pi^2 n^2}{60^2 \cdot r \cdot g}} = \sqrt{\frac{r \cdot n^2}{900}}. \tag{12}$$

Oder noch weiter ausgerechnet wird

$$S = \frac{n}{30} \sqrt{r}. \tag{13}$$

An einem Beispiel will ich nun den Unterschied zwischen der freien Sinkgeschwindigkeit und der durch die Schleuderkraft näher vor Augen führen. Der lichte Halbmesser der Schleudertrommel sei $r = 0{,}5$ m, sie laufe mit $n = 1200$ Umdrehungen in der Minute um. Die Geschwindigkeit am Trommelumfang, die der dort befindliche Körper annimmt, ist dann

$$v_1 = \frac{2\, r \cdot \pi \cdot n}{60} = \frac{2 \cdot 0{,}5 \cdot 3{,}14 \cdot 1200}{60} = 62{,}8 \text{ m/sek.} \tag{14}$$

Nach Formel 11 ergibt sich die Trenngeschwindigkeit beim Schleudern um $S = \frac{n}{30}\sqrt{r} = \frac{1200}{30}\sqrt{0{,}5} = \sim 28$ mal größer als beim freien Absetzen.

Durch Außerachtlassung der tatsächlichen Verhältnisse, daß es sich hier nicht um Bewegungen im luftleeren Raum handelt, kommt man zu falschen Annahmen und Voraussetzungen. So wird häufig die Wirkung der Abscheidung durch die Schleuder immer auf die mit ihr zusammenhängende Beschleunigung bezogen, was aber zu ganz unbrauchbaren Zahlen führt. Die Beschleunigung durch die Schleuderkraft im leeren Raum hat mit der Wirkung beim Absetzen nichts zu tun, kann jedenfalls nicht als Vergleichsmaßstab dienen. Während im leeren Raum die Beschleunigung 9,81 m beträgt und dort der Körper schon in der ersten Sekunde eine Geschwindigkeit von 9,81 m oder 9810 mm annimmt, so nimmt der Schlamm im Wasser fallend nach Zahlenreihe I nur in Wirklichkeit den millionsten Teil an.

Vor allem ändern sich aber die Verhältnisse bei der Aufwendung der Schleuderkraft nicht im geraden Verhältnis, wie dies die Formel 10 zeigt. Was nützt es deshalb, wenn man die durch die Schleuderkraft bewirkte Beschleunigung berechnet und daraus auf die Geschwindigkeit des Körpers schließen will, die er doch nie annehmen kann.

Schon Weißbach (Theoretische Maschinenlehre III. Teil, S. 745) begeht diesen Trugschluß, der von dort immer weiter übernommen wird. Er berechnet die Beschleunigung in der aufsteigenden Bewegung beim Aufrahmen der Milch (also nicht im leeren Raum) zu

$$c_0 = \frac{\gamma_1 - \gamma_2}{\gamma_2} \cdot g \tag{15}$$

und beim Schleudern zu

$$c = \frac{\gamma_1 - \gamma_2}{\gamma_2} \cdot w^2 \cdot r, \tag{16}$$

wenn w die Winkelgeschwindigkeit ist,

$$w = \frac{2\pi \cdot n}{60}. \tag{17}$$

Die Beschleunigungen verhalten sich also nach den Weißbachschen Formeln wie $g : w^2 \cdot r$. Für $r = 0{,}5$ m; $n = 1200$ erhält man (wörtlich nach Weißbach) eine $\frac{w^2 \cdot r}{g} = \frac{2^2 \pi^2 \cdot n^2 \cdot 0{,}5}{60^2 \cdot 9{,}81} = 800$ mal größere Beschleunigung der Absonderung durch Schleudern als durch Aufrahmen. Dies ist, wie gesagt, ein Irrtum. Theoretisch ist die Beschleunigung im leeren Raum wohl 800 mal größer, aber die wirkliche „Beschleunigung" der Absonderung ist nach Formel 10 in diesem Beispiel nur 28 mal größer. Wer dann eine 500 bis 2500 mal größere Wirkung der Trennung erwartet, wird bei der wirklich zu erzielenden von 28 recht enttäuscht sein und somit die Sache als unzweckmäßig betrachten. Man kann nicht durch Aufwendung größerer Kräfte beliebig größere Geschwindigkeiten erreichen. Wir wissen, daß trotz allergrößter Steigerung der Maschinenkräfte die Schiffsgeschwindigkeit nur wenig zunimmt, vierfach stärkere Maschinen geben dem Schiff noch lange nicht doppelte Geschwindigkeit. Trotzdem der Druck des Gewichtes von 1 kg durch die Schleuderkaft nach obigem Beispiel auf

$$\frac{m \cdot v_1^2}{r} = \frac{1 \cdot 62{,}8^2}{g \cdot 0{,}5} = 800 \text{ kg}$$

steigt, steigt die Geschwindigkeit nur auf das 28fache.

Aber da man die Kraftsteigerung durch die Schleuderkraft mit sehr einfachen Mitteln erreichen kann und die

z. B. 28fache Beschleunigung des Abscheidens nicht zu verachten ist, so wird doch immer wieder die Anwendung der Schleuder zur Schlammabscheidung reizen.

Auch Rittinger (Lehrbuch der Aufbereitungskunde 1867, welches aber sonst für die Trennung noch heute wertvolle Unterlagen enthält) begeht einen Trugschluß in bezug der Wirkung, welche die Schleuderkraft auf gleichfällige Körper ausübt. Gleichfällige Körper sind solche, die in der gleichen Flüssigkeit die gleiche Fallgeschwindigkeit besitzen, also den gleichen Fallweg zurücklegen, gleichzeitig am Boden ankommen. — Die gleichfälligen Körper bilden deshalb einzelne Schichten. In Wasser $\gamma_1 = 1{,}0$ fällt z. B. eine glatte Quarzkugel von 4 mm Durchmesser, $\gamma_2 = 2{,}6$, so schnell wie eine Bleiglanzkugel von $\gamma_2 = 7{,}5$ und einem Durchmesser von 1 mm, nämlich mit $v = 409$ mm/sek. Dabei verhalten sich die Flächen der Fallkörper wie 12,8 : 1 und die Gewichte wie 22 : 1.; die gleichfällige Quarzkugel muß 22mal schwerer sein als die Bleiglanzkugel. Rittinger berechnet die Schleuderkraft zweier gleichfälliger Kugeln, rundet die Ergebnisse ab und kommt (S. 221) zu Verhältniszahlen der Schleuderkräfte wie 100 : 4 oder 25 : 1. Er kommt deshalb, und weil er nicht das Verhältnis der Gewichte beachtet, zu der irrigen Annahme: „Wenn daher in dem in Umdrehung versetztem Wasser gleichfällige Körper von verschiedener Dichte in sehr großer Menge vorhanden sind, so werden sich die gröberen oder minder dichten Bergarten gegen die Peripherie drängen, und den feineren, aber dichteren Erzarten nicht gestatten, bis an die Wand des Gefäßes zu dringen. — Die Sortierung nach der Gleichfälligkeit verursacht demnach in der Fliehkraft (Schleuderkraft) der einzelnen Körper einen weit größeren Unterschied, als die Klassierung derselben nach der Korngröße, und es bietet (?) die Fliehkraft ein einfaches Mittel dar, gleichfällige Körner nach der Dichte abzusondern."

Dies ist nicht zu erreichen, denn bei genauer Rechnung ergibt sich auch das Verhältnis der Schleuderkräfte wie 22 : 1, genau wie das der Gewichte. Eine Änderung der Gleichfälligkeit tritt durch die Schleuderkraft nicht ein, in der Schleuder werden sich die Teilchen genau so schichten wie im Absetzbehälter, wenn nicht andere Störungen auftreten, oder absichtlich hervorgerufen werden. Z. B. in den Stoßherden wirkt der Wasserstrom in verschiedener Stärke auf die gleichfälligen Körper, bewirkt somit eine Trennung, auf die hier nicht eingegangen werden kann (s. H. Fischer, Technologie des Scheidens, Mischens und Zerkleinerns, Leipzig 1920).

9. Die obere Grenze, bis zu der die Trenngeschwindigkeit durch die Schleuderkraft vergrößert werden kann.

Nach den früher angeführten Formeln für die Trenngeschwindigkeit ergibt sich deren beliebige Steigerung, wenn die Umdrehungszahl n und der Halbmesser r (der Abstand des kreisenden Körpers von der Drehachse) entsprechend groß gewählt werden. Aber auch hier, wie bei allen anderen in der Technik benutzten Vorgängen, ist deren Steigerung zu beliebiger Höhe eine Grenze durch die Leistungsfähigkeit des technischen Hilfsmittels gesetzt. Hier ist es die Schleudertrommel, die infolge ihrer Festigkeit nicht beliebig gesteigerten Schleuderkräften widerstehen kann. Auf den Zusammenhang zwischen der Festigkeit der Schleudertrommel und der in dieser erzielbaren Trenngeschwindigkeit soll deshalb näher eingegangen werden.

Nach der Formel 8 ist die Schleuderkraft

$$C = \frac{G}{g}\frac{v_1^2}{r} = G\frac{r \cdot n^2}{900}$$

und somit für $G = 1$ kg des kreisenden Körpers

$$C_1 = \frac{r \cdot n^2}{900}. \tag{18}$$

Die Schleuderkraft nimmt nur einfach mit r, aber mit n^2 zu, so daß danach die Steigerung der Umdrehungszahl wirkungsvoller ist als die des Halbmessers bzw. des Trommeldurchmessers. Es ist noch weiter unten zu prüfen, ob dies auch in anderen Beziehungen der Fall ist.

Die aus obiger Formel für C_1 sich ergebenden Zahlen sind zeichnerisch in der Abb. 5 aufgetragen, weil daraus ein besserer Überblick erzielt wird als durch lange Zahlenreihen. Links sind die Zahlen für die Halbmesser r 0 bis 1,5 m aufgetragen ($r = 1{,}5$ m entspricht einer Schleudertrommel von 3,0 m lichte Weite, wie sie wohl größer nie ausgeführt werden, schon wegen der Begrenzung, die das Eisenbahnprofil dem Transport größerer Trommeln entgegenstellt). Unten sind die Umdrehungszahlen n 0 bis 6000 angegeben. In das sich daraus ergebende Liniennetz sind die — Kurven für die verschiedenen Schleuderkräfte eines kg des kreisenden Körpers nach obiger Formel für $C_1 = 50$, 500, 2000, 4500 und

8000 kg eingetragen. Daraus ergibt sich z. B. bei einem Halbmesser von $r = 0{,}5$ m und einer Umdrehungszahl $n = 1900$ die Schleuderkraft von 2000 kg, die 1 kg des kreisenden Körpers erzeugt. — Diese Beziehung auf 1 kg des Körpers

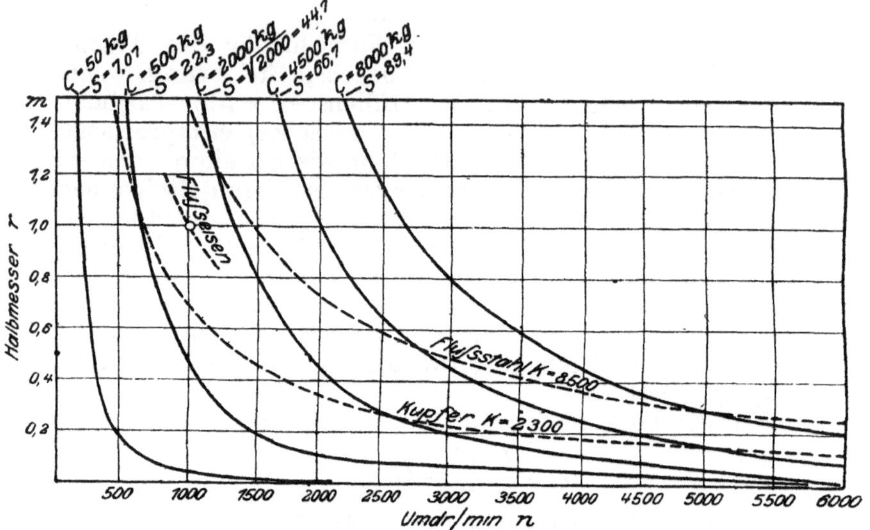

Abb. 5. Zusammenhang zwischen Trommelhalbmesser, Umlaufzahl, Baustoff und Sinkgeschwindigkeit.

erleichtert die Rechnung für andere Gewichte, denn hat das Schlammteilchen nur ein Gewicht von 0,001 g, so würde es nur eine Schleuderkraft von

$$\frac{1000 \cdot 2000 \cdot 0{,}001}{1000} = 2 \text{ g ausüben.}$$

Die Abb. 5 zeigt auch aus der Form der Linien, wie die Vergrößerung des Halbmessers in immer geringerem Maße die Schleuderkraft verstärkt.

Die Sinkgeschwindigkeit wird durch die Schleuderkraft vergrößert. Sie ist nach der angegebenen nicht ganz aufgelösten Formel 12 im Verhältnis zur Fallgeschwindigkeit beim freien Absetzen

$$S = \sqrt{\frac{r \cdot n^2}{900}}\,.$$

Der Wert unter dem Wurzelzeichen ist aber nichts anderes

als die Schleuderkraft C_1, die 1 kg nach Formel 18 ausübt. Daraus wird somit

$$S = \sqrt{C_1}. \tag{19}$$

Die Kurven für die Schleuderkraft C_1 nach Abb. 5 stellen also ohne weiteres auch ganz bestimmte Sinkgeschwindigkeitsverhältnisse dar, und zwar als Zahlenwerte berechnet aus den Wurzeln der Schleuderkräfte C_1. Das Sinkgeschwindigkeitsverhältnis ist deshalb z. B. für $C_1 = 50$ kg

$$S = \sqrt{50} = 7,07;$$

d. h. bei der herrschenden Schleuderkraft von $C_1 = 50$ kg wird die Sinkgeschwindigkeit gegenüber der beim freien Absetzen um 7,07 mal vergrößert. Dementsprechend sind an die Kurven für C_1 der Abb. 5 die Werte für $S = \sqrt{C_1}$ zahlenmäßig angetragen.

Damit eine um das 66,7fach vergrößerte Sinkgeschwindigkeit erzeugt werden kann, muß nach Abb. 5 1 kg des Körpers mit solcher Geschwindigkeit kreisen, daß $C_1 = 4500$ kg wird, daß also z. B. der Halbmesser der Schleudertrommel 1,0 m und die Umdrehungszahl 2000 in der Minute beträgt. Man würde dies aber auch erzielen bei $r = 0,2$ und $n = 5020$. Man kann wählen, und es wird noch berechnet werden, daß die Festigkeit der Trommel von $r = 1$ m, also 2 m l. Weite, überhaupt 2000 Umdrehungen nicht mehr zuläßt, so daß eine kleinere, aber entsprechend schneller laufende Trommel gewählt werden müßte. —

D. Die Schleudertrommel.

Da die Festigkeit der Trommel diese Wahl vorschreibt und damit die Höhe der Schleuderkraft begrenzt, so muß die Festigkeit berechnet werden.

10. Die Festigkeit der Schleudertrommel.

Die Festigkeit der kreisenden Schleudertrommel wird durch die Schleuderkraft ihres eigenen Mantelgewichtes und die der Füllung beansprucht. Die Schleuderkräfte suchen die Trommel in zwei Stücke zu zerreißen, wie dies in der Abb. 6 angedeutet ist. Bei der sonst üblichen Festigkeitsberechnung bestimmt man das Gewicht jeder Mantelhälfte sowie jeder Füllungshälfte und deren Schwerpunktsabstände von der Drehachse a. Diese Schwerpunktsabstände sind dann in die

Formel für die Schleuderkraft C als r einzusetzen. Diese Rechnungsart gewährt aber keinen Überblick über die Wirkungen, die bei geändertem r und geänderter Umdrehungszahl n eintreten, auch keinen nützlichen Vergleich anderen Konstruktionsteilen gegenüber, wie z. B. Autoklaven, Dampfkesseln u. dgl. Ich will deshalb die Festigkeitsberechnung so formen, daß die an Dampfkesseln üblichen hier als Grundlage dienen können, weil diese auch leicht übersichtlich und gut durchgebildet sind.

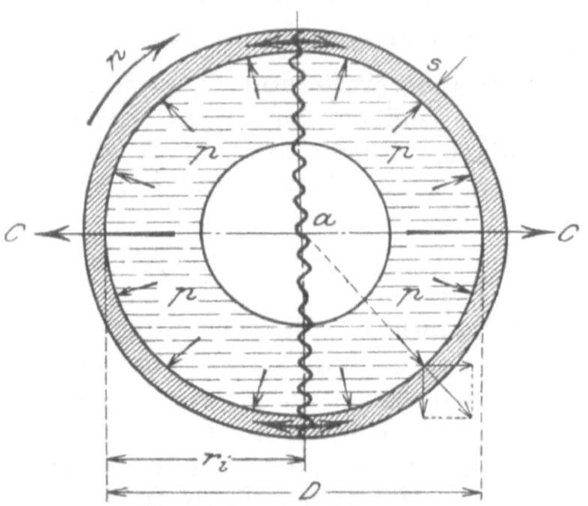

Abb. 6. Die Schleuderkräfte suchen die Trommel in zwei Stücke zu zerreißen.

Der durch die Füllung auf die Mantelwandung der Schleudertrommel ausgeübte Druck kann in kg auf 1 qcm innere Mantelfläche umgerechnet werden, ebenso der von 1 qcm des Mantels selbst hervorgerufene Schleuderdruck bzw. Zug. Man hat es dann mit dem Druck von 1 qcm der Mantelfläche zu tun, genau wie bei der auf inneren Überdruck beanspruchten Dampfkesselwandung. Die Länge H der Schleudertrommel ist dann bei dieser Festigkeitsberechnung, ebenso wie bei anderen, ohne Wirkung.

Nach bekannten Formeln (siehe u. a. H. Jaeger, Bestimmungen über Anlegung und Betrieb von Dampfkesseln, 1910; H. Schröder, Die chemischen Apparate in ihrer Beziehung zur Dampffaßordnung, zur Reichsgewerbeordnung usw.)[1]) ist bei der Festigkeitsberechnung der Dampfkessel:

s die Blechdicke bzw. Dicke der Trommelwandung in cm.
D der größte innere Durchmesser des Kesselmantels in cm.
p der größte Betriebsüberdruck in atm.
K die Zugfestigkeit des zum Mantel verwendeten Bleches oder sonstigen Baustoffes, und zwar für

Schweißeisen	$K = 3\,300$ kg/qcm
Flußeisen mit 4000—4700 kg Zugfestigkeit	$K = 4\,000$,,

[1]) Leipzig 1920. Otto Spamer.

Stahlguß	$K = 3500$— 7 000	kg/qcm
Nickelstahl	$K = 6000$— 8 000	„
Chrom-Nickelstahl	$K = 8300$— 8 800	„
Chrom-Silizium-Federstahl	$K =$ 9 500	„
Flußstahl	$K = 5000$—20 000	„
Kupfer	$K = 2000$— 2 300	„
Duraluminium, veredelt	$K = 4\,600$	„

x die sogenannte Sicherheitszahl, die angibt, auf wieviel der Baustoff belastet werden darf. Es ist das Verhältnis der Festigkeit zur zulässigen Spannung, welches auch als die Sicherheit gegen Bruch bezeichnet wird. Hierbei ist zu wählen mindestens

$x = 4{,}5$ bei einseitig gelaschten, maschinell genieteten Nähten und bei geschweißten Nähten.

$= 4{,}0$ bei nahtlosen, gewalzten Mänteln.

Dann ist

$$s = \frac{D \cdot x}{2 \cdot K \cdot z} \cdot p + a \qquad (20)$$

z ist das Schwächungsverhältnis der Festigkeit des vollen Bleches zu der der Längsnaht.

Für geschweißte und nahtlose, wie sie hier bei der hochbeanspruchten Schleudertrommel immer nur in Frage kommen, wird $z = 1$, hat somit für die weitere Benutzung der Formel keine Bedeutung und kommt hier in Fortfall. Bei den Siebschleuder muß die Schwächung des Mantels durch die Lochung berücksichtigt werden.

a ist der Abnutzungszuschlag, um auch nach einer bestimmten Betriebszeit, trotz der erfolgten entsprechenden Abnutzung, noch die für die Sicherheit gegen Bruch notwendige Wandstärke zur Verfügung zu haben. Braucht bei der folgenden Rechnung auch nicht berücksichtigt zu werden, weil es sich hier um einen gefühlsmäßigen Zuschlag handelt.

In den bisher benutzten Formeln für die Schleuderkraft wurde aber nicht der innere Durchmesser der Trommel in Millimeter eingesetzt, sondern der Halbmesser r_i in Meter. Es geht dann die Formel 20 unter Fortlassung von z und a über in

$$s = \frac{100 \cdot 2 \cdot r_i \cdot x}{2 \cdot K} \cdot p = 100 \cdot \frac{r_i \cdot x}{K} \cdot p\,. \qquad (21)$$

Dieser Druck p, bezogen auf 1 qcm innere Trommelmantelfläche, wird erzeugt durch den eigenen Schleuderdruck p_M des

Mantels und den Schleuderdruck p_F, den die Fullung auf den Mantel ausübt. Es ist

$$p = p_M + p_F. \tag{22}$$

Beide suchen den Mantel gemeinsam auseinanderzureißen, indem dieser dann bei Überlastung in der Längsrichtung parallel zur Drehachse aufreißen würde. Im Gegensatz steht die Beanspruchung des Mantels eines Dampfkessels. Dort übt sein eigenes Mantelgewicht keinen oder doch einen kaum nennenswerten Einfluß auf seine Festigkeit aus. Er wird lediglich durch den inneren Dampfdruck auf Zerreißen beansprucht. Hier bei der Trommel ist dagegen die durch sein Eigengewicht erzeugte Zugbeanspruchung so groß, daß sie außerordentlich auf die Festigkeit einwirkt und die größtmögliche Wirkung der Schleuderkraft auf die Schlammtrennung sehr herunterdrückt.

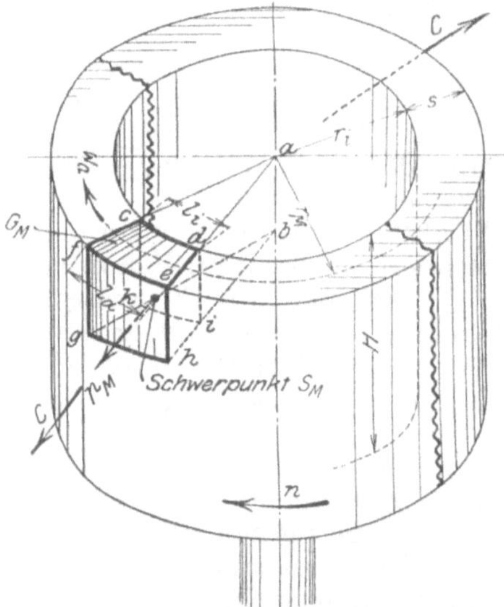

Abb. 7. Der Schleuderdruck eines Mantelteilchens.

Beide Drücke p_M und p_F, aus denen sich p zusammensetzt, müssen gesondert berechnet werden.

Der Schleuderdruck eines Mantelteilchens *cde fghik*, nach Abb. 7 mit der inneren Mantelfläche *cdik* von 1 qcm Größe, ist nach der bekannten Formel 8

$$p_M = \frac{G_M}{g} \frac{v_M^2}{r_M}. \tag{22a}$$

Bei der Kleinheit der Einzelteilchen zum ganzen Trommelmantel kann man die Grundfläche *cdik* als eine Ebene betrachten und noch außer acht lassen, daß l_a größer ist als die innere Länge l_i, weil bei größerem Trommeldurchmesser der Fehler, der dadurch bei der Berechnung entsteht, nur klein ist. Das Gewicht des Mantelteilchens von 1 qcm Innenfläche berechnet sich deshalb angenähert als Würfel mit 1 cm Seitenlänge, so daß sein Gewicht wird

$$G_M = 0{,}1 \cdot 0{,}1 \cdot 0{,}1 \cdot s \cdot \gamma_M = 0{,}001\, s \cdot \gamma_M. \tag{23}$$

Darin ist γ_M das spez. Gewicht des Mantels.

Die Umfangsgeschwindigkeit des Mantelteilchens ist wieder

$$v_M = \frac{2 \cdot r_M \cdot \pi \cdot n}{60}.$$

Diese Werte in die Formel 22a eingesetzt, gibt

$$p_M = \frac{0{,}001 \cdot s \cdot \gamma_M}{g} \cdot \frac{2^2\, r_M^2 \cdot \pi^2 \cdot n^2}{60^2 \cdot r_M},$$

$$= 0{,}001 \cdot s \cdot \gamma_M \cdot \frac{r_M \cdot n^2}{900}. \qquad (24)$$

11. Die leerlaufende Schleudertrommel.

Nimmt man vorläufig an, daß die Schleudertrommel ohne Füllung, also leer läuft, dann würde die Festigkeit der Trommel nur durch den vom Mantelteilchen erzeugten Einzeldruck p_M belastet, und setze ich diesen gleich dem Innendruck p, nach Formel 21, dann geht dieser über in

$$s = \frac{100 \cdot r_i \cdot x}{K} \cdot p_M = \frac{100 \cdot r_i\, x}{K} \cdot \frac{0{,}001 \cdot s \cdot \gamma_M \cdot r_M \cdot n^2}{900}. \qquad (25)$$

In dieser Formel ist noch der innere Mantelhalbmesser r_i und der mittlere Mantelhalbmesser $r_M = r_i + \frac{s}{2 \cdot 100}$ nach Abb. 7 enthalten. Es bedingt aber nur geringe Fehler für die Rechnung, wohl aber wesentliche Erhöhung der Übersichtlichkeit, wenn an Stelle von r_M ebenfalls r_i gesetzt wird. Ist z. B. der Trommelhalbmesser $r_i = 0{,}5$ m $= 50$ cm und die Wandstärke $s = 2{,}5$ cm, so beträgt der Rechnungsfehler nur $2^1/_2\%$.

Die vereinfachte Formel lautet dann

$$s = \frac{0{,}00011 \cdot r_i^2 \cdot x \cdot s \cdot \gamma_M \cdot n^2}{900}. \qquad (25\,\text{a})$$

Da in dieser Formel s auf beiden Seiten vorkommt, so hebt es sich heraus, und es wird

$$r_i^2 \cdot n^2 = \frac{K}{0{,}00011 \cdot \gamma_M \cdot x}. \qquad (26)$$

Die Wandstärke ist nicht mehr vorhanden. Das heißt, daß beim Leerlauf die Trommelwandstärke ohne Einfluß auf die Festigkeit der Trommel ist. Immer wird die Trommel bei der gleichen Umfangsgeschwindigkeit auseinanderreißen, ob die Wandstärke nur 1 oder mehrere Millimeter beträgt. Dies ist auch einleuchtend, denn wenn die Wandstärke z. B. verdoppelt wird, so wird wohl der Querschnitt verdoppelt, der doppelte Kräfte aufnehmen kann, aber gleichzeitig verdopple ich auch sein Gewicht und entsprechend die Schleuderkraft, so daß nichts gewonnen wird. — Ich hätte ohne weiteres bekannte Formeln für die Berechnung der Trommel verwenden können, dann wäre das Ziel wohl schneller erreicht, aber es würde dann die Durchsichtigkeit und die Erkenntnis der Zusammenhänge erschwert.

Die Formel 26 ist in ihrem Aufbau gleich der Näherungsformel, die allgemein üblich sind in der Technik zur Berechnung der Spannungen, die in kreisförmigen Ringen durch die Schleuderkraft entstehen (s. Hütte, Des Ing. Taschenbuch I, 1911, S. 1001). Dort wird noch darauf hingewiesen, daß bei der Festigkeitsberechnung von Schwungrädern die genaue Ermittlung der Spannungen ziemlich umständlich und unsicher ist, daher begnügt man sich meist mit der folgenden Näherungsrechnung. Man denkt sich den Ring freischwebend (durch die Zugspannung der Schwungradarme wird die Beanspruchung erhöht, bei uns durch die des Trommelbodens) und setzt gleichmäßige Verteilung der Spannungen über den ganzen Ringquerschnitt voraus. Dann beträgt die tangential gerichtete Zugspannung im Ring

$$\sigma_z = 0{,}1 \frac{\gamma_M}{g} \cdot v_1^2 . \tag{27}$$

σ_z, die Beanspruchung in kg/qcm, entspricht dem Wert $\frac{K}{x}$ in der Formel 26, so daß sich aus beiden ergibt

$$\frac{K}{x} = 0{,}1 \cdot \frac{\gamma_M}{g} \cdot v_1^2 . \tag{28}$$

Die Beanspruchung hängt also nur von der Umfangsgeschwindigkeit des Mantels ab. Bei größeren Geschwindigkeiten wird man deshalb den Trommelmantel aus einem Baustoff höchster Festigkeit anfertigen, um die Grenze, bis zu der die Schleuderkraft vergrößernd auf die Trenngeschwindigkeit wirkt, möglichst zu erhöhen. Ich habe deshalb für K schon Baustoffe angeführt, die im Dampfkesselbau nicht üblich, wohl aber bei solchen Schleudern, die Höchstleistungen bieten sollen, notwendig sind. Je hochwertiger der Baustoff, der Stahl, um so höher sein Preis, so daß natürlich nicht allein seine Festigkeit von Fall zu Fall in Betracht gezogen werden muß, sondern auch die Kosten müssen beachtet werden, die bei der Beschaffung und Bearbeitung solcher hochwertigen Stahlsorten entstehen und die Anlagekosten entsprechend erhöhen. Hier kann aber darauf keine Rücksicht genommen werden, wo es sich nur darum handelt, die Leistung bis zur Höchstgrenze zu steigern.

12. Verwendung von Duraluminium.

Besondere Vorteile bietet die Verwendung des **Duraluminium**, wenn der Preis für den bestimmten Zweck nicht zu ausschlaggebend ist und die Berührung des Schleudergutes mit Eisen vermieden werden soll. Besonders veredeltes und verdichtetes Duraluminium der **Dürener Metallwerke** kostet etwa 8 mal so viel als Flußeisen, hat aber Eigenschaften, die es für schnellaufende Teile außerordentlich geeignet erscheinen läßt. Seine Hauptwerte sind [in ( ) die Zahlen für Flußeisen]:

spez. Gew. $\gamma_M = 2{,}8\,(7{,}86)$; Elastizitätsmodul 6000 (21500). Bruchfestigkeit $K = 4600\,(4000)$; Streckgrenze 4000 kg/qcm (3700). Dehnung 11% (20).

Bei gleicher Festigkeit wie Flußeisen ist es $\frac{7{,}86}{2{,}8} = 2{,}8$ mal leichter. Dementsprechend ist auch die Schleuderkraft und die damit zusammenhängende Eigenbeanspruchung geringer.

Zahlenreihe II.

Umfangsgeschwindigkeit v_1		20	50	75	100	150	200	400	m/sek
Beanspruchung eines kreisenden Ringes σ_3, aus	Eisen $\gamma_M = 7{,}86$	32	200	450	800	1800	3200	12800	kg/qcm
	veredeltem Duraluminium $\gamma_M = 2{,}8$	11	70	160	290	650	1300	4600	kg/qcm

In der Zahlenreihe II sind die Beanspruchungen berechnet, für verschiedene Umfangsgeschwindigkeiten v_1, für Kreisringe aus Flußeisen und veredeltem Duraluminium, unter Benutzung der Formel 27.

Bei Flußeisen mit der zulässigen Belastung $\frac{K}{x} = \frac{4000}{5} = 800$ dürfte eine Umfangsgeschwindigkeit der **leeren** Trommel von $v_1 = 100$ m nicht überschritten werden. Dagegen wäre bei $v_1 = 150$ die zulässige Belastung für Duraluminium

$\frac{K}{x} = \frac{4600}{5} = 920$ kg/qcm noch lange nicht erreicht. Erst bei 400 m Umfangsgeschwindigkeit würde der Duraluminiumring reißen.

13. Verhältnis der Wandstärke zum Trommeldurchmesser.

Ist die Wandstärke der Trommel im Verhältnis zum Durchmesser groß, so muß bei der Rechnung die Ungleichmäßigkeit der Spannungsverteilung berücksichtigt werden. W. Krüger (Z. d. V. d. Ing. 1909, S. 1399) hat die Spannungsverhältnisse berechnet und durch Abbildungen gezeigt, daß von einem gewissen Gebiete an eine weitere Vergrößerung der Wandstärke die größten (inneren) Anstrengungen (die tangential zum Zylinder gerichtet sind) nur noch wenig heruntergedrückt. Man wird also bei großem Halbmesserverhältnis von $\frac{r_a}{r_i} = \frac{r_i + s}{r_i}$ den Baustoff schlecht ausnutzen. Dieser Fall tritt ein, wenn das Verhältnis des äußeren Trommelhalbmessers $r_a = r_i + s$ zu dem inneren r_i kleiner ist, also etwa 3. Z. B. für $r_i = 125$ mm wäre dann entsprechend

$$s = 3 \cdot r_i - r_i = 2\, r_i = 2 \cdot 125 = 250 \text{ mm}.$$

Eine solche Wandstärke von 250 mm, bei einem inneren Trommelhalbmesser von 125 mm, dürfte zu Ausnahmen gehören, so daß darauf nicht weiter eingegangen zu werden braucht. Im allgemeinen genügen die vereinfachten Rechnungen.

14. Der Zusammenhang zwischen der Festigkeit der Schleudertrommel und dem Trenngeschwindigkeitsverhältnis.

Auch die Formeln 26 und 28 gestatten keinen so klaren Überblick über die Wirkung der Einzelwerte, wie dies zeichnerisch möglich ist. Ich habe deshalb in der schon vorher gebrachten Abb. 5 für einige Baustoffe die aus der Formel 26 sich ergebenden Werte eingetragen, indem für die verschiedenen Trommelhalbmesser r_i die zugehörigen Umlaufszahlen n berechnet wurden. Dazu ist die Formel 26 umgeformt. Da

$$n^2 = \frac{K}{0{,}00011 \cdot \gamma_M \cdot x \cdot r_i^2},$$

so wird daraus

$$n = \sqrt{\frac{K}{0{,}00011 \cdot \gamma_M \cdot x \cdot r_i^2}}. \tag{29}$$

Für eine Flußstahltrommel mit einer Zerreißfestigkeit von $K = 8500$ kg/qcm, einem spez. Gewicht $\gamma_M = 7{,}86$ und einer Sicherheitszahl $x = 5$ (ich nehme hier x nicht gleich 4, sondern 5, um damit die vorgenannten Vereinfachungen in der Rechnung wieder auszugleichen) würde dann

$$n = \sqrt{\frac{8500}{0{,}00011 \cdot 7{,}86 \cdot 5 \cdot r_i^2}} = \frac{1469}{r_i}. \qquad (30)$$

Bei einem inneren Trommelhalbmesser $r_i = 1{,}0$ m würde demnach $n = \frac{1469}{1{,}0} = 1469$, d. h. bei 1469 Umdrehungen in der Minute würde die zulässige Belastung der leerlaufenden Trommel durch ihre eigene Schleuderkraft erreicht. Diese Werte sind als $\cdots\cdots$Linie in der Abb. 5 eingetragen.

Man sieht, daß diese Festigkeitslinie die Linien für das Sinkgeschwindigkeitsverhältnis S in verschiedenen Höhenlagen kreuzt und dadurch deren Anwendbarkeit begrenzt. Die Schleuderkräfte C_1 und Sinkgeschwindigkeitsverhältnisse S, die über der Festigkeitslinie liegen, sind mit einer solchen Stahltrommel nicht anwendbar.

Aus diesen sich kreuzenden Linien sieht man aber den günstigen Einfluß, den die Wahl einer großen Umlaufszahl bietet. Während eine Flußstahltrommel von $r_i = 1{,}2$ m oder 2400 mm Durchmesser eine höchste Leerlaufzahl von $n = 1220$ gestattet und somit nur eine Vergrößerung von $S = 44{,}7$, ermöglicht eine Flußstahltrommel von $r_i = 0{,}3$ m eine Umlaufszahl von 4880 und ein S von 89,4, also eine doppelt so große Sinkgeschwindigkeitsbeschleunigung.

Würde die Sicherheitszahl $x = 5$ in der Formel 30 nicht eingesetzt, dann ergibt sich die Umdrehungszahl, bei der die leere Trommel zerreißt, die also nie erreicht werden darf, z. B. für $r_i = 1{,}0$ m zu $n = 3160$.

Für Flußeisen mit einer Zugfestigkeit $K = 4400$, also

$$n = \sqrt{\frac{4400}{0{,}00011 \cdot 7{,}85 \cdot 5 \cdot r_i^2}} = \frac{1010}{r_i}$$

habe ich nur ein Stück der Festigkeitslinie eingetragen, um die Abb. 5 nicht undeutlich zu machen, und weil dies Stück genügt, um einen Überblick über den Einfluß zu gewinnen. Man erkennt, daß natürlich mit der geringwertigen flußeisernen Schleudertrommel auch geringere Wirkungen zu erzielen sind.

Noch geringer ist die Leistung des in bezug auf die Festigkeit geringwertigeren Kupferbleches. Bei einem $K_z = 2300$

würde $n = \sqrt{\frac{2300}{0{,}00011 \cdot 9{,}0 \cdot 5 \cdot r_i}} = \frac{680}{r_i}$.

Auch diese Werte, in die Abb. 5 eingetragén, zeigen z. B., daß mit einer kupfernen Trommel von $r_i = 0{,}3$ m nur 2240 Umdrehungen für den Leerlauf zulässig sind und dann eine Vergrößerung von $S = \backsim 40$ zu erwarten ist.

Für das veredelte Duraluminium wäre

$$n = \sqrt{\frac{4600}{0{,}00011 \cdot 2{,}8 \cdot 5 \cdot r_i^2}} = \frac{1732}{r_i},$$

also noch wesentliche höhere Werte ergebend als Flußstahl mit $K = 8500$ nach Formel 30; bzw. die Linie nach Abb. 5 liegt über der Flußstahllinie. Erst wenn nach der Formel 30

$$K = 1732^2 \cdot 0{,}00011 \cdot 7{,}86 \cdot 5 = 13\,000 \text{ kg/qcm}$$

wird, ist dieser Flußstahl für Schleudertrommeln dem Duraluminium gleichwertig. Es verbindet große Festigkeit mit sehr geringem spezifischen Gewicht. Deshalb ist hier z. B. Rübelbronze, trotzdem die Zugfestigkeit $K = 8500$ ist, weniger wertvoll, weil ihr spezifisches Gewicht $\gamma_M = 8{,}5$ ist. Sie käme nur dort in Frage, wo Duraluminium oder Stahl nicht genügende chemische Widerstandsfähigkeit besitzen.

15. Die Notwendigkeit hochwertiger Baustoffe.

Diese Rechnungen zeigen außerordentlich deutlich, wie notwendig es ist, zur Erzielung höchster Leistung hochwertige Baustoffe für die Schleudertrommeln, geringe lichte Weite (r_i) und hohe Umdrehungszahlen zu wählen. Sie bestätigt auch die Nützlichkeit des Bestrebens der schwedischen Milchschleuder-Hersteller, die kleine Trommeln aus bestem schwedischen Holzkohlenstahl herstellen, die dann große Umlaufszahlen zulassen.

Nehme ich z. B. eine Umdrehungszahl von $n = 20\,000$ in der Minute an, dann würde nach Formel 26 für die Flußstahltrommel

$$r_i = \sqrt{\frac{K}{0{,}00011\, \gamma_M \cdot x \cdot n^2}} = \sqrt{\frac{8500}{0{,}00011 \cdot 7{,}86 \cdot 5 \cdot 20\,000^2}} = 0{,}07 \text{ m}$$

oder 140 mm Durchmesser. Dann würde aber die Sinkgeschwindigkeitsvergrößerung in dieser kleinen Trommel $S = \frac{n}{30}\sqrt{r} = \frac{20\,000}{30}\sqrt{0{,}07} = 175$ mal größer als beim freien Absetzen.

Dort, wo es sich darum handelt, für bestimmte, auf andere Weise vielleicht nicht erreichbare Ziele noch eine bedeutendere Vergrößerung von S zu erhalten, muß man an die Verwendung noch hochwertigerer Stahlsorten denken. Solche Stahlarten sind vorsichtig zu behandeln. Alle Übergänge zwischen verschiedenen Abmessungen dürfen nur langsam verlaufen. Parabolischer bzw. hyperbolischer Übergang der Hohlkehlen sind einem Viertelkreis überlegen. Risse entstehen an den scharfen Kanten, selbst Unebenheiten der geschruppten Flächen können dazu Veranlassung geben, wenn diese Stellen schon beim Bearbeiten überlastet wurden. An und für sich ist schon die Festigkeit einer gehärteten Stahltrommel größer als die einer ausgeglühten, da aber mit der Härtung gleichzeitig die Dehnbarkeit abnimmt, auch leicht Härterisse entstehen, so besteht erhöhte Bruchgefahr. Solche zerspringende, gehärtete Trommel kann unangenehme granatenartige Sprengwirkungen hervorbringen. Man wird deshalb weiche Stahlsorten beibehalten, aber unter Umständen höchstwertigen Federstahl mit $K = 20\,000$ wählen. Solche Trommeln müßten dann vielleicht aus einzelnen Stahlringen hergestellt werden nach Art der Draht- oder der Ringkanonen.

Das D. R. P. 232 923/1909 schützte eine Schleudertrommel, die aus quadratischem Stahldraht schraubenförmig gewunden wird. Um das Aufschrauben des Deckels zu erleichtern, ist zwischen der obersten Wicklung des Mantels ein über den äußeren Umfang vorstehender Schraubendraht eingewickelt. Es würde dann z. B. für eine Trommel mit $r_i = 0{,}07$ m

$$n = \sqrt{\frac{20\,000}{0{,}00011 \cdot 7{,}86 \cdot 5 \cdot 0{,}07^2}} = 30\,700$$

und

$$S = \frac{30\,700}{30} \sqrt{r} = 266\text{fach}.$$

Ein Schlammteilchen, welches beim freien Absetzen z. B. 266 Minuten oder ungefähr $4^1/_2$ Stunden benötigt, durcheilt die gleiche Strecke in einer solchen Schleuder in einer Minute.

Dies wäre eine außerordentlich gesteigerte Leistung, die aber nur selten zur Anwendung kommt, weil die Verarbeitung so hochwertiger Stahlsorten außerordentlich schwierig und kostspielig ist. Für die Technik dürfte wohl im allgemeinen die Grenze bei Stahlsorten liegen mit einer Festigkeit von

$K = 8500$ kg/qcm, die also bei einer Sicherheitszahl von $x = 5$ nur mit $\frac{8500}{5} = 1700$ kg/qcm belastet werden.

16. Die Möglichkeit außerordentlicher Leistung der Trommel aus Wolframdraht.

Außergewöhnliches für wissenschaftliche Zwecke könnte vielleicht mit einer aus Wolfram - Draht gewickelten Schleudertrommel zu erreichen sein. C. Schniewindt, Neurode (Westf.), liefert solchen gezogenen Wolfram - Draht von 0,015 mm = 15 μ Durchmesser mit einem spez. Gewicht = 8,03 und einer Zugfestigkeit von K_z von 60 000—70 000 kg/qcm. Die Festigkeit ist also über 3 mal größer als die der besten Stahlsorten. Nach der Formel 29 ist

$$n = \sqrt{\frac{70\,000}{0{,}00011 \cdot 8{,}03 \cdot 5 \cdot r_i^2}} = \frac{4000}{r_i}.$$

Nehme ich wieder den inneren Trommeldurchmesser mit $r_i = 0{,}07$ m an, dann wird $n = \frac{4000}{0{,}07} = 57\,000$ Umdrehungen in der Minute. Abgesehen davon, wie diese Umdrehung zu erreichen ist, die großen Schwierigkeiten müßten schließlich überwunden werden, ergibt sich dann eine Umfangsgeschwindigkeit von

$$v_1 = \frac{2 \cdot 0{,}07 \cdot \pi \cdot 57\,000}{60} = 400 \text{ m/sek},$$

eine Sinkgeschwindigkeitsbeschleunigung von

$$S = \frac{n}{30}\sqrt{r_1} = \frac{57\,000}{30} \cdot \sqrt{0{,}07} = \backsim 500$$

und einen Schleuderdruck, bezogen auf 1 kg des umlaufenden Schleudergutes, von

$$C_1 = \frac{r \cdot n^2}{900} = \frac{0{,}07 \cdot 57\,000^2}{900} = \backsim 250\,000 \text{ kg},$$

oder die auf das Teilchen wirkende trennende Kraft ist 250 000 mal stärker als die der Erdanziehung.

Die Beschleunigung $\mathfrak{p}$, die einem Körper mit der Masse m durch die Kraft P erteilt werden kann, ist

$$\mathfrak{p} = \frac{P}{m}. \tag{31}$$

Für einen Körper, dessen Gewicht $G = 1$ kg ist, wird die Fallbeschleunigung im luftleeren Raum

$$\mathfrak{p} = \frac{P}{m} = \frac{G}{G} \cdot g = g = 9{,}81 \text{ m/sek.}$$

Dagegen durch die Kraft C_1 in der Schleuder wäre (in der luftleeren Schleuder)

$$\mathfrak{p} = \frac{C_1}{m} = \frac{250\,000 \cdot 9{,}81}{1} = \backsim 2\,450\,000 \text{ m/sek.} = 2450 \text{ km/sek.}$$

Solchen Kräften die kolloiden oder molekularen Lösungen auch Gasen ausgesetzt, müßte doch wunderbare Ergebnisse zeitigen, wenn man bedenkt, daß die Eigengeschwindigkeit mancher Moleküle nur 300 m/sek. beträgt, allerdings im gefüllten Raum.

17. Der Einfluß der Füllung auf die Festigkeit der Schleudertrommel.

Bei den bisherigen Rechnungen wurde vorläufig der Einfluß der Füllung außer acht gelassen. In Wirklichkeit wird durch die Füllung der Mantel noch mehr belastet, so daß die bisherigen Zahlen nur für ideell dünne Füllungsschichten, die sich am Trommelmantel anlagern, gelten. Je mehr die Trommel aber gefüllt wird, um so größer und bedeutungsvoller ist die Zusatzspannung p_F, die von der Füllung auf das Zerreißen des Trommelmantels ausgeübt wird. Während manche Schleudern nur teilweise angefüllt werden, so daß die Füllung einen zylindrischen Ring in der Trommel bildet, werden andere fast vollständig bis zur Drehachse angefüllt. Diese letztere Füllungsart bedeutet die größtmögliche Ausnutzung des Trommelraumes, aber

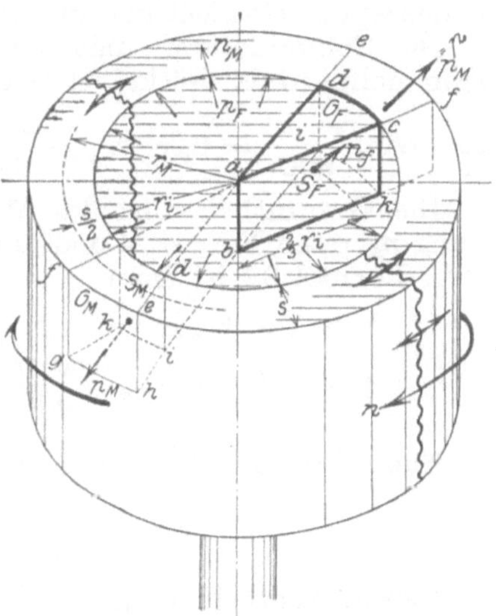

Abb. 8. Der Schleuderdruck der Füllung auf den Mantel.

auch deren größte Belastung, so daß ich diese meiner weiteren Rechnung zugrunde legen werde. Andere Füllungen müssen von Fall zu Fall durchgerechnet werden.

Während nach der Formel 26 die Wandstärke ohne Einfluß auf die Festigkeit der Trommel ist, so ändert sich das Bild doch wesentlich durch die Füllung.

Ist die Trommel ganz gefüllt, dann kann diese Füllung in einzelne Keile zerlegt werden, deren Schneide *a—b* nach Abb. 8 in der Drehachse liegt und deren Basis *c d i k* auf der Trommelinnenfläche ruht. Wenn ein solcher Keil wieder eine Grundfläche *c d i k* von 1 qcm besitzt, so hat er die gleiche Auflagefläche, die ich nach Abb. 7 als Mantelstück in Rechnung stellte, in beiden Abbildungen sind deshalb die gleichen Bezeichnungen gewählt. Die Höhe des Keiles ist somit gleich r_i und da der Schwerpunkt eines Keiles von der Spitze um $^2/_3$ der Höhe entfernt ist, so ist der Schwerpunkt des Füllungskeiles S_F von der Drehachse entfernt um

$$r_F = \tfrac{2}{3}\, r_i\,. \tag{32}$$

Das Gewicht dieses Füllungskeiles mit 1 qcm Grundfläche ist

$$G_F = 0{,}1 \cdot 0{,}1 \cdot \frac{10 \cdot r_i}{2}\,\gamma_F = 0{,}05 \cdot r_i \gamma_F\,,$$

γ_F das spez. Gewicht der Füllung (kg/cdm).

Die Schleuderkraft, mit der dieser Keil auf 1 qcm des Trommelmantels drückt, ist wieder

$$p_F = G_F \cdot \frac{r_F \cdot n^2}{900} = 0{,}05 \cdot r_i\,\gamma_F \cdot \frac{2\,r_i \cdot n^2}{3 \cdot 900} = 0{,}033 \cdot \gamma_F \cdot \frac{r_i^2\,n^2}{900}\,. \tag{33}$$

Die Gesamtbelastung des Mantels aus seiner Eigenbelastung p_M nach Formel 24 und der der größtmöglichen Füllung nach Formel 33 ist dann

$$p = p_M + p_F\,,$$

$$p = 0{,}001 \cdot s \cdot \gamma_M \cdot \frac{r_M \cdot n^2}{900} + 0{,}033 \cdot \gamma_F \cdot \frac{r_i \cdot n^2}{900}\,. \tag{34}$$

Nach Formel 21 ist $s = 100 \cdot \frac{r_i \cdot x}{K}\,p$ und daraus

$$p = \frac{s \cdot K}{100 \cdot r_i \cdot x}\,. \tag{35}$$

Diesen Wert in Formel 34 eingesetzt, gibt

$$\frac{s \cdot K}{100 \cdot r_i \cdot x} = 0{,}001 \cdot s \cdot \gamma_M \cdot \frac{r_M \cdot n^2}{900} + 0{,}033\,\gamma_F \frac{r_i\,n^2}{900}\,,$$

daraus

$$s \cdot K = 100 \cdot r_i x \cdot 0{,}001 \cdot s \cdot \gamma_M \cdot \frac{r_M \cdot n^2}{900} + 100 \cdot r_i x \cdot 0{,}033\, \gamma_F \frac{r_i n^2}{900},$$

$$s \cdot K - 0{,}1 \cdot r_i x \cdot s \cdot \gamma_M \cdot r_M \cdot \frac{n^2}{900} = 3{,}3 \cdot r_i x \cdot \gamma_F \cdot \frac{r_i n^2}{900},$$

$$s = \frac{3{,}3 \cdot r_i^2 \cdot x \cdot \gamma_F \frac{n^2}{900}}{K - 0{,}1 \cdot r_i \cdot x \cdot \gamma_M \cdot r_M \cdot \frac{n^2}{900}} = \frac{0{,}00367 \cdot x \cdot \gamma_F r_i^2 \cdot n^2}{K - 0{,}00011 \cdot x \cdot \gamma_M \cdot r_i \cdot r_M \cdot n^2}. \quad (36)$$

In dieser Formel 36 ist noch r_M vorhanden, und da $r_M = r_i + \frac{s}{2}$, so ist auch s noch in der rechten Seite der Formel enthalten. Es läßt sich somit s nicht einfach errechnen. Den inneren Halbmesser r_i an Stelle von r_M zu setzen, wie bei den früheren Gleichungen, ist nicht mehr angängig, weil an den oberen Grenzen die Wandstärke so bedeutend wird, daß die Halbmesser r_M bedeutend größer als r_i werden. Man kann deshalb die Wandstärke s nur durch Versuchsrechnungen bestimmen, indem man in die Formel 36 für r_M erst versuchsweise r_i einsetzt. Den sich dann für die Wandstärke ergebenden Wert setzt man als $r_M = r_i + \frac{s}{2}$ ein und führt nochmals die Rechnung durch. Wird dann der Wert $0{,}00011 \cdot x \cdot \gamma_M \cdot \cdot r_i \cdot r_M \cdot n_2$ in Formel 36 größer als K, dann ist dies ein Zeichen dafür, daß der Mantel schon allein seine ganze eigene Festigkeit beansprucht und für die Füllung nichts übrigbleibt.

Eine Beispielsrechnung zeigt dies am besten. Ich nehme an $r_i = 0{,}5$ m, das spez. Gewicht der Füllung $\gamma_F = 2{,}0$, das des Mantels $\gamma_M = 7{,}86$, die Zerreißfestigkeit der Flußstahltrommel zu $K = 8500$, die Sicherheitszahl $x = 5$, dann wird bei $n = 2500$ Umdrehungen in der Minute nach Formel 36

$$s = \frac{0{,}00367 \cdot 5 \cdot 2{,}0 \cdot 0{,}5^2 \cdot 2500^2}{8500 - 0{,}00011 \cdot 5 \cdot 7{,}86 \cdot 0{,}5 \cdot r_M \cdot 2500^2} = \frac{57\,344}{8500 - 13\,500 \cdot r_M}. \quad (37)$$

Wird versuchsweise $r_M = r_i = 0{,}5$ eingesetzt, so würde

$$s = \frac{57\,344}{8500 - 13\,500 \cdot 0{,}5} = \frac{57\,344}{8500 - 6750} = \frac{57\,344}{1750} = 32{,}7 \text{ cm}.$$

Nach Abb. 8 ist dann $r_M = 0{,}5 + \frac{0{,}327}{2} = 0{,}663$ m.

Den neuen, angenäherteren Wert für r_M in die Berechnung für s (37) eingesetzt, gibt in besserer Annäherung

$$s = \frac{57\,344}{8500 - 13\,500 \cdot 0{,}663} = \frac{57\,344}{8500 - 8950}.$$

Die Eigenbeanspruchung beträgt 8950 gegenüber der vorhandenen Festigkeit der Stahltrommel von $K = 8500$, so daß die Trommel bei $n = 2500$ überlastet und eine etwas niedrigere von etwa 2400 zu wählen wäre. Immerhin ergeben sich dann Wandstärken, die die Trommeln sehr verteuern. Wählt man schwächere zwecks Verbilligung der Schleuder, dann muß man natürlich mit der Umdrehungszahl heruntergehen und erzielt geringere Trennwirkungen.

Für 2000 Umdrehungen müßte z. B. die Wandstärke, ohne die Einzelrechnung nochmals anzuführen, $s = \frac{36\,700}{8500 - 4712}$ $= 9{,}4$ cm oder 94 mm mindestens stark sein. (Für die wirkliche Ausführung käme dazu noch die Abnutzung „a" nach Formel 20 mit einigen Millimetern.) Für 1000 Umdrehungen genügen schon $s = 1{,}5$ cm oder 15 mm Wandstärke.

18. Zusammenhang zwischen Umlaufzahl, Baustoff, Wandstärke und Sinkgeschwindigkeit.

Übersichtlicher als durch Einzelrechnungen werden die Zusammenhänge wieder durch die zeichnerische Darstellung. Deshalb. habe ich in der Abb. 9 diese Ergebnisse eingezeichnet für eine Schleudertrommel von 1000 mm lichte Weite, also $r_i = 0{,}5$ m, in der Annahme, daß die Trommel bis zur Drehachse angefüllt ist, mit einer Flüssigkeit oder einem Schlamm, dessen spez. Gewicht $\gamma_F = 2{,}0$ ist. Unten sind die Umdrehungszahlen n, links die Wandstärken s eingetragen.. Die Kurven sind berechnet bei einem Sicherheitsgrad von $x = 5$, für Kupfer mit einer Zugfestigkeit $K = 2300$, Flußstahl $K = 8500$ kg/qcm und, um den Einfluß kennenzulernen, noch für Federstahl mit $K = 20\,000$. Ob aber aus diesem letzteren höchstwertigen Baustoff überhaupt solche großen Trommeln in wirtschaftlicher Weise gebaut und benutzt werden können, soll hier nicht geprüft werden, wo es sich, wie gesagt, nur darum handelt, die äußersten, zur Zeit sichtbaren Grenzen festzustellen. Die Werte für veredeltes Duraluminium mit $K = 4600$ liegen, infolge des geringeren spez. Gewichts $\gamma_M = 2{,}8$ noch etwas über der Linie für Flußstahl; es erfordert somit unter gleichen Verhältnissen etwas geringere Wandstärken als Stahl mit $K = 8500$.

Deutlich erkennt man aus Abb. 9 das starke Anwachsen der Wandstärke mit der Umdrehungszahl, die bald ins Unendliche steigt, also unausführbar wird, wenn man sich den höchst zulässigen Umdrehungszahlen für die leerlaufende Trommel nach Abb 5 nähert.

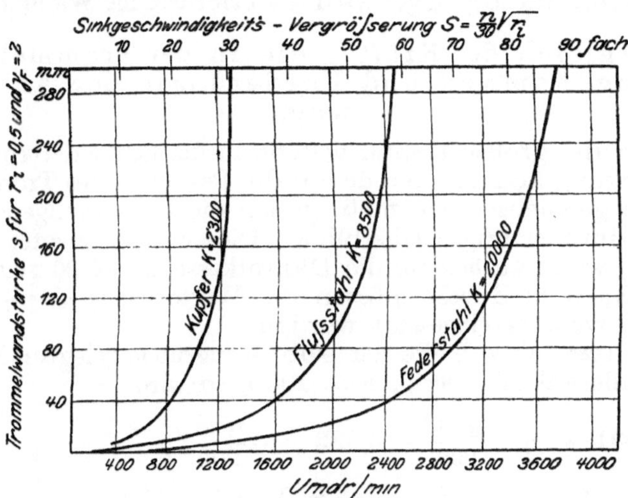

Abb. 9. Zusammenhang zwischen Umlaufzahl, Baustoff, Wandstärke und Sinkgeschwindigkeit.

Oben ist in der Abb. 9 auch noch die Sinkgeschwindigkeitsvergrößerung $S = \frac{n}{30}\sqrt{r_i}$ für die verschiedenen Umdrehungszahlen eingetragen. Hier wird nochmals besonders klar erkennbar, daß diese Vergrößerung der Abscheidung in einer bestimmten Schleudertrommel unmittelbar mit der Umdrehungszahl wächst. Doppelte Umdrehungszahl bedingt doppelte Leistung, aber auch festeren Baustoff. Während man die Vergrößerung von $S = 30$ (entsprechend $n = 1280$) noch mit einer kupfernen Schleudertrommel von $r_i = 0,5$ m erreichen könnte, käme man für $S = 60$, entsprechend $n = 2550$ kaum noch mit hochwertigem Flußstahl ($K = 8500$) aus.

Will man höheres erreichen, kann aber Federstahl oder dgl. nicht anwenden, dann muß man mit dem Durchmesser heruntergehen, um die Umdrehungszahl entsprechend steigern zu können.

Jedenfalls liegt die Grenze der Ausnutzungsmöglichkeit eines bestimmten Trommeldurchmessers zwischen den Werten für die leerlaufende nach Formel 26 (Abb. 5) und der vollkommen angefüllten nach Formel 36 (Abb. 9). Denn je weniger die Trommel angefüllt wird, um so weniger wird sie belastet, um so geringer wird die erforderliche Wandstärke.

19. Vergleich der Kräfte, die in der Trommel zur Geltung kommen und Forderungen der Ausführung.

Über die großen Kräfte, welche in der Schleudertrommel zur Wirkung kommen und denen die Festigkeit des Trommelmantels gewachsen sein muß, geben die Berechnungen noch keinen durchsichtigen Überblick. Dieser ist aber sofort vorhanden, wenn zurück auf die Dampfkesselformel 20 gegriffen wird. Zu dem Zwecke müssen die Werte von $p = p_M + p_F$ nach Formel 34 eingesetzt werden.

Benutze ich z. B. die der Abb. 9 zugrunde gelegten Werte für Flußstahl $K = 8500$, $n = 2000$, so wird

$$p = 0{,}001 \cdot s \cdot \gamma_M \cdot \frac{r_M \cdot n^2}{900} + 0{,}033 \cdot \gamma_F \cdot \frac{r_i n^2}{900}$$

$$= 0{,}001 \cdot 9{,}4 \cdot 7{,}86 \cdot \frac{\left(0{,}5 + \frac{9{,}4}{2 \cdot 100}\right) \cdot 2000^2}{900} + 0{,}033 \cdot 2{,}0 \cdot \frac{0{,}5 \cdot 2000^2}{900}$$

$$= 179 + 149 = 328 \text{ kg/qcm}.$$

Mit der Beanspruchung eines Druckfasses (Autoklav) von 1000 mm Durchmesser verglichen, bedeutet dies einen Innendruck von 328 Atmosphären.

Für 1000 Umdrehungen ergeben sich nach entsprechender Rechnung

$$p = 6{,}6 + 33{,}6 = 43{,}2 \text{ atm}.$$

Wie bei der Schleudertrommel müßte ein solches Druckfaß von 1000 mm lichtem Durchmesser und 43,2 atm Innendruck, bei der Verwendung von Flußstahl mit $K = 8500$ nach Formel 20, eine Wandstärke erhalten von

$$s = \frac{D \cdot x}{2 \cdot K \cdot z} \cdot p + a = \frac{100 \cdot 5}{2 \cdot 8500 \cdot 1{,}0} \cdot 43{,}2 + 0{,}3$$

$$= 1{,}3 + 0{,}3 = 1{,}6 = 16 \text{ mm}.$$

Würde dagegen nur Flußeisen mit $K = 4000$ als Baustoff verwendet, wie sonst üblich, dann müßte die Wandstärke werden:

$$s = \frac{100 \cdot 5}{2 \cdot 4000 \cdot 1{,}0} \cdot 43{,}2 + 0{,}3 = 2{,}7 + 0{,}3 = 3 \text{ cm}$$

oder 30 mm, wenn der Zylinder nahtlos hergestellt ist; während Laschennietung mit einer Festigkeit gegenüber dem vollen Blech von $z = 0{,}65$, eine Wandstärke von $s = \frac{3}{0{,}65}$ $= 4{,}6$ cm $= 46$ mm fordert.

Jedenfalls zeigt dieser Vergleich so recht die großen Beanspruchungen und Drucke, welche die Schleuderkraft hervorbringt, und daß man der sorgfältigen Ausführung und Überwachung solcher Schleudertrommeln die gleiche Aufmerksamkeit widmen muß wie den Dampffässern, Autoklaven u. dgl.

Sorgfältig müssen auch die Böden und Deckel der Schleudertrommeln durchgebildet werden, weil diese erhöhten Beanspruchungen ausgesetzt sind. Es treten hier Kräfte auf, ähnlich wie an den Scheibenrädern der Dampfturbinen, deren Berechnung von Stodola (Die Dampfturbine 1910, S. 275) genau durchgeführt und in vielen Beziehungen auch für die Schleudertrommel maßgebend ist. Dem Boden sollte man eine nach innen sich verstärkende parabolische Form geben, um einen Querschnitt gleicher Festigkeit zu erhalten. Bei einer Inanspruchnahme von 1500 kg/qcm wird für $v_1 = 400$ m/sek das Verhältnis der äußeren Bodendicke y_2 zur inneren (an der Achse) y_a $y_a : y_2 = 70 : 1$. Wäre $y_2 = 10$ mm, dann müßte $y_a = 70 \cdot 10$ $= 700$ mm dick sein, was eine zu bauchige, kaum ausführbare Form bedingt. Darf man 2500 kg/qcm wählen, so wird $y_a : y_2 = 13 : 1$, also gut ausführbar. Hier tritt dann vielleicht Nickelstahl in seine Rechte. Krupp-Essen empfiehlt für Turbinenscheiben einen Nickelstahl von etwa 9000 kg/qcm mit 12% Dehnung und 6500 kg/qcm an der Elastizitätsgrenze. Bei Schmiedestücken geringer Abmessungen liefert Krupp sogar Nickelstahl mit K = 20 000 kg/qcm, bei 16 000 kg an der Elastizitätsgrenze. Für Turbinen sind aber solche harten Stähle nicht verwendet, weil man Schaufelbrüche fürchtet, denn es entstehen leicht Ungleichmäßigkeiten in dem schwer zu behandelnden Nickelstahl. Für gewisse Hochleistungsschleudern würde man sich gegen die mit dem Zersprengen verbundenen Gefahren durch einen starken, massigen Eisenpanzer schützen.

Die Durchbohrung des Scheibenbodens oder Deckels an irgendeiner Stelle steigert die Beanspruchung am Rande der Bohrung (z. B. der Auswurföffnungen für das Schleudergut) auf mindestens das Doppelte derjenigen, die ohne Bohrung vorhanden wäre. Überbeanspruchungen bei der Konstruktion finden statt und können zugelassen werden, sofern nur die Gewähr besteht, daß nach Eintritt des Fließens an der betreffenden Stelle ein Ausgleich der Spannungen möglich ist. Die Überbeanspruchung einer Bohrung besitzt nun die Eigenschaft, die Spannung durch bleibendes Strecken der inneren Fasern auf die weiter außen gelegenen so zu verteilen, daß die größte Beanspruchung sinkt.

20. Erhöhung der Wirkung durch Magnetismus.

Die Stärke der nützlichen Schleuderkraft findet somit ihre Grenze in der Festigkeit der Trommel. Auch die manchmal vorgeschlagene Anwendung des Magnetismus ändert hieran nichts.

Nach dem D.R.P. 91 176/1895 will Ebeling die kreisende Trommel als Anker einer Dynamomaschine ausbilden, so daß die elektrische Energie nicht nur die Schleuder treibt, sondern auch zugleich die in ihr befindliche Flüssigkeit und Schwebeteile magnetisch beeinflußt. — Unter dem Einfluß der magnetischen Kraft würde man sicher magnetische Stoffe auch in der Schleuder schneller trennen können, wie dies bei der mechanischen Aufbereitung von Erzen der Fall ist. Wohl sind Eisen, Nickel, Kobalt, Mangan, Chrom, Cer, Titan, Palladium, Osmium, Aluminium sowie deren Verbindungen und starke Lösungen magnetisch, aber wirkungsvoll dürfte der Magnetismus nur bei den zuerst genannten Erzen in Erscheinung treten können. In seiner Arbeit „Untersuchungen über die mechanische Aufbereitung“ (Metall u. Erz 1919, S. 297), behandelt E. Dreves eingehend diese Vorgänge beim Absetzen und bei der Verwendung magnetischer Abscheider. (Untersuchungen über Magnetseparatoren und deren günstigste Arbeitsweise, Dissertation, Hannover 1918.) Wenn dort die magnetische Kraft recht wirkungsvoll ist, so dürfte sie doch hier die Schleuderkraft bzw. die trennende Wirkung nur in geringem Maße erhöhen. Dreves gibt z. B. an, daß Eisenerze am Walzenmagnet noch bei einer Umlaufsgeschwindigkeit von $v = 2$ m/sek anhaften bleiben. (Es ist dies an und für sich keine eindeutige Größe, denn die Schleuderkraft, die das Erzstück abreißt, wächst nur mit r, aber mit n^2.) Immerhin kann man umgekehrt annehmen, daß auch in der Schleuder der Magnet eine Wirkung erzeugt, die einer Schleuderkraft von $v = 2$ m entspricht. Da hier aber Umfangsgeschwindigkeiten von über 50 m stets in Anwendung kommen, würde der Magnetismus wenig helfen.

Seine Wirkung würde in keinem Verhältnis zu den hierfür aufzuwendenden Mitteln stehen.

E. Der Verwendungsbereich der sieblosen Schleudern in bezug auf die Korngrößen.

21. Größeneinteilung der zu trennenden Körper.

Um sich ein besseres Bild von dem Verwendungsbereich der Schlammschleuder machen zu können, soll hier noch auf die Größeneinteilung der Körper eingegangen werden, wie sie in der chemischen Technik, dem hauptsächlichsten Anwendungsgebiete der Schlammschleudern, üblich sind. Diese Einteilung, dem jeweiligen Sondergebiet entsprechenden Änderungen ausgesetzt, ist in der Zusammenstellung III auf S. 56/57 übersichtlich geordnet. Gleichzeitig sind die üblichen technischen Hilfsmittel zum Trennen untereinander oder von Flüssigkeiten angegeben. Ohne weitere Erläuterungen wird wohl alles genügend klar sein und einen guten Überblick geben.

Die Abmessungen der Körper sind in mm, die kleinen Teilchen in $^1/_{1000}$ mm $= 1\ \mu$ oder in $^1/_{1000000}$ mm $= 1\ \mu\mu$ angegeben. Scharfe Grenzen zwischen den einzelnen Gattungen gibt es natürlich nicht; so wenig wie genaue Maßgrenzen z. B. zwischen Kies und Sand bestehen, so wenig bestehen welche zwischen Schlamm, kolloidalen und molekularen Lösungen. Überall sind Übergänge und Zwischenstufen vorhanden.

Die Grenze für die Anwendbarkeit der Schleudern liegen zwischen den Gruppen Sand, Mehl und Schlamm, doch auch Kolloide können mehr oder weniger erfolgreich geschleudert werden.

Die eigentlichen Schlammschleudern wird man jedoch erst dort anwenden, wo die Teilchen so dicht auf dem Siebfilter liegen würden, daß ein genügend schneller Durchlauf durch das Filter nicht mehr erreicht wird. Erst Schlämme unter 0,25 mm kommen in Frage, da gröbere in Siebschleudern u. dgl. meistens genügend schnell getrennt werden können. Je gröber die Teilchen sind, um so leichter ist die Abscheidung, so daß nach oben hin Schwierigkeiten nicht bestehen. Viel schwieriger ist es, kleinere und kleinste Teilchen abzutrennen.

22. Die bisher mit der Schleuder erzielten Wirkungen auf allerkleinste Teilchen, auf Lösungen und Bakterien.

Daß mit der Schleuder auch allerkleinste Teilchen ausgeschieden werden, also auch diese sich ihrer Wirkung nicht entziehen können, zeigen Versuche von Eugene E. Ayres (Metall and Chem. Eng. 1917, S. 190). Bei höchstmöglicher Schleuderleistung (einer theoretischen Beschleunigung vom 40 000fachen der Erdbeschleunigung) lassen sich innerhalb 33 Stunden aus dem Wasser Teilchen entfernen, welche an der unteren Grenze der ultramikroskopischen Sichtbarkeit stehen. — Teilchen, die noch durch Porzellanfilter hindurchgehen, werden viel rascher ausgeschleudert.

Bredig (Ber. ü. d. V. internat. Kongreß f. ang. Chemie 1903) konnte Änderungen der Gaszusammensetzung nachweisen, als er ein Gemisch des schweren Jodwasserstoffgases mit dem äußerst leichten Wasserstoffgas schleuderte. Bei 2000 Umdrehungen in der Minute wurde im 15—18 cm langen, radial angebrachten Glasrohr nach $1^1/_2$ Stunden ein Dichteunterschied von 3% gefunden. Die äußersten Gasteilchen hatten einen Abstand von 17 cm, die innersten einen solchen von 8 cm von der Drehachse. Für die vollständige Scheidung der Gase von verschiedener Dichte würde, nach Ayres, eine Kraft nötig sein, die hundertmillionenmal stärker ist als die Schwerkraft. Das gleiche gilt für echte Lösungen. Die Geschwindigkeit einiger Moleküle beträgt 300 m/sek, die überwunden werden müßte, um eine Trennung zu erreichen. Schon allein solche Umlaufsgeschwindigkeiten übersteigen im allgemeinen die Festigkeit der verwendbaren Konstruktionsstoffe; ihre Moleküle werden dabei eben auch auseinandergerissen.

In Lösungsgemischen wäre nur die Diffusionsgeschwindigkeit zu überwinden.

Quinke (Annalen der Physik u. Chem. Bd. 11, S. 468) stellte eine Scheidung verschiedener ineinander gelöster Flüssigkeiten fest.

Kreist eine Kugel in einem Gemisch von Schwefelkohlenstoff mit Äther oder Terpentinöl, so zeigt sich bei passender Beleuchtung am Äquator der kreisenden Kugel ein feiner Streifen Flüssigkeit, der in zwei Wirbel übergeht (Abb. 25, Taf. VI a. a. O.), die sich nach oben und unten an beiden senkrechten Kondensatorplatten ausbreiten. Der feine Streifen in der Äquatorebene der kreisenden Kugel besteht aus Schwefelkohlenstoff, der infolge seiner größeren Dichtigkeit durch die Schleuderkraft stärker fortgeschleudert wird als die leichtere beigemengte Flüssigkeit. Kreist eine Kugel in einem Flüssigkeitsgemisch von Schwefelkohlenstoff mit Äther oder Terpentinöl durch mechanische Kraft (mit einer Schleudermaschine angetrieben), so beobachtet man ähnliche Streifen am Äquator der kreisenden Kugel wie beim elektrischen Kreisen. Auch beim mechanischen Kreisen werden die beiden miteinander gemischten Flüssigkeiten von verschiedener Dichtigkeit durch Schleuderkräfte getrennt. Bei gesättigter Salzlösung hat er eine ähnliche

Streifenbildung am Äquator kreisender Kugeln oder eine Trennung gesättigter und verdünnter Salzlösung bisher nicht wahrnehmen können. Calcar und Lobry de Bruyn (Rec. trav. chim. Pay-Bas, 23, S. 218, 1904) haben, durch Schleudern von zweifellosen Kristalloidlösungen, z. B. wäßrigen Lösungen von Jodkalium, Rhodonkalium, Natriumsulfat usw. an dem Innenmantel des kreisenden Gefäßes, nicht nur eine Anreicherung des Salzes, sondern bisweilen sogar eine Abscheidung in fester Form erzielt.

Die Wirkung des Schleuderns auf die Bakterien in der Milch, die wir von unserem Standpunkte hier als Schlammkörperchen zu betrachten haben, untersuchte Scheurlen (Arb. a. d. K. Gesundt. 7, S. 269). Danach ist ein verderblicher Einfluß des Schleuderns auf die Lebensfähigkeit (Virulenz) der Bakterien nicht vorhanden. Sowohl unbewegliche Bakterien (Milzbrandbazillen, Milzbrandsporen, Prodigiosus, Staphylococcus aures, Tuberkelbazillen) als auch bewegliche (Bacillus Megatherium, Bazillus der roten Milch, Typhusbazillen) werden aus wäßrigen Lösungen teilweise ausgeschleudert und bilden bei 1—4tägigem Stehen einen Bodensatz. Protaus mirabilis und Spirillum Cholerae asiaticae werden nicht ausgeschleudert und zeigen beim Stehen kein Absetzen (Sedimentierung). Die Eigenbewegung der Cholerabazillen hindert das Absetzen, denn nach Sandrelli bewegen sich diese mit einer Geschwindigkeit von 0,125 mm in der Sekunde, also schneller als freifallende Quarzkörnchen von 0,009 mm nach Zahlenreihe I. Der Bacillus prodigiosus bewegt sich nur mit 0,04 mm in der Sekunde und der Typhusbazillus mit 0,025 mm, so daß deren gegenläufige Bewegung schon eher von der Schleuderkraft überwunden werden kann. Sowohl beim Stehen (Aufrahmen) als auch beim Schleudern geht die größte Zahl in den Rahm. Dasselbe Verhalten, wie die gewöhnlichen Milchbakterien, zeigen Milzbrandsporen, Milzbrandbazillen, Typhusbazillen und Cholerabazillen. Von dieser Regel machen nur die Tuberkelbazillen eine Ausnahme, die in der Hauptsache ausgeschleudert werden, weil sie auch beim Stehen zu Boden sinken, doch bleibt immerhin noch eine beträchtliche Menge in Milch und Sahne zurück.

23. Der Einfluß der Brownschen Bewegung.

Die Verhältnisse zwischen der Fallgeschwindigkeit und der Brownschen Bewegung sucht Reinhold Fürth (Ann. d. Physik 1918, Bd. 5, S. 409 und 1919, S. 77) zu klären.

Zusam

Nr.	Gattung	Einzelbezeichnung	Körperliche mm	μ μμ
1	Bruchstücke	Rohlinge	600—100	
2	**Wände,** Stückerze Stückkohle	Faustgröße Würfelkohle	100 80 40	
3	**Stuffen** Stufferze	Grobkorn I Nüsse Grobschrot	60 40 16	
4	**Kies**	Grobkorn II, Kandis Haselnuß Erbsen Graupen	20 } 10 3	
5	**Sand**	Filtersand V, Gries „ IV, Regentropfen „ II, Kristallzucker „ I. Staubsand	4 3 2 1 0,5	
6	**Mehle** Schlich	Kristallzucker	0,5 0,25	
7	**Schlamm** **Staub** Milchfett {	 Kartoffelstärke Mehlpuder, Maisstärke Feinschmirgel Menschliche Blutkörperchen, Hefe Reisstärke Ultramarinblau Flammenruß	0,25 0,15 0,05 0,033 0,011 0,007 0,003 0,002 0,00108	
8	**Kolloide** Gel zellig, nicht kristallinisch Brownsche Bewegung, Kolloidale Lösung-Sol gallertartig	 Kaseïn	0,001 0,0001 0,00001	
9	**Molekulare,** echte **Lösungen** (Zuckerlösung Kochsalzlösung Naphthalin in Benzol) diffundieren dialysieren Molekulare Geschwindigkeit 300 m/sek.	 (Stärkemolekül) Milchzucker Wasserstoffmolekül	unter 0,00001 0,000005 0,000001 0,0000001	

htbar- keit	Filter- grenze	Trennung erfolgt in		
		Rosten	Rättern	
akro- pisch, nit ßem uge htbar	laufen nicht durch gewöhnliches Filtrierpapier, setzen sich ab	gelochte Siebbleche	Klaubebänder	
			Vorsetzmaschinen	
			Setzmaschinen	Anwendungsgebiet für Schleudern
		geflochtene Drahtsiebe	Absatzbehälter Spitzlutten	
kro- pisch flös- bar		Haarsiebe		
		Grenze für feinstes von Schleicher 2	Windsichter gehärt. Filtrierpapier Schüll Nr. 602	
enze für tra- kro- kop	laufen durch Filtrierpapier, setzen sich nicht mehr ab	Filterkerze von H. Bechold mit Poren 0,41—0,16 μ Ultrafiltration, wenn Filtrierpapier mit Kollodium nach Wo. Ostwald verdichtet Plausonsche Kolloidfilterpresse für Großtechnik		
kro- pisch cht flös- bar		Bisher nicht durch Filtern getrennt, gelöstes Kochsalz läuft glatt durch		

Im Mikroskop kann man bei seitlicher Beleuchtung sehr kleine feste Teilchen ruhelos in zickzackförmiger Bewegung dahineilen sehen, wie Mücken in einem Mückenschwarm. Sie ist ein getreues Abbild der Bewegung, die man nach der kinetischen Gastheorie bei den Molekülen annimmt. Je kleiner die Körper sind, um so schnellere Bewegungen führen sie aus, die nach ihrem Entdecker als Brownsche bezeichnet werden.

Fürth behandelt erst die Rechnungsarten über die Beweglichkeitsbestimmung aus der Brownschen Bewegung an einem Einzelteilchen und entwickelt Berichtigungsformeln. Alle Meßarten, die die Abweichungen von der gleichmäßigen Fallbewegung kleiner Teilchen zur Beweglichkeitsbestimmung heranziehen, geben ohne diese Berichtigungen zu kleine Werte. Störungen in der Bewegung werden somit seiner Meinung nach nur durch die unvollkommenen Formeln vorgetäuscht, während er ursprünglich von der Möglichkeit ausging, daß die Unterschiede der Diffusionsgeschwindigkeit wirkliche sein könnten. Es war nämlich möglich, daß die Brownsche Bewegung (nach Zsigmondy ein Zickzackweg bis 0,07 mm/sek) und die senkrechte Fallbewegung sich nicht einfach verstärken (superponierten). Die Entscheidung hierüber läßt sich fällen, wenn es gelingt, ein und dasselbe Teilchen durch Veränderung der Feldstärke mit verschiedenen mittleren Geschwindigkeiten fallen zu lassen und jedesmal die Brownsche Bewegung aus den Abweichungen von den gleichen Fallzeiten zu messen. Das wurde in der Weise ausgeführt, daß das Teilchen mit einer elektrischen Ladung versehen in ein homogenes, senkrechtes Feld von veränderlicher Feldstärke gebracht wurde. In Flüssigkeiten wäre eine solche Anordnung mit Schwierigkeiten verbunden. Sie läßt sich jedoch in Gasen leicht verwirklichen. Mit solcher Anordnung wurden Messungen an Öl- und an Quecksilbertröpfchen ausgeführt und ergaben das durchaus verneinende Ergebnis, indem ein planmäßiger Einfluß der mittleren Fallgeschwindigkeit auf die Brownsche Bewegung nicht festgestellt werden konnte. — Eigentlich müßte sie als Zusatzbewegung, die Reibungsarbeit verrichtet, auf die Fallgeschwindigkeit und auch auf die Trennung durch Schleudern günstig wirken.

Kolloidaler Ton lagert sich beim Absetzen nicht so fest aufeinander, wie Sand. Die Teilchen bleiben locker nebeneinander und führen weiter Brownsche Schwingungen aus, so daß sie leichter von Flüssigkeitsströmungen beeinflußt werden. S. a. das hier in Frage kommende Sedimentationsgleichgewicht. (Richard Zsigmondy, Kolloidchemie, Leipzig

1920.) Man muß die zu schleudernden Flüssigkeiten im Mikroskop beobachten. Zeigen die kleinsten Körperchen Brownsche Bewegung, dann sind diese nicht nur dem Einfluß der Erdschwere sondern noch in geringerem Maße der Schleuderkraft entzogen; sie können deshalb nicht genügend schnell zum Absetzen gebracht werden. — Solchen Körpern muß die Eigenbewegung genommen werden, durch Ableitung der elektrischen Spannung oder durch körperliche Vergrößerung, z. B. Kristallisation.

F. Die Gleichgewichtszustände kreisender Flüssigkeiten und untergemischter fester Körper, die in Gefäßen eingeschlossen sind.

24. Im stillstehenden Gefäß.

Bringt man in einem stehenden Gefäß, z. B. Becherglas, eine Flüssigkeit (Wasser) durch Umrühren in kreisende Bewegung und wirft nun Sand hinein, so sollte man annehmen, daß der spezifisch schwere Sand unbedingt nach außen gehen und sich gegen die Becherwand anlagern würde. Überläßt man aber dieses kreisende Wasser sich selbst einige Zeit, so streben der feste Sand und alle anderen spezifisch schwereren, in der Flüssigkeit verteilten Sinkstoffe nach der Mitte, wo sie sich zu einem kegelförmigen Haufen ansammeln. Die Schwimmkörper wandern ebenfalls in die Mitte, aber nach oben, mit den Sinkstoffen zwei, ihre Spitzen gegeneinander gerichtete Umdrehungskörper von konoidaler Form bildend, die die senkrechte Drehachse mit umkreisen, wie dies die Abb. 10 zeigt. Die damit erzielte Anreicherung der Sink- bzw. Schwimmkörper in der Mitte machte sich schon das D. R. P. 88 535 Kl. 89 v. J. 1885 nutzbar, dessen Anspruch lautete: Bei zylindrischen Pülpefängern die Anordnung tangentialer Ein- und Ausströmung, zum Zwecke der Erzeugung

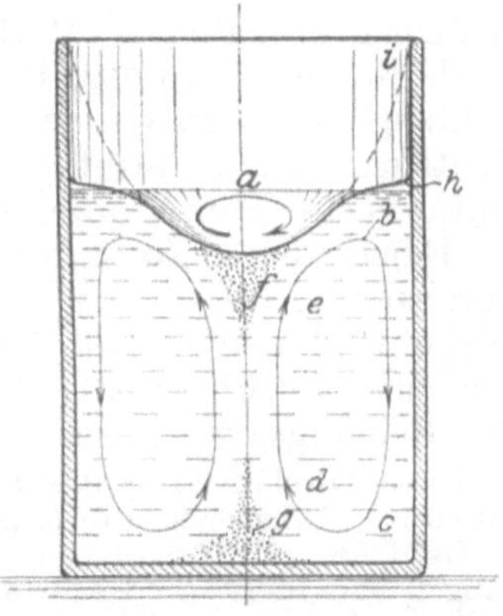

Abb. 10. Bewegung einer kreisenden Flüssigkeit im stillstehenden Gefäß.

eines Wirbelstromes, durch welchen eine kozentripetale Sonderung der Sinkstoffe erreicht wird.

Diese, der Schleuderkraft merkwürdigerweise entgegengerichtete Bewegung der Sinkkörper (auch Ph. Bunau-Varilla, Paris geht im D.R.P. 89446/1895 von der falschen Voraussetzung aus, daß sich an die stillstehende Wandung der Schlamm parabolisch anschleudert) ist durch ihre Reibung auf dem Gefäßboden und den Gefäßwänden zu erklären. Alle festen Stoffe, die mit dem Boden in Berührung kommen, werden in ihrer Umlaufbewegung gehemmt und gegenüber der Flüssigkeitsströmung aufgehalten. Sie führen Spiralen aus, die sich nach der Drehachse zu bewegen, nach der Stelle geringster Drehungswege und somit geringster Reibungsarbeit zwischen Bodenkörper und Flüssigkeit. Außerdem wird durch diese Reibung auch das Umlaufen des Wassers in der Nähe des Bodens mehr gehemmt als oben; die durch die Umdrehung hervorgerufenen Schleuderkräfte sind deshalb oben bei *b* Abb. 10 größer als bei *c*. Durch diese Überdrücke wird die Flüssigkeit von *e* nach *b*, bzw. *c* nach *d* strömen und die durch die Pfeilrichtung *b c d e* angedeutete Wirbelströmung ausführen. Während die Flüssigkeit also die kreisende Hauptdrehung z. B. in Richtung des Pfeiles *a* ausführt, vollführt sie noch die Nebenbewegung *b c d e* aus, die einen richtigen Wirbel bildet. Dieser führt die Sink- und Schwebestoffe in die Ruhezonen *g* bzw. *f*.

Damit diese Ansammlung eintreten kann, die in dem vorerwähnten Patente nützlich, häufig aber auch störend wirkt, muß das Gefäß stillstehen oder wenigstens geringere Umläufe vollführen als die Flüssigkeit selbst, weil nur dann die Reibungsarbeit zur Geltung kommen kann.

Diese Anreicherung der Sinkstoffe in der Mitte bei *g* wird auch durch ein Rührwerk nicht gehindert, wenn dies mit mäßiger Umlaufzahl (30 bis 100 in der Minute, je nach dem Querschnitt der Flügel) und nicht zu nahe am Boden läuft. Wird dann die Rührwelle in einem auf dem Boden bei *g* ruhenden Spurlager geführt, dann sammeln sich die festen Stoffe, z. B. Sand, um das Spurlager an und dringen in die Lagerstellen. Starker Verschleiß ist die Folge. Man erkennt daraus so recht die Unzweckmäßigkeit von Spurlagern in Rührwerkskesseln. Erst bei einer solchen Steigerung der Umlaufzahl und Vergrößerung der Schaufelflächen, bei der die Rührer bedeutende Flüssigkeitsmengen gegen die zylindrische Gefäßwand werfen, wird durch die abprallenden Ströme der Umlauf *b c d e* (Abb 10) gestört und geteilt. Besonders dann, wenn man oben bei *h* noch Stromaufhalter nach dem D. R. P. 316445 (Taifun-Rührwerke-Fabrik Berlin) anbringt, die oben eine stark gegenläufige, mischende Strömung von *b* nach *e* (also entgegengesetzt der Richtung *e*—*b* nach Abb. 10) hervorrufen.

25. Die Nutzbarmachung der trennenden Wirkung kreisender Flüssigkeiten in Schlammbottichen, Wäschen für Knollenfrüchte.

Die trennende Wirkung der kreisenden Flüssigkeit wird häufig nutzbar gemacht. In der Erdfarbenindustrie werden die Farben naß aufbereitet. Das Schlämmen bezweckt die Ausscheidung aller Fremdkörper, wie Sand, Steine, Eisen, Holzteile u. dgl., indem das Rohgut in Rührwerksbottichen, z.B. nach Abb. 11 (J. Rohrbach, G. m. b. H., Katzhütte i. Thür.) in fortwährende kreisende Bewegung gehalten wird. Es erfolgt ein Aufweichen und Freilegen der schweren Fremdkörper, die nach unten sinken, während die leichteren Farbkörper durch den oben überlaufenden Wasserstrom mit fortgerissen werden, aus dem sie in verschiedener Weise abgeschieden werden. Die Ansammlung der schweren Körper in der Mitte des Bodens kann, infolge des eigenartigen Rechenrührers, unbehindert in der nach Abb. 10 angegebenen Form erfolgen. Ein inneres Spurlager ist vermieden. — S. a. das D. R. P. 149 020/1902 von R. Schrader, nach

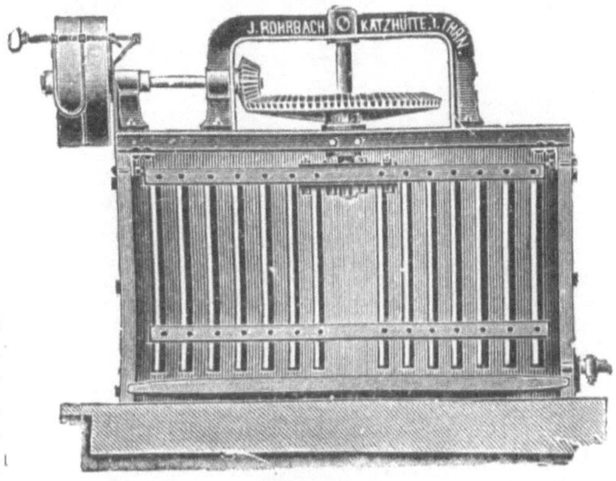

Abb. 11. Schlämmbottich ohne Spurlager.

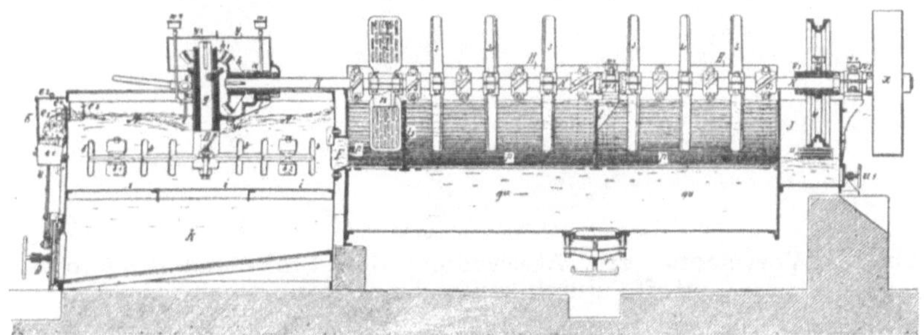

Abb. 12. Kartoffelwäsche mit Abscheider fur Steine, Schlamm und Schwimmstoffe.

welchem mehrere hintereinandergeschaltet Quirlbottiche zum Waschen und Anreichern der Rohstärkemilch dienen sollen. — Zum Waschen der Feldfrüchte (Zuckerrüben, Kartoffeln u. dgl.) fur die Verarbeitung in Zuckerfabriken und Brennereien werden die Wäschen mitunter mit Einrichtung versehen, die ebenfalls die geschilderte Wirkung zur Trennung der Früchte vom Schmutz und zum Zurückhalten der Steine in Anwendung bringen. So z. B. Raude in seiner Rübenwäsche (s. Centralbl. f. d. Zuckerind. 1897, S. 350) und Ed. Kletzsch (Coswig i. Sa.) an seiner Kartoffelwäsche nach Abb. 12. Diese besteht aus der üblichen Quirlwäsche *H* und der uns hier interessierenden Vorwäsche *A*, die in Abb. 13 noch in ihren Einzelheiten besser erkennbar ist. Die in die Mitte

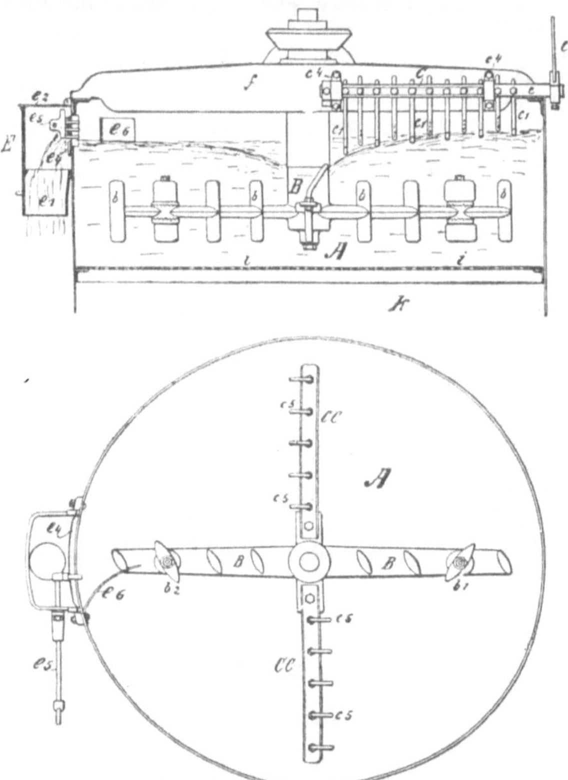

Abb. 13. Vorwäsche zur Abscheidung der Sink- und Schwimmstoffe durch kreisenden Strom.

des Troges von 1450 mm lichtem Durchmesser eingeschaufelten Kartoffeln werden durch das zweiarmige Rührwerk *B* durcheinander geworfen, wobei sich der anhaftende Schmutz löst. Dieser Sand und Schlamm fällt durch den Siebboden *i* in den Schlammkasten *K*, aus dem er zeitweise mittels des Schiebers *m* entfernt werden kann. Die gröberen Beimengungen (Steine, Eisen) sammeln sich auf dem Siebboden *i* an und bilden in der Mitte des Rührwerkes einen Haufen. Eine Bewegung der Steine durch den Verbindungsgang *F* (Abb. 12) gemeinsam mit den leichteren Kartoffeln nach dem Quirltrog *H* ist ausgeschlossen, weil dieser Gang ein Stück über dem Boden *i* liegt und auch das vom Boden genügend weit abstehende Rührwerk B nicht wieder erfassen kann. Das stets oben schwimmende Stroh, die Blätter u. dgl. werden durch den Strohrechen C aufgefangen, indem diese Schwimmkörper an den in das Wasser ragenden Stifthaken c_1 hängen bleiben.

Die Verbindung eines Quirlbottichs zur Vorabscheidung des groben metallischen Gesteins bis 0,2 mm = 200 μ, mit einer kegelförmigen Schleuder zur Nachscheidung behandelt das D.R.P. 50929/1889.

26. Das Ablassen des abgeschiedenen Schlammes.

Wollte man die bei g (Abb. 10) unten abgeschiedenen Körper aus dem Gefäß mit ebenem Boden ablassen, so würde dies nur unvollkommen möglich sein. Gut ginge es dagegen bei kegelförmig geneigtem Boden, wie dies z. B. bei Salzabscheiden aus Verdampfern, Kalkmilchgrieß - Abscheidern, den Schlammabscheidern der Wasserreiniger u. dgl. üblich ist. Dort kann man aber beobachten und man kann sich leicht an einem kleinen Glastrichter davon überzeugen, daß Salz, welches in den Trichter mit stillstehender Lauge geworfen wird und auf die Trichterwandungen fällt, nur langsam nach unten gleitet, während besonders die kleineren Teilchen auf der konischen Wandung hängen bleiben s. a. Abb. 3. Bringt man dagegen den Inhalt in Umlauf durch tangentiale Zuströmung der Lauge oder entsprechende Rührflügel, so wird das an den Wänden haftende Salz oder der abgelagerte Schlamm nach unten rutschen, in schwacher Spirale nach Abb. 14 mitgenommen und nach ungefähr $^1/_4$ Umdrehung unten in der Ablaßöffnung angelangt sein. Bemerkenswert ist, daß auch die allerschnellste Umdrehungsgeschwindigkeit, die der Flüssigkeit in dem kegelförmigen Sammeltrichter erteilt werden kann, von unten kein Salz wieder aufwirbelt.

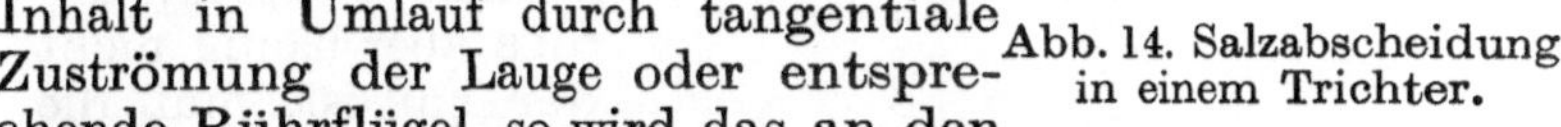

Abb. 14. Salzabscheidung in einem Trichter.

Die Abb. 15 zeigt die Nutzanwendung dieser Vorgänge in einem sogenannten Kaltruhren für Kristallisierzwecke (Emil Paßburg, Berlin). Die kräftige Welle a ist nur oben in der Deckelstopfbüchse b und im Hängelager c geführt, um auch hier das stets zu Störungen Veranlassung gebende untere Spurlager zu vermeiden. Dies wäre unzugänglich und litt unter der Einwirkung der Laugen und festen Abscheidungen. An der Welle a sind Rührarme e befestigt, die Bürsten f tragen, um die durch die Kühlwirkung des Doppelmantels sich abscheidenden Kristalle von der Kühlfläche vollkommen zu entfernen. Die Umlaufzahl des Rührwerkes und die Stellung der Arme *e* wird so gewählt, daß die feinsten, schlammigen Kristalle noch aufrührend, schwebend in der Lauge gehalten werden, um weitere Zeit zum Wachsen zu finden. Der grobere Salzschlamm wandert unter dem Einfluß der kreisenden Lauge zur Mitte und sammelt sich über dem Ablaßventil, um leicht entfernt werden zu können.

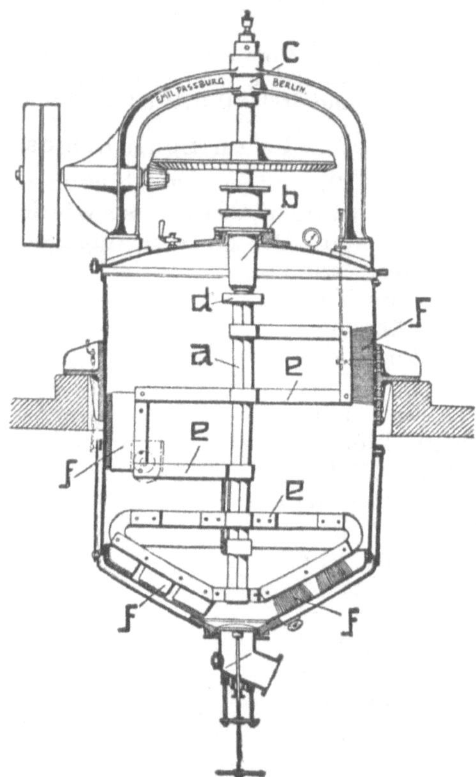

Abb. 15. Kaltrührer ohne inneres Spurlager, mit Kegelboden zur Kristallschlamm-Ableitung.

27. Die Gleichgewichtszustände im kreisenden Gefäß.

Diese Anreicherung der festen Stoffe im Trichter durch diese Umlaufbewegung ist also durchaus nützlich, aber nur genügend wirkungsvoll bei verhältnismäßig groben Beimengungen, die sich allein durch die Schwere schnell absetzen. Da dies aber häufig nicht der Fall ist, muß die Schleuderkraft in anderer Weise zur Trennung wirksam gemacht werden, damit die schon früher berechneten Kräfte und Beschleunigungen Absch. C. S. 26 auch wirklich in die Erscheinung treten können. Da die Reibung zwischen Gefäßwand und Flüssigkeit dies verhindert, so muß diese aufgehoben werden, was dadurch geschehen kann, daß man das Gefäß mit der Flüssigkeit gleichzeitig umlaufen läßt, wie dies mit den Trommeln der Schleudern üblich ist. Dann können die Schleuderkräfte voll zur Geltung kommen. Unter deren Wirkung bewegen sich die Körper, die spezifisch schwerer sind als die Flüssigkeit immer mehr von der Drehachse fort nach dem Trommelmantel, während die spezifisch leichteren zur Drehachse wandern, mit den auf Seite 19 berechneten Trenngeschwindigkeiten.

Wie schon in der Abb. 10 angedeutet, verschwindet bei einer kreisenden Flüssigkeit die sonst dem Gleichgewicht entsprechende wagerechte (auch „wasserrechte" genannte) Oberfläche. Die Oberfläche sinkt trichterförmig ein, indem die Schleuderkraft diese, von der Schwerkraft bewirkte Gleichgewichtslage stört. Die Schleuderkraft treibt die Flüssigkeit an der Wandung des Gefäßes so weit in die Höhe, bis wieder Gleichgewicht zwischen dieser und der Schwerkraft G eingetreten ist, bis die aus beiden gebildete Mittelkraft R nach Abb. 16 links wieder senkrecht auf der Flüssigkeitsoberfläche steht. Da die Schleuderkraft für 1 kg $C_1 = \frac{r\,n^2}{900}$ und die Gegenkraft des Gewichts G in diesem Falle gleich einem Kilogramm ist, so ergibt sich, wenn man danach die Oberfläche der Flüssigkeit zeichnet, eine Parabel, deren Achse mit der Drehachse zusammenfällt. Nach der bekannten Gleichung für die Parabel kann man somit ohne weiteres die Flüssigkeitskurve a aufzeichnen, wenn man nur einen Punkt und die zugehörige Richtung der Mittelkraft R kennt. Die Richtung R muß senkrecht auf der Flüssigkeitsoberfläche stehen, bildet also den der Parabel eigenartigen Tangentenwinkel δ zur Drehachse. In der Abb. 16 ist auf der linken Seite in einer Schleudertrommel eine solche Parabel a eingezeichnet. Es ist angenommen, daß der mittlere Flüssigkeitsspiegel sich in der Entfernung r_1 von

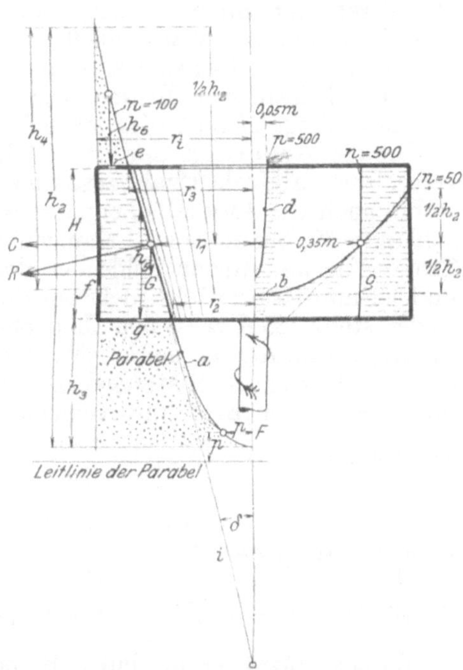

Abb. 16. Gleichgewichtszustände in einer mit verschiedenen Geschwindigkeiten umlaufenden Trommel.

der Drehachse befindet, und daß sich die Drehachse, also auch die Schleudertrommel mit 100 Umdrehungen in der Minute dreht. Es wird dann

$$C_1 = \frac{r \cdot n^2}{900} = \frac{0{,}35 \cdot 100^2}{900} = 3{,}9 .$$

Da das Gewicht G gleich 1 kg ist, so ergibt sich aus der Abb. 16 die Richtung der Mittelkraft R und deren Größe zu 4,1 kg. Die Parabeltangente i muß senkrecht auf dieser Mittelkraft R stehen, und daraus läßt sich leicht der Brennpunkt F der Parabel, der Parameter p und die Leitlinie der Parabel nach der bekannten Formel verschiedener Lehrbücher bestimmen. Darauf soll hier nicht näher eingegangen werden.

Um die Änderung der Oberfläche zu zeigen, die mit der verschiedenen Umlaufzahl zusammenhängt, ist in der Abb. 16 rechts noch die Oberflächenparabel b für eine Umdrehungszahl $n = 50$ bezeichnet. Man sieht, daß diese den oberen Trommeldeckel dieser Schleuder von 1000 mm Durchmesser und 500 mm Höhe nicht mehr berührt, aber über dem unteren Boden steht. Bei $n = 500$ Umdrehungen dagegen steht die Parabel c schon fast senkrecht. Sie ist nur noch wenig geneigt. Aus der nachstehenden Zahlenreihe IV ergibt sich für $r_1 = 0{,}35$ m und mit verschiedenen Umdrehungszahlen das Verhältnis $G : C = 1 : \frac{r \cdot n^2}{900}$.

Zahlenreihe IV.

Umdrehungszahl der Trommel $n =$	50	60	100	500	1000 i. d. Min.
Verhältnis $G : C = 1 : \frac{r \cdot n^2}{900}$	1:0,98	1:1,4	1:3,9	1:98	1:360

Daraus ergibt sich, daß z. B. bei 100 Umdrehungen die Flüssigkeitsoberfläche a, dort wo sie 0,35 m von der Drehachse entfernt ist, gegen die Drehachse um 1:3,9 geneigt liegt. Bei 500 Umdrehungen liegt dann die Linie c nur noch 1:98 geneigt und wäre bei 1000 Umdrehungen 1:390 geneigt. Bei dieser angenommenen Trommel von 500 mm Höhe würde die Flüssigkeitsoberfläche c nur um $\frac{500}{390} = 1{,}28$ mm geneigt sein, bzw. der untere Radius r_2 ist um 1,28 mm kleiner als r_3.

In der Abb. 16 habe ich außerdem noch die Flüssigkeitsoberfläche d gezeichnet, wenn diese durch eine Ausfüllöffnung treten soll, die nur 100 mm Durchmesser, also $r_1 = 0{,}05$ m von der Drehachse entfernt ist. Man sieht, daß diese bei $n = 500$ Umdrehungen einen sehr spitzen, kleinen, nach unten gerichteten Wirbel bildet.

Die Bodenform selbst ist genau wie bei stillstehenden Gefäßen ohne Einfluß auf die Oberflächenform der Flüssigkeit. Die Form des Trommelmantels ist also ebenfalls ohne jede Wirkung, ob er zylindrisch, wie er in der Abb. 16 gezeichnet, oder beliebig konisch oder gewellt ist, ist ganz gleichgültig, solange dieser Mantel nicht durch die Flüssigkeitsoberfläche tritt.

Die Gesamthöhe h_2 der Parabel ist nach bekannten Formeln $h_2 = \frac{v^2}{2g}$. Für die Verhältnisse nach Abb. 16 also $r_1 = 0{,}35$ m und $n = 100$ Umdrehungen wird

$$v = \frac{2 \cdot r_1 \cdot \pi \cdot n}{60} = \frac{2 \cdot 0{,}35 \cdot 3{,}14 \cdot 100}{60} = 5{,}23 \text{ m/sek.}$$

Demnach wird $h_2 = \frac{5{,}23^2}{2 \cdot 9{,}81} = 1{,}39$ m.

In einer zylindrischen Trommel von einem lichten Durchmesser $2\,r_1 = 1$ m würde sich bei einer Höhe H von 1,39 m die Parabel a voll ausbilden können. Da aber die Trommel nur eine Höhe von z. B. 0,5 m hat, so wird die Parabel oben durch den Deckel, unten durch den Boden abgeschnitten, und in der Trommel haben wir es nur noch mit einem Stück der Parabel zu tun. — Im stillstehenden Gefäß nach Abb. 10 müßte eigentlich auch eine Parabel in die Erscheinung treten und der Flüssigkeitsspiegel bis zum Punkt i (Abb. 10) steigen. Da aber in Wirklichkeit durch die Wandreibung außen die Flüssigkeit langsamer kreist als innen, so wird sie sich nach außen abflachen und nur bis zum Punkte h (Abb. 10) an der Wand aufsteigen.

Die Druckhöhe auf die verschiedenen Belastungsstellen in der Trommel richtet sich nun nach dem senkrechten Abstand dieser Öffnungen bis zu der Oberflächenlinie a. Auf die Bodenöffnung g z. B. wirkt dann ein Flüssigkeitsdruck gleich der Flüssigkeitshöhe h_5. Dagegen wirkt auf die Öffnung f, welche sich am Mantel der Trommel befindet, die Flüssigkeitsdruckhöhe h_4. Auf eine im Trommeldeckel befindliche Öffnung e wirkt die Druckhöhe h_6. Bei kleineren Umlaufzahlen kann man diese Flüssigkeitsdruckhöhe zeichnerisch feststellen, wie dies in der Abb. 16 geschehen ist.

Bei großen Umdrehungszahlen sind diese nur rechnerisch bestimmbar unter Berücksichtigung des Flüssigkeitsradius r_1 und der sich daraus rechnerisch ergebenden Gesamthöhe h_2.

28. Die entmischende Wirkung des spez. Gewichtes verschiedener Körper, insbesondere bei Weizenstärke und Porzellanmasse.

In einem stillstehenden Gefäß, in welchem sich Flüssigkeiten von verschiedenem spez. Gewicht befinden, werden sich diese nach dem spez. Gewicht trennen. Die leichteste wird oben schwimmen, die schwerere in der Mitte schweben, und die schwerste wird nach unten gehen. Genau so findet die Schichtenablagerung in der kreisenden Schleudertrommel statt. In Abb. 17 habe ich drei verschiedene Flüssigkeiten, übereinander gelagert, gezeichnet. Ich habe angenommen, daß sich in der Mitte z. B. Wasser W befindet, dessen Oberfläche in der Mitte der Trommelhöhe H wiederum wie die Abb. 16 0,35 m von der Drehachse entfernt ist. Bei 100 Umdrehungen ergibt sich dann wieder die Parabel a. Über dem Wasser nach der Drehachse zu ist die leichtere Flüssigkeit z. B. flüssiges Fett F abgelagert. Bei entsprechender Menge wird der mittlere Oberflächenspiegel z. B. 0,2 m von der Drehachse entfernt. Es entsteht dann die Parabel c. Hinter der Wasseroberfläche hat sich der spezifische schwere Schlamm Sch abgelagert. Die Oberfläche des Schlammes nimmt aber nur dann die Parabelform b an, wenn es noch flüssig ist (s. Abschnitt 58). Unter Berücksichtigung der Schleuderkraft C und des Gewichtes G ergibt sich auch wieder die Mittelkraft R, die senkrecht auf der Flüssigkeitsoberfläche stehen muß, so daß sich hier die Parabel b bildet. Man sieht, daß die verschiedenen Flüssigkeits-

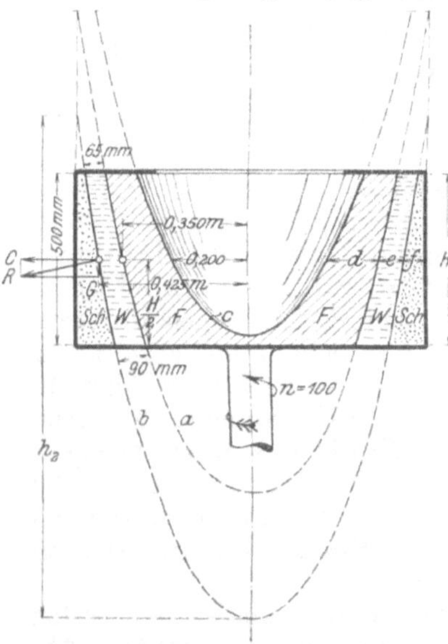

Abb. 17. Gleichgewichtszustände zwischen spezifisch verschieden schweren Flüssigkeiten.

oberflächen bei 100 Umdrehungen noch nicht parabel laufen, denn z. B. oben am Trommeldeckel hat die Wasserschicht nur eine Dicke von 65 mm, dagegen unten am Trommelboden eine solche von 90 mm. Genau wie in der Abb. 16 schon angegeben ist, werden aber die Parabeln immer mehr parallel laufen, je größer die Umdrehungszahl ist, so daß man in dem hier vorliegenden Falle z. B. bei 1000 Umdrehungen schon von einer fast parallelen Lagerung der Schichten reden kann. Die einzelnen Schichten des Wassers, Fettes und Schlammes bilden dann ineinanderstehende Zylinder. Deren Schichtdicke *d*, *e* oder *f* nach Abb. 17 hängt von der prozentualen Menge der einzelnen Stoffe ab. Je mehr Wasser *W* um so stärker wird *e*.

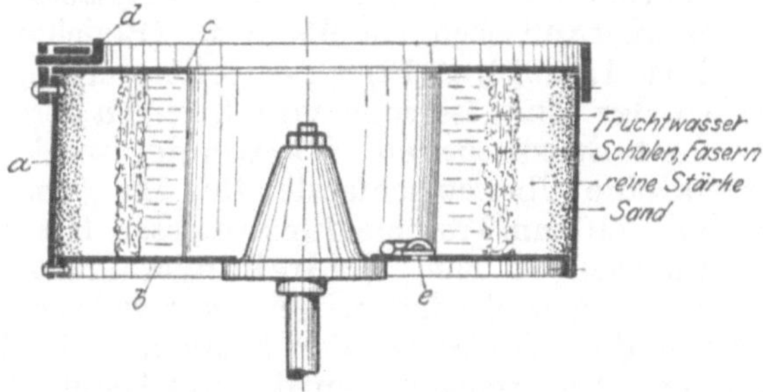

Abb. 18. Schichtenbildung bei der Schleuderung von Weizenstärke.

Während bei einigen Stoffen die Trennung nach dem spezif. Gewicht, in Schichten, nachteilig ist (Ton, Porzellanmasse, bei Mischfarben mit Komponenten von ungleichem spezif. Gewicht tritt Entmischung ein u. dgl.), wird sie in manchen Fällen absichtlich angestrebt, z. B. bei der Trennung der Weizenstärke vom Kleber und den Unreinigkeiten[1]). Zu dem Zwecke wird die Rohstärkemilch einer Schleuder mit ungelochter Trommel zugeführt, wobei unter dem Einfluß der Schleuderkraft ein Entmischen der verschiedenen Bestandteile eintritt und diese sich in ziemlich scharf abgegrenzten Schichten übereinander lagern, wie dies die Abb. 18 zeigt. Am Außenmantel der Trommel lagern sich Erde, Sand und andere spezif. schwere Unreinigkeiten ab, dann folgt die reine Stärke, darüber, als mehr oder weniger dicke, lederartige, schmutzig

[1]) S. a. das D.R.P. 322341/1912 mit besonderen Röhren in der Trommel, um das Absetzen des schwereren Minerals zu erleichtern und das taube, leichtere Gestein dauernd wegzuspülen.

grau gefärbte Masse, die Kleberstärke. Dann folgen Fasern, Schalen u. dgl. und der Rest des Fruchtwassers, der nicht über den Trommelrand c geschleudert wurde. Dieses Fruchtwasser läuft beim Anhalten der Trommel auf dem Boden b zusammen und verläßt die Trommel durch eine Öffnung e. Senkrecht eingesetzte Holzkeile zerlegen den angeschleuderten festzusammenhängenden Ring in vier Kreissegmente, die leicht herausgenommen werden können, nachdem der durch Keile d gehaltene Deckel c entfernt ist. Die oberen Schichten werden abgeschabt, und man gewinnt, in scharfer Trennung, die Kleberstärke und die Weizenstärke.

Wie dagegen das Schleudern die schon mehrfach erwähnte, unerwünschte Entmischung der Porzellanmasse bewirkt, zeigen Versuche, die anläßlich des Preisausschreibens der Deutschen Keramischen Gesellschaft (Berichte der D. K. G. B. 1, Heft 1, 1920, S. 12) angestellt wurden, um die Filtertücher bei der Entwässerung von breiigen keramischen Massen möglichst auszuschalten. Verwendet wurde für die Versuche eine kleine Überlaufschleuder der Hanomag (ähnlich Abb. 49), mit 210 mm Trommeldurchmesser, H = 120 mm, Überlaufdurchmesser 95 mm, Umdrehungszahl 4500.

Die auf dem angeschleuderten Gut verbliebene Flüssigkeit wurde nach dem Stillsetzen der Schleuder durch einen Heber abgezogen. Der Schlamm wurde von Hand schichtenweise entnommen.

Die Ausgußmassen mit einem spez. Gewicht von 1,35—1,7 wurden von Ph. Rosenthal & Co., A.-G., Selb i. B. analysiert und ergaben folgende Werte nach Zahlenreihe V.

Zahlenreihe V.

Einzelstoffe des Gemisches		In dem wasserfreien Trockengut waren vorhanden				
			kreisförmige Schichten in der Schleudertrommel			
Art	spezif. Gewicht	in der ursprünglichen, ungeschleuderten Ausguß-Porzellan-Masse	an der Trommelwand anliegend	kreisringförmige Mittelschichten		innerste, nach der Trommelachse gerichtete Schicht
Quarz	2,5—2,8	31,2 %	32,1	34,6	27,5	7,0 %
Feldspat	2,55	20,3 „	39,2	22,2	18,4	4,8 „
Ton (Kaolin)	1,8—2,6	48,0 „	38,7	43,2	54,1	86,2 „

Die Entmischung, das Absetzen der Körperchen nach der Gleichfälligkeit, ist demnach ganz bedeutend und um so größer, je länger die Schicht sich flüssig in der Trommel befand, je später sie sich absetzte. Dabei ist nicht allein der Unterschied im spez. Gewicht von trennendem Einfluß, sondern auch die körperliche Größe und deren Zustand. Der im kolloidalen Zustand vorhandene Ton wird weniger durch die Schleuderkraft beeinflußt, als Quarz und Feldspat, so daß der Ton von beiden verdrängt und sich erst später, nachdem der Zulauf der Porzellanmasse abgestellt worden ist, sich anschleudern kann. Daraus erklärt sich sein überwiegender Anteil in der innersten, sich zuletzt abgelegten Schicht. Wiederholte Versuche durch verschiedenartiges Zulaufenlassen, Anwendung von verdünntem oder dickem Schlicker, ebenso wie verschiedenartiges Schleudern mit langsamerem oder schnellerem Gang der Schleuder führten zu keinem anderen Ergebnis. — Ein solches konnte auch nicht erreicht werden, so lange man zeitweilig die Schleuder füllt und entleert. Dann wird immer eine schädliche (bei der Weizenstärke nach Abb. 18 dagegen nützliche) Entmischung eintreten. Würde man aber ununterbrochen arbeitende Schleudern verwenden und die angeschleuderte Masse immer wieder in dünner Schicht abschälen, so wird wohl diese dünne Schicht noch entmischte Lagen zeigen, die aber sicher durch geeignete Nachknetung ausgeglichen werden können. Beim gewöhnlichen Absetzen macht sich diese Entmischung kaum bemerkbar, denn in dem zähen dicken Brei mit einem spez. Gewicht von 1,35 bis 1,7 sind die spez. Gewichtsunterschiede bei der Schwerkraftwirkung allein nicht sehr einflußreich. In dünneren Mischungen würde sich aber auch genau die gleiche Entmischung, wie beim Schleudern, zeigen.

Da die Lage der Flüssigkeitsoberflächen lediglich abhängig ist von der Neigung der Schwerkraft G und der Schleuderkraft $C_1 = \frac{r \cdot n^2}{900}$ und in dieser Gleichung das spez. Gewicht nicht vorhanden ist, so hat das spez. Gewicht auch keinen Einfluß auf die besondere Form. Es bleibt sich also ganz gleich, ob in der Schleuder Quecksilber z. B. vom Wasser überlagert wird oder Wasser von Fett. In jedem Falle werden sich dieselben Formen zeigen, wenn sich an Stelle des Quecksilbers z. B. Lauge befindet mit einem etwas größeren spez. Gewicht als das Wasser.

29. Der Einfluß der geneigten Lage der Drehachse.

Alle diese Bedingungen gelten nur solange, als die Drehachse senkrecht steht, weil nur dann die Parabelachse mit der Drehachse der Trommel zusammenfällt. Sowie die Drehachse gegen die senkrechte geneigt ist, ändert sich die Richtung der Schwerkraft G zur Drehachse und somit auch die Form der Parabel. In der Abb. 19 habe ich, um die Verhältnisse recht scharf zum Ausdruck bringen zu können, angenommen, daß die Drehachse um 45° gegen die senkrechte

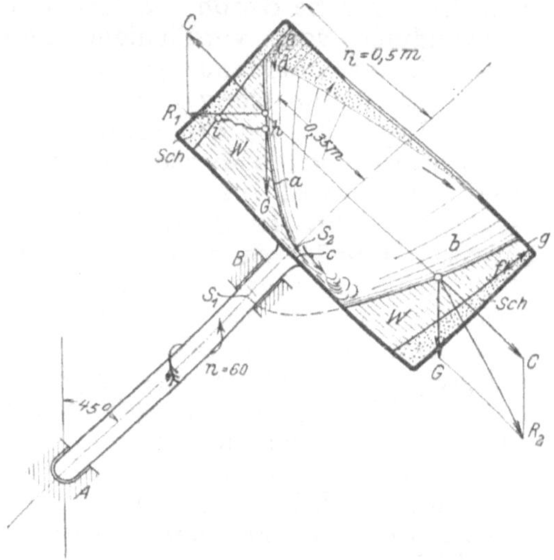

Abb. 19. Gleichgewichtsstörung bei schiefer Lage der Drehachse.

geneigt, und die schief gelagerte Trommel in den Lagern A und B entsprechend geführt ist. Bei einer Umdrehungszahl von $n = 60$ ergibt sich somit, bei einem Mittelabstand der Flüssigkeit von $r = 0,35$ m, die Schleuderkraft $C_1 = r_1 \cdot \frac{n^2}{900} = 3,5$ kg. Diese rechtwinklig zur Drehachse eingezeichnete und dagegen die senkrecht nach unten gerichtete Schwerkraft G ergibt für die linke obere Trommelhälfte die Richtung und Größe der Mittelkraft R_1 fast wagerecht. Dagegen ist die Mittelkraft R_2 der unteren rechten Trommelhälfte um ungefähr 65° geneigt. R_2 ist auch bedeutend größer als R_1. Daraus ergibt sich für R_2 die Parabel b, deren Scheitelpunkt S_1

außerhalb des Trommelbodens liegt, während die Parabel a, welche sich aus der Mittelkraft R_1 ergibt, bedeutend flacher liegt. Jhr Scheitelpunkt S_2 liegt über dem Trommelboden und da von der unteren Trommelhälfte b an dieser Stelle kein Gegendruck vorhanden ist, so ist das Gleichgewicht gestört und durch c wird Flüssigkeit nach unten laufen. Da sich die Trommel aber weiter dreht, so wird überhaupt ihr Gleichzustand dadurch gestört, sie wird unruhig und schlagend laufen.

Nehme ich weiter an, daß sich in der Trommel z. B. schon am Mantel Schlamm *Sch* abgelagert hat, so wird dieser oben an den Stellen d—e frei, dagegen unten bei f—g wieder von der Flüssigkeit bedeckt. Bei jeder Umdrehung wird deshalb hier die Flüssigkeit den schon gelagerten Schlamm auf- und abspülen, wie dies durch die Pfeilrichtung angedeutet. Wie an den Ufern des Meeres wird der schon abgelagerte Schlamm wieder aufgewirbelt.

Diese Störung des Gleichgewichts macht sich natürlich um so weniger bemerkbar, je weniger die Trommel geneigt ist und mit um so größerer Umdrehungszahl sie läuft. Jedenfalls bleibt sie aber ständig bestehen und wird störend auf die vollständige Ablagerung feinster Schlammteilchen wirken. Deshalb ist als besonders wichtig zu betrachten, daß die Schleudertrommel vollständig senkrecht mit ihrer Drehachse aufgestellt wird. Dann wird sie ruhig und auch mit geringem Kraftverbrauch arbeiten, weil sie sich dann unter dem Einfluß der Kreiselwirkung senkrecht einstellen kann, so daß ihre Drehachse nach dem Mittelpunkt der Erde zeigt.

30. Die wagerecht gelagerte Schleudertrommel.

Bringt man die Schleudertrommel in eine wagerechte Lage, so wird sich dieser störende Einfluß des Eigengewichts G noch stärker bemerkbar machen. In den Abb. 20—21 habe ich die Verhältnisse eingezeichnet für eine Umdrehungszahl von $n = 100$. Während bei einer Trommel, deren Flüssigkeit von dem Eigengewicht G nicht beeinflußt würde, diese die genaue zylindrische Innenform $A\ B\ D\ E$, wie punktiert angedeutet, annehmen müßte, wird diese unter dem Einfluß der Schwerkraft gestört. Oben wirkt die Schleuderkraft C senkrecht nach außen und ihr entgegen das Gewicht G, so daß nur noch $R_1 = C - G$ ist. Dagegen wird die untere Mittelkraft R_2 gebildet durch die Schleuderkraft und das Eigengewicht; somit wird $R_2 = C + G$. Um einen Ausgleich zu schaffen, wird die Flüssigkeit unten unter dem Einfluß des stärkeren Druckes R_2 seitlich ausweichen, und da sich die Trommel in einer bestimmten Drehrichtung bewegt, in den Abb. 20—21 ist angenommen in der Richtung des Uhrzeigers, so wird die Flüssigkeit unten rückstauartig aufgehalten und sich in Richtung der Pfeile entgegengesetzt zur Trommeldrehung bewegen. Es sind dies ähnliche Erscheinungen, die wir auf der Erde als Ebbe und Flut beobachten können. Diese gegenläufige Bewegung wirkt natürlich störend auf

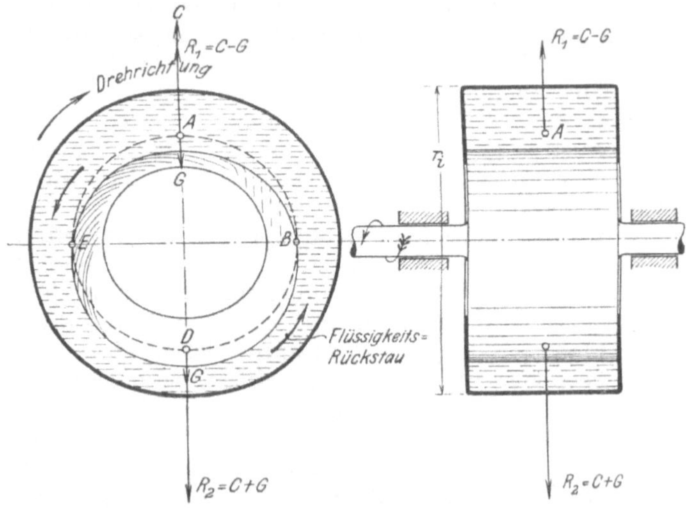

Abb. 20—21. Störung des Gleichgewichtes bei wagerechter Drehachse.

den schon abgelagerten Schlamm, wie jede andere Flüssigkeitsströmung. Schichten, die sich schon bildeten, wie z. B. in Abb. 17, werden unten zusammengepreßt und oben erweitert, so daß wieder eine Vermischung eintritt. Würde die Umdrehungszahl noch weiter vermindert, so wird bald der Fall eintreten, bei welchem das Eigengewicht G gleich der Schleuderkraft C ist. Sowie die Schleuderkraft C kleiner wird, wird die Flüssigkeit oben den Scheitelpunkt A nicht erreichen können. Sie wird abfallen und störende Wirbel bilden. Bei einem Trommelhalbmesser $r_1 = 0{,}5$ m wird bei 42,3 Umdrehungen dieses Gleichgewicht hergestellt, indem $G = C = 1$ kg ist.

Ohne die Rechnung hier anzuführen, ist $n = \frac{42{,}3}{\sqrt{D}}$. Es wäre dies bei Kugelmühlen z. B. jene Umdrehungszahl, bei der die Kugeln durch die Fliehkraft an die Trommelwand fest angepreßt werden. Die Wirkung der Schwerkraft würde aufgehoben, so daß ein Überstürzen des Inhalts nicht mehr stattfinden kann, jede Mahlwirkung hört auf. Nach Naske (Zerkleinerungsvorrichtungen und Mahlanlagen, 1918, S. 124) geht man deshalb mit der Umdrehungszahl herunter auf $n = \frac{23 \text{ bis } 28}{\sqrt{D}}$.

Will man durch die wagerechte Schleuder also eine Trennung ermöglichen, so muß man mit der Umdrehungszahl, wie dies ja auch allgemein üblich ist, weit über diese Umdrehungszahl gehen. Es werden sich dann diese störenden Wirkungen immer weniger bemerkbar machen. Ganz ohne Einfluß bleiben sie aber nie, so daß man noch durch andere Mittel diese störende, gegenläufige Bewegung der Flüssigkeit bei wagerechten Schleudern aufzuhalten suchen muß.

Ursprünglich wurden die Milchschleudern mit wagerechter, doppelseitig gelagerter Welle gebaut. So nahmen Lefeldt u. Lentsch das D. R. P. 9241/1879, dessen Anspruch lautet: Die Anwendung horizontaler Schleudertrommeln zum Abscheiden des Rahmes bei ununterbrochenem Milchzufluß. Dies veranlaßte auch de Laval, sich mit der wagerechten Schleuder zu befassen (D. R. P. 29218/1884 u. 38315/1886), doch hat er diese Form bald wieder verlassen, als 1888 die Scheideteller (s. Abschn. N) aufkamen, die sich nicht in die zweiseitig gelagerte Trommel leicht einlegen und herausnehmen ließen. Dazu kam, daß sich diese Teller in einer senkrechten Trommel, auch im Ruhezustand, zentrisch um die Drehachse schichten.

31. Die Richtung des Weges der Schlammteilchen im Längsschnitt der Trommel.

Die Richtung des Weges, welchen der abzuscheidende Schlamm in der Schleudertrommel nimmt, wird natürlich nicht nur von der Schleuderkraft, sondern auch von der Schwerkraft beeinflußt. Die Bahn ergibt sich ohne weiteres z. B. aus den Abb. 16 und 17, denn die Mittelkraft R zeigt die Richtung, in welcher die Schleuderkraft C und das Gewicht G durch ihre gemeinsame Tätigkeit das Schlammteilchen in der Flüssigkeit bewegen. Bei dem Verhältnis nach Abb. 16 wird sich somit das Körperchen in schwacher Neigung gegen die Wagerechte nach der Trommelwandung hin bewegen. Da aber auf jeder Trommelseite die Einflüsse die gleichen sind, so sind die Wege des Schlammteilchens parallel. Gestört werden aber die Wege wiederum durch die geneigte Trommel z. B. nach Abb. 19 oder der wagerechten Trommel nach Abb. 20. In der Abb. 19 erkennt man, wie z. B. das Schlammteilchen in dem Augenblick, wo es sich auf der oberen Seite befindet, in der Richtung R_1 sich also unter ungefähr 45° gegen die Trommelwandung hin bewegt. Da sich aber die Trommel weiter dreht, so wird in dem Augenblick, wo sich das Schlammteilchen unten in der Richtung R_2 bewegt, also gegen die Trommelwandung mit einer Neigung von 19°, in der Flüssigkeit das Schlammteilchen nicht einen geraden, sondern einen hin- und hergehenden Zickzackweg beschreiben, wie dies die Bahn eines Schlammteilchens h—i andeutet. Die einzelnen Schlammteilchen werden sich auf ihren Wegen kreuzen und stören, so daß auch aus diesem Grunde die senkrechte Trommel besser arbeiten wird. Natürlich wird auch hier die, bei der wagerechten Schleuder ungünstige Wirkung immer mehr vermindert, mit je größerer Umlaufzahl sich die Trommel bewegt. Dann wird die Schleuderkraft C gegenüber G immer überwältigender, wie sich dies aus der Zahlenreihe IV ergibt. Die Nachteile der wagerechten Lagerung werden vermindert und bei weniger feinem Schlamm wird eine solche Schleuder noch gute Ergebnisse zeitigen können, denn häufig wird aus konstruktiven Rücksichten die wagerechte Lagerung der senkrechten vorgezogen.

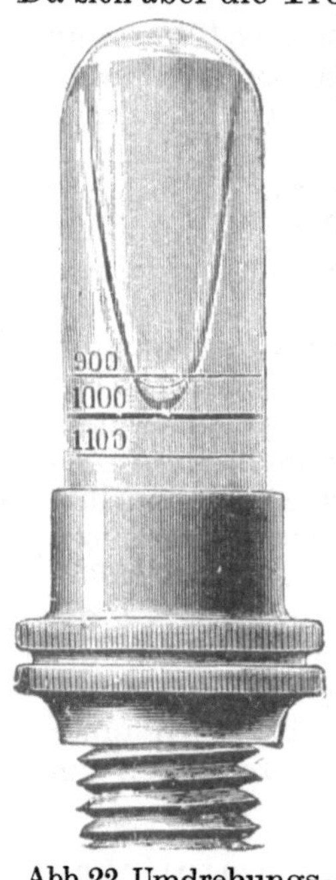

Abb. 22. Umdrehungsanzeiger unter Benutzung der Gleichgewichtslage kreisender Flüssigkeiten.

32. Die Gleichgewichtsstörung im Gefäß, welches mit ungleichmäßiger Geschwindigkeit kreist.

Die Abhängigkeit der Parabelform und der Lage ihres Scheitelpunktes von der Umdrehungszahl nach Abb. 16 wird zu deren Messung im sog. Gyrometer von Dr. O. Braun nach Abb. 16 (Richard Gradenwitz, Berlin S) verwendet. Bei seiner Benutzung erkennt man auch recht deutlich eine besondere Wirkung der ungleichmäßigen Umlaufszahlen, die sich bei der Schlammabscheidung in der Schleuder störend bemerkbar macht. Der Braunsche Umdrehungsmesser (Abb. 22, D. R. P. 42603) besteht meistens aus einem Glasgefäß von 25 mm Durchmesser und 100 mm Länge, das in eine Metallfassung eingegipst ist, um auf die Körperachse, deren Umlaufszahl gemessen werden soll, aufgeschraubt werden zu können. Der Scheitel der im Glase eingefüllten Flüssigkeit stellt sich, dem Umlauf entsprechend, ein; er folgt jeder Geschwindigkeitsänderung mehr oder weniger schnell. Da der Flüssigkeitskörper durch die Vermittelung des Glasrohres in Umdrehung versetzt wird, so wird die Flüssigkeit der Drehung um so mehr folgen, je größer die Adhäsion an der Wandung und je zäher die Flüssigkeit ist. Ein mit Glyzerin gefülltes Gefäß ist weit empfindlicher für Ungleichförmigkeiten der Umlaufsgeschwindigkeit, als ein mit reinem Wasser oder gar Alkohol gefülltes. Bei ungleicher Drehung schwankt der Scheitel des Glyzerins auf und ab, während das in dem anderen Messer befindliche Wasser unbeweglich bleibt. Kleinere Umdrehungsschwankungen sind bei letzterem ohne Einfluß. Deshalb hält sich das Paraboloid noch eine gewisse Zeit in seiner Form, wenn der Apparat selbst schon still steht. Durch entsprechende Wahl und Mischen der Flüssigkeit kann man in einem Gyrometer mit zwei Gläsern nach Abb. 23 beliebige Ungleichförmigkeitsgrade anzeigbar machen. Zum Beispiel bei 400 Umdrehungen noch $\frac{1}{300}$ oder 1,33 Umlaufsänderungen während eines Umlaufes. In Abb. 23 sind die beiden Libellen in Ruhestellung dargestellt. — Das Auf- und Abschwanken des Scheitels bedingt ein Auf- und Ab-, sowie Durcheinanderfließen der Flüssigkeit auch in der Schleuder, welches aufrührend auf den schon abgelagerten und mischend auf den teilweise sich schon trennenden Schlamm wirkt. Die Gleichgewichtslagen von übereinandergelagerten verschiedenen Flüssigkeiten nach Abb. 17 werden gestört. Die einzelnen Schichten würden mit schwankenden Umlaufszahlen aneinander vorbei bald vor- bald nachlaufen. An einen geregelten Lauf des Schlammteilchens und der geklärten Flüssigkeit ist nicht mehr zu denken. Wir werden noch später mehrmals sehen, wie nachteilig ungleichförmige Umlaufszahlen sind, so daß bei den Schlammschleudern die Beobachtung des Umlaufs mit einem empfindlichen Braunschen Zähler sehr unterrichtend ist. Er zeigt sofort die Flüssigkeitsschwankungen im verkleinerten Maßstabe an, die sich auch in der Schleudertrommel einstellen, aber nicht nach außen sichtbar in Erscheinung treten.

Solche Schwankungen in der Umlaufszahl stellen sich besonders stark bei Kurbelantrieben ein, sei es von Hand- oder durch Dampfmaschinen. Verwendbar sind die Gyrometer für Umdrehungszahl von 30—12 000 in der Minute.

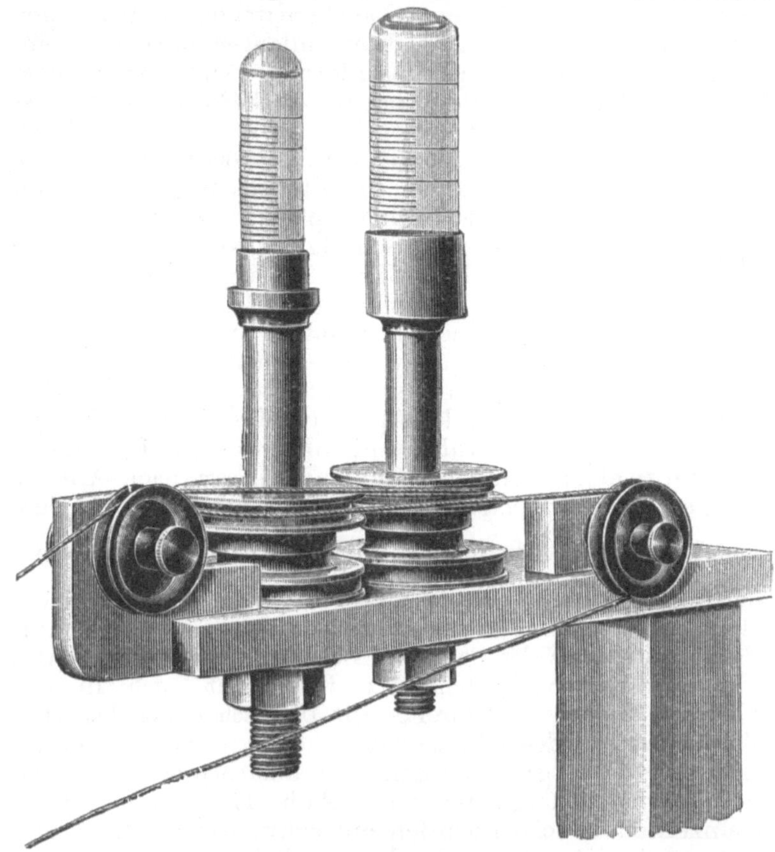

Abb. 23. Doppelter Umdrehungsanzeiger zum Anzeigen des Ungleichförmigkeitsgrades.

33. Der Weg der Schlammteilchen unter dem Einfluß der Schleuderkraft, im Querschnitt der Trommel betrachtet.

Unter dem Einfluß der Schleuderkraft wird somit eine wesentliche Beschleunigung in der Trennung erzielt. In einem Absatzbehälter bilden sich drei Zonen, die obere besteht aus der klaren Flüssigkeit, die mittlere aus der noch ungeklärten, die untere aus Schlamm. Genau so bilden sich in der ungelochten, schnell umlaufenden Schleudertrommel drei Zonen, wie dies die Abb. 24 zeigt. So scharf wie auf dieser Abbildung findet aber bei Flüssigkeiten die Trennung nicht statt, und wir müssen uns noch darüber klar werden, was hinderlich einwirkt. Vor allen Dingen wirken hier wie im Absatzbehälter Wasserströmungen und dergleichen störend auf den gerade nach unten bzw. nach der Trommelwand gerichteten Weg der Körperchen. Ströme reißen die Teilchen mit, Wirbel mischen alles wieder durcheinander und heben die absetzende Wirkung wieder mehr oder weniger auf. Für geregelte Bewegungen muß deshalb gesorgt werden. Um diese aber zu ermöglichen, müssen wir den Weg, den die einzelnen Teilchen ausführen wollen, kennen.

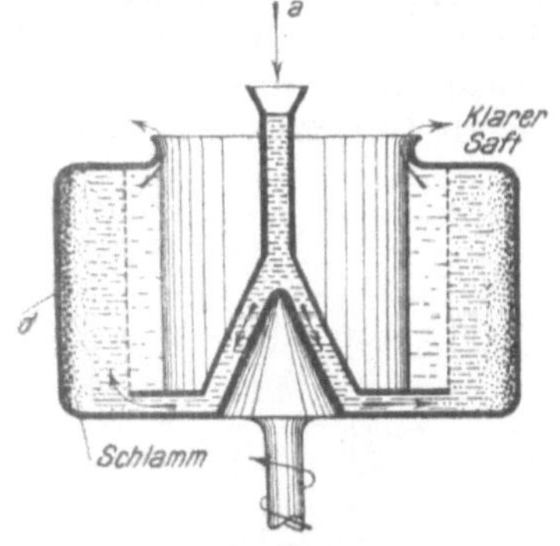

Abb. 24. Trommel einer Trennschleuder.

Im Abschnitt 31 ist die Richtung des Weges betrachtet, wie er sich in einem Längsschnitt parallel zur Achse der Trommel (Abb. 16) bemerkbar macht, hier müssen wir noch die sehr wesentliche Bahn beobachten, die das Teilchen in einem Querschnitt senkrecht zur Drehachse ausführt. Der wirkliche Weg ist aus beiden Richtungen zusammengesetzt.

Unter dem Einfluß der Schwerkraft fällt der Körper, auch in der Flüssigkeit, senkrecht nach unten, er bewegt sich aber nicht unter dem Einfluß der Schleuderkraft in radialer Richtung vom Drehpunkt. Er bewegt sich in einer Kurve. Dadurch wird die Erkenntnis der Anforderungen schwieriger und weniger übersichtlich.

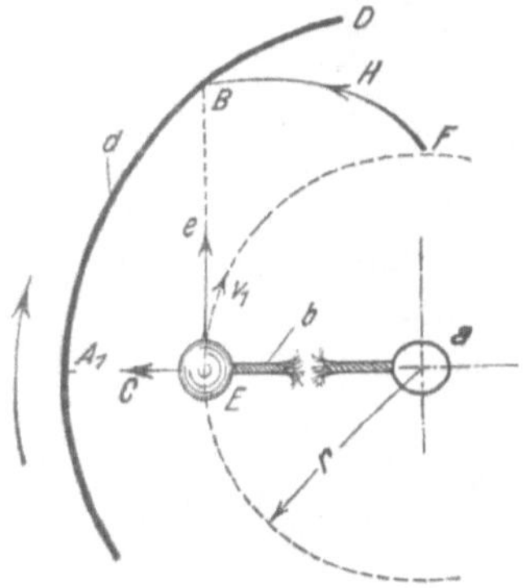

Abb. 25. Wirkung der Schleuderkraft.

Dreht sich ein Körper um eine Achse *a* nach Abb. 25 und ist er durch einen Faden *b* festgehalten, so beschreibt er um den Drehpunkt a eine Kreislinie mit einem Radius r. In einiger Entfernung befindet sich ein Trommelmantel d. Die Schleuderkraft C zieht in der angedeuteten Pfeilrichtung an dem Faden b. Reißt dieser plötzlich, dann kann sich der Körper frei unter dem Einfluß der auf ihn wirkenden Kräfte bewegen. Er wird dann aber nicht, wie es im ersten Augenblick unter Beachtung der Schleuderkraft C und deren Zugkraft auf die angespannte Schnur den Eindruck macht, radial nach außen gegen den Mantel fliegen und diesen an der Stelle A_1 treffen. Auf ihn wirkt auch die Drehkraft, die ihn mit der Geschwindigkeit v_1 um den Drehpunkt zu laufen zwingt, so daß unter deren Einfluß und der Schleuderkraft er sich in tangentialer Richtung e von seiner Kreisbahn fortbewegt (Abb. 25). Sehr schön erkennt man diesen Weg an den Funken beim Schleifen von hartem Stahl an einer Schmirgelscheibe nach Abb. 26. Der sich tangential weiterbewegende Körper E würde den stillstehenden Trommelmantel im Punkte B treffen. Lasse ich nun die Trommel d mit der gleichen Umdrehungszahl n umlaufen wie den Körper, dann wird sich der Punkt B der Trommel in der Zeit, während der der Körper von E bis B läuft, weiter gedreht haben, weil er eine größere Umfangsgeschwindigkeit v_3 besitzt als der Körper, der sich mit der Anfangsgeschwindigkeit v_1 bewegt. Hat der Körper den Trommelmantel in B erreicht, dann hat sich der dem Punkt B an der Trommel entsprechend schon bis D bewegt. Wir sehen daraus, daß der Körper zurückbleibt. Dies ist klar, denn innen herrscht eine ge-

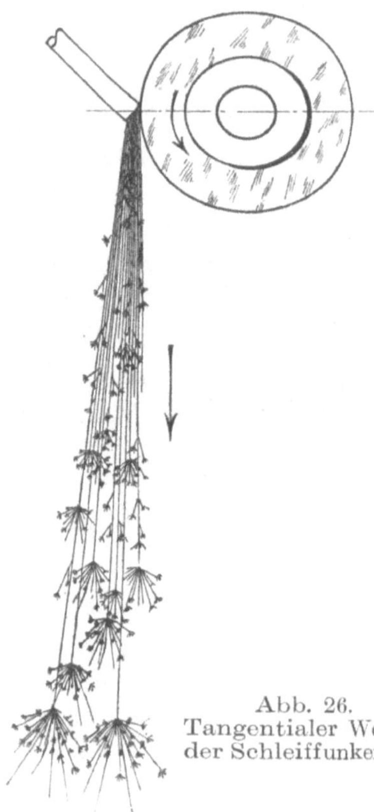

Abb. 26. Tangentialer Weg der Schleiffunken.

ringere Geschwindigkeit als außen. Er wird also sich nicht in gerader Linie bewegen (wenn man seine Bewegung zum Trommelboden relativ betrachtet), sondern in einer Kurve, die immer mehr gegen die Drehrichtung zurückbleibt, je mehr sich der Körper nach außen bewegt. Würde der Körper ohne Reibungsverlust als geschwärzte Kugel auf dem Trommelboden rollen können, so würde er die Kurve *F—H—B* auf dem Boden aufgezeichnet haben. Der Anfangspunkt *E* am Boden hat sich in der Zeit, während die Kugel von *E* bis *B* rollte, auf der alten Kreisbahn bis *F* bewegt.

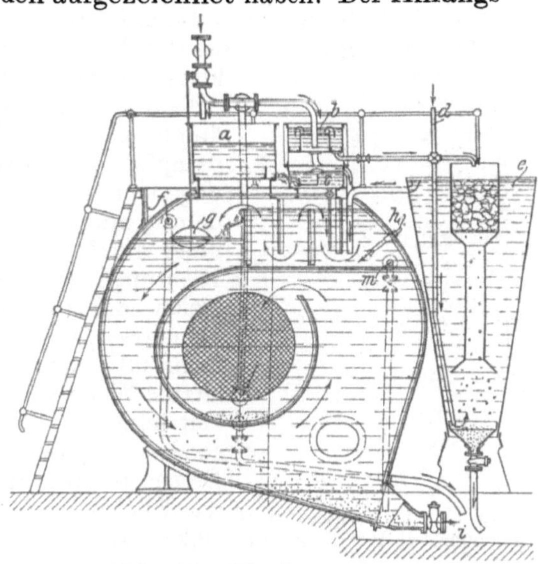

Abb. 27. Nutzbarmachung der Schleuderwirkung in Wasserreinigern.

Dr. A. Baumann beschreibt ein schönes Modell (Centralblatt f. d. Zucker-Ind. 1910/11, S. 1351), an dem man sich recht deutlich die Bewegung des abgeschleuderten Körperchens vorstellen und auch aufzeichnen kann. Mit seinem Modell kann man diese Bewegungskurve als Evolvente recht zweckmäßig veranschaulichen. Und in Abb. 25 stellt die Kurve *F—H—B* einen Ausschnitt aus dieser Evolvente dar.

Genau wie sich der Körper *E* nach Abb. 25 in tangentialer Richtung gradlinig weiter bewegen wird, wird dies auch ein Schlammteilchen tun, welches sich in einem Flüssigkeitsstrom befindet, der plötzlich von seinem geraden Weg seitlich abgelenkt wird. Dann bewegen sich die Flüssigkeitsfäden krummlinig auf Kreisbögen weiter, während die Schlammteilchen tangential nach außen, aus dem Strom herausstreben. Ein Vorgang, der bei allen Richtungsänderungen eintritt und häufig, bei falschen Konstruktionen, zu unliebsamen, störenden Schlammablagerungen Veranlassung gibt. Nutzbar wird diese Schleuderwirkung im Wasserreiniger nach Abb. 27

(D. R. P. 175 193, s. Fischer, Das Wasser. Leipzig 1914, S. 204), indem das schlammhaltige Rohwasser in eine kreisende Bahn gelenkt wird und deshalb, durch die Schleuderkraft, der Schlamm nach außen abgeschieden und zum Schlammablaß *i* geführt wird. — Auch in Schaumabscheidern macht man sich die günstige Wirkung der Schleuderkraft, die durch Ablenkung des Dampfstromes in Erscheinung tritt, nutzbar. Bei einem Richtungswechsel vermögen die Schaum- und Flüssigkeitsteilchen dem Dampfstrom nicht mehr zu folgen. Die Abb. 28 zeigt einen entsprechend durchgebildeten Flüssigkeitsabscheider (H. Schröder, Die Schaumabscheider. Leipzig 1918) als domförmigen Aufsatz auf einem Verdampfer. Der mit Flüssigkeitstropfen angereicherte Brüdendampf steigt in dem zylindrischen Hals *a* auf und erlangt durch die Glocke einen scharfen Richtungswechsel um 180°, der sich gleich darauf auf dem Wege des Dampfes nach dem Brüdenaustritt mehrmals wiederholt. Bei diesem letzten Wechsel vermögen die Flüssigkeitsteile dem Dampf nicht zu folgen, sondern werden auf den Boden *c* des Domes geschleudert, von wo sie durch das Rücklaufrohr wieder in die Flüssigkeit zurückgelangen.

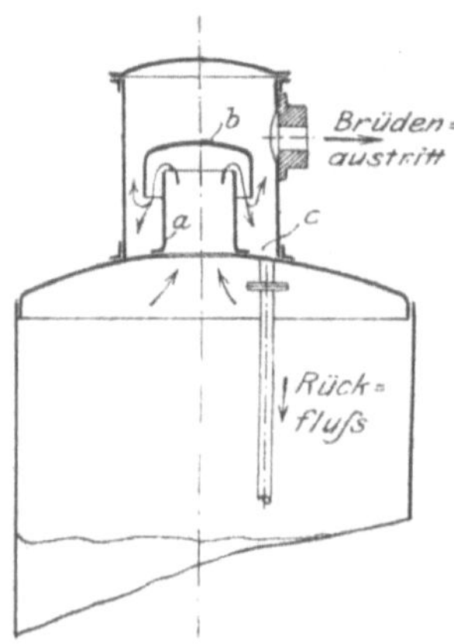

Abb. 28. Flüssigkeitsabscheider für Verdampfer.

34. Parallel zur Drehachse angebrachte Trennwände.

Die Bahn *F*—*H*—*B* auf dem Boden (nach Abb. 25) kann die Kugel nur beschreiben, wenn sie sich unbehindert bewegen kann. Dies ist aber dann nicht der Fall, wenn die Trommel gefüllt ist, denn die Flüssigkeits- und andere Schlammteile stellen sich seiner Bewegung entgegen. Vor allen Dingen sehen wir, daß durch diese Kurvenbahn auf radial gestellte Wände ein starker Seitendruck ausgeübt wird, bzw. diese bei naher Stellung schneller erreicht wird, als der Trommelmantel, wie dies Abb. 29 zeigt.

Aus später noch zu erläuternden Ausführungen wird hervorgehen, daß die Scheidewände meistens wahllos, ohne sorgfältige Überlegung, durchlocht werden, damit ein Druckausgleich erfolgen kann. Dagegen ordnet die Carlshütte Rendsberg (D. R. P. 303 114/1916) in Milchschleudern mit einer Scheidewand den Druckausgleich in besonderer Weise an (Abb. 30). Im Arbeitsraum einer Schleudertrommel mit eingebauter Scheidewand fließt die Milch, an der Hinterseite der Scheidewand beginnend, der Drehrichtung entgegen im Rundlauf bis zur Vorderseite der Scheidewand wo die Ausläufe für die Magermilch und den Rahm angeordnet sind. Da die Milchmasse gegenüber der Metallmasse der Trommel in Verzug bleibt, so ist auch der Druck auf die Scheidewand auf beiden Seiten nicht der gleiche, und das Innenniveau der Flüssigkeit ist auf der einen Seite der Scheidewand ein anderes als auf der anderen, wodurch Störungen hervorgerufen werden. Um die heftigen Erschütterungen, denen die Trommel durch die Druckunterschiede ausgesetzt ist, zu beseitigen, soll der Erfindung gemäß die Druckausgleichöffnung in der Hauptscheidewand in der Rahmzone angeordnet sein. Sie kann nach der Mitte etwas darüber hinausragen, unterbricht aber nur einen Teil der durch die Rahmschicht nach innen durchtretenden Scheidewandfläche. An beiden Enden bleibt die Scheidewand so weit nicht durchbrochen, daß zusammen etwa die halbe Höhe, und zwar ein Teil oberhalb der Durchtrittsöffnung hinter der Rahmschraube, zur Anstauung des ausgeschiedenen Rahmes und ein Teil unterhalb in der Richtung der Milchzuleitungsöffnung zugunsten der eintretenden Milch unversehrt bleibt. Auf der einen Seite der Scheidewand S liegt der Einlauf E, auf der anderen befinden sich die Ausläufe, und zwar der Magermilchüberlauf M mit dem Kanal K für die Magermilch und der Rahmauslauf R. N-N ist das Niveau. In der Scheidewand ist nun die Druckausgleichöffnung A vorgesehen; sie reicht nach oben hin nicht bis in den Hals hinauf, in welchem der Rahmumlauf angeordnet ist, und ebensowenig zu weit hinaub, damit sie dem Milchzulauf nicht zu nahe kommt.

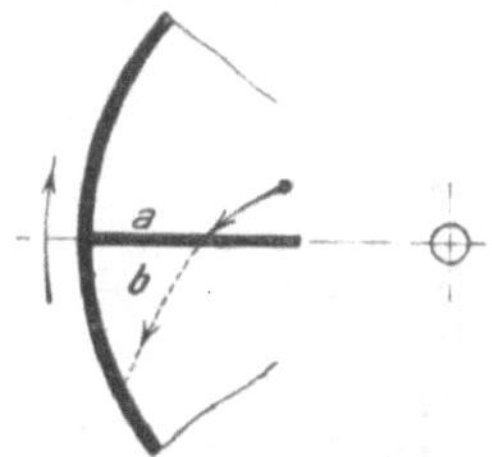

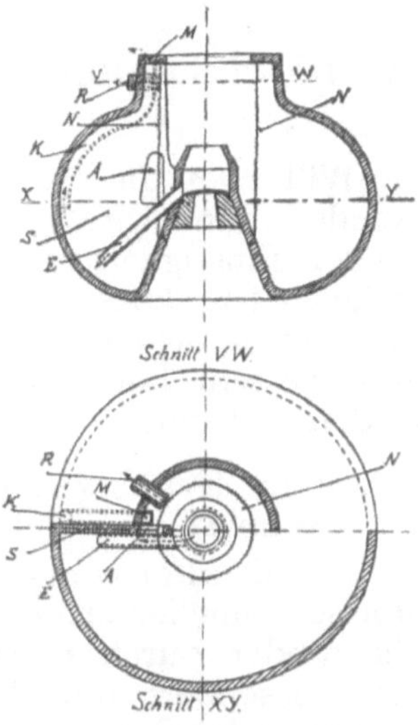

Abb. 29. Einfluß einer Trennwand.

Abb. 30. Milchschleuder der Carlshütte, Rendsberg.

Ohne dies hier weiter ausführen zu müssen, ist wohl ohne weiteres einleuchtend, daß ein aufschwimmender Körper, der also leichter als die Flüssigkeit ist, sich bei seiner Bewegung von außen nach innen auf einer entgegengesetzt gelegten Kurve bewegt. Die rückgehenden Kurven (Abb. 31) werden die des aufschwimmenden Körpers sein. Denselben Weg werden auch ihre leichten, von den nach außen strebenden Schlammteilchen verdrängten Flüssigkeitsteilchen zu nehmen suchen. Dadurch entstehen aber sich störende kreuzende Bewegungen nach Abb. 31, die einen unbehinderten Lauf in der großen offenen Trommel unmöglich machen. Die Abb. 29 zeigt uns aber den Weg, wie die Kreuzungen zu erschweren sind. Die Scheidewände trennen die Ströme, auf der Stromwand *a* setzen sich die Sinkkörper an, auf der Leewand *b* die Schwimmkörper. Die ersteren gleiten daran unter der Einwirkung der Schleuderkraft nach außen, die anderen drängen nach dem Drehpunkt zu. Dabei ist nun nicht notwendig, daß die Scheidewände senkrecht nach innen zeigen, sie können auch jede andere beliebige Lage einnehmen, denn immer werden sie die freien gegenseitig störenden Bewegungen abkürzen. Dies hat zuerst Bechtolsheim erkannt, nachdem schon jahrelang die Milchschleudern mit Trommeln ohne jeden führenden Einsatz benutzt wurden.

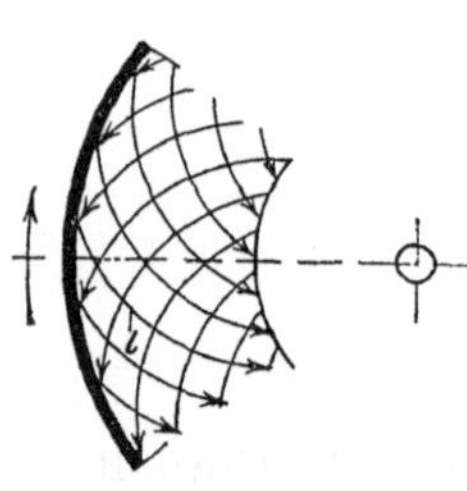

Abb. 31. Bahn der Schlammteilchen.

G. Die Trennung erschwerende oder erleichternde Einflüsse.

Will man die Schleuder zur Schlammabscheidung verwenden, dann wird man nicht nur die Schleuder der betreffenden Flüssigkeit anpassen, sondern auch, soweit es irgend möglich ist, diese so vorbereiten und behandeln, daß sie sich leicht schleudern läßt. Oft wird dies ohne weiteres möglich sein, häufig wird man den Vorbetrieb einschneidend ändern müssen.

35. Die Erschwerung durch die Zähigkeit, den Schaum, den Druck und die Gefäßwände.

Aus den Formeln 5 und 10 geht hervor, daß die Trennung um so schneller erfolgt, je kleiner die Erfahrungszahl ζ ist, die wieder durch verschiedene Wirkungen beeinflußt wird, aber besonders mit der Zähigkeit der Flüssigkeit wächst. Je zäher der Saft, die Lauge, um so langsamer erfolgt Trennung. Alle Vorbereitungen, die somit die Zähigkeit vermindern, wie z. B. Erhöhung der Temperatur beim Schleudern, Verdünnung des Saftes, Ausflockung der die Zähigkeit steigernden Stoffe, begünstigen die Abschleuderung. Der Einfluß der Verdünnung macht sich nicht allein durch die Verminderung der Zähigkeit, sondern auch durch die Verminderung des spezifischen Gewichtes γ_1 bemerkbar, denn die Trenngeschwindigkeit nach Formel 5 und 10 wird um so größer, je kleiner γ_1 bzw. je größer der Unterschied zwischen dem spezifischen Gewicht des Körpers und der Flüssigkeit ist. Deshalb wird man dünnere Säfte besser schleudern können als dicke.

Während im allgemeinen das Bestreben vorherrscht, die Zähigkeit zu vermindern, so können doch Fälle eintreten, wo das Gegenteil als nützlich erachtet wird. Louis Maische, Paris, will nach seinem Schleuderverfahren (D.R.P. 94701/1897) die Zähigkeit benutzen, um Stoffe von verschiedenem spezifischem Gewicht trennen zu können. Bei geringer Zähigkeit findet die Anschleuderung so schnell statt, daß keine genügende Sichtung oder Entmischung erfolgt. Deshalb will er Stärkesirup, Wasserglas oder andere schleimige Stoffe an Stelle von Wasser verwenden. Dann kann durch die entsprechende Wahl des Zusatzes die Schleuderung so verzögert werden, daß sich die spezifisch schweren Stoffe von den leichteren trennen und in einer äußeren Schicht sich am Trommelmantel anlagern.

Auch Schaum erschwert dadurch, daß sich die kleinen Bläschen an den Körperchen anhängen und diese tragen, das Trennen aber manchmal erleichtert er es. Diese Erscheinung wird beim sog. Schwimm- oder Flotationsverfahren nutzbar gemacht, besonders bei Mineralien von annähernd gleichem spez. Gewicht, wenn z. B. Zinkblende von Eisenspat oder Baryt getrennt werden soll. Von größtem Einfluß ist hierbei die Beschaffenheit der Oberfläche, ob sie glatt und glänzend oder rauh und muschlig ist. Der Einfluß starker Schaumbildung in der Schleudertrommel ist deshalb nicht zu unterschätzen. Ebenso die benetzende Wirkung von Ölen (s. H. Freundlich, Kapillarchemische Schlämmverfahren, Z. f. angew. Ch. 1920, S. 171).

Alle Bedingungen, die das Absetzen erschweren oder erleichtern, wirken in gleicher Weise in der Schleuder, wie dies schon im Abschnitt B durch Rechnung gezeigt wurde.

Nach Formel 1 (S. 19) ist der Erfahrungswert ξ abhängig von dem Reibungswiderstand zwischen der bewegten Fläche und dem Flüssigkeitsstrom, sowie von der Zähigkeit der Flüssigkeit. Würde die Flüssigkeit fest an dem Körper haften, ankleben, dann würde eine Reibung zwischen ihm und der ihn umgebenden Flüssigkeit nicht mehr erfolgen. Die ihn umhüllende Flüssigkeitsschicht bewegt sich mit dem Körper und es tritt nur noch die Flüssigkeitsreibung η (Zähigkeit, Viskosität) in Erscheinung. In den Formeln 1, 5 und 10 würde ξ durch η ersetzt werden. Gültig könnte diese Formel aber nur bei solchen Geschwindigkeiten sein, bei denen die Hülle nicht zerrissen wird. Sind sie vorhanden, dann tritt an Stelle der früheren Formeln das Stokesche Gesetz (Cambridge Phil. Trans 9, 1850, S. 8), in welchem die Beziehungen zwischen der Reibungszahl und der Geschwindigkeit einer sich gleichförmig bewegenden Kugel festgesetzt werden. Nach dem Stokeschen Gesetz ist

$$P = 6\,\pi \cdot \eta \cdot r_k \cdot v \tag{38}$$

darin bedeutet

η die Reibungszahl der Flüssigkeit,
r_k der Halbmesser der fallenden Kugel,
v die gleichförmige Geschwindigkeit der Kugel,
P der Widerstand, den die Kugel ihrer bei Bewegung in der Flüssigkeit erfährt.

Nach der Formel 2, S. 20 ist

$$P = V(\gamma_2 - \gamma_1)$$

somit

$$V(\gamma_2 - \gamma_1) = 6\,\pi \cdot \eta \cdot r_k \cdot v \tag{39}$$

und nach dem Stokeschen Gesetz dann die gleichbleibende Fallgeschwindigkeit

$$v = \frac{V(\gamma_2 - \gamma_1)}{6\,\pi \cdot \eta \cdot r_k}. \tag{40}$$

Die Schleuderkraft nach Formel 9a ist

$$C = \frac{V(\gamma_2 - \gamma_1)\,v_1^2}{g \cdot r},$$

so daß beim Schleudern die Formel 39 übergeht in

$$\frac{V(\gamma_2 - \gamma_1)\,v_1^2}{g \cdot r} = 6\,\pi \cdot \eta\, v_k \cdot v_2\,.$$

Und die Trenngeschwindigkeit beim Schleudern wird dann

$$v_2 = \frac{V(\gamma_2 - \gamma_1)\,v_1^2}{g \cdot r \cdot 6\,\pi \cdot \eta \cdot v_k}. \tag{41}$$

Das Verhältnis der Trenngeschwindigkeiten beim Schleudern und beim freien Absetzen wäre

$$S_{St} = \frac{v_2}{v} = \frac{V(\gamma_2 - \gamma_1)\,v_1^2}{g \cdot r \cdot 6 \cdot \pi \cdot \eta \cdot v_k} \cdot \frac{6\,\pi \cdot \eta \cdot r_k}{V(\gamma_2 - \gamma_1)} = \frac{v_1^2}{g \cdot r}$$

$$= \frac{2^2 \cdot r^2 \cdot \pi^2 \cdot n^2}{60^2 \cdot g \cdot r} = \frac{r \cdot n^2}{900}\,. \tag{42}$$

Setze ich in diese Formel 42 z. B. die Zahlenwerte nach Seite 29 ein, dann ist

$$S_{St} = \frac{r \cdot n^2}{900} = \frac{0{,}5 \cdot \lambda 200^2}{900} = 800\,,$$

führt also genau zu dem gleichen Ergebnis wie die Weißbachsche Rechnung (S. 29). R. Ladenburg (Annalen d. Physik 22 (1907) S. 287) untersuchte die Grenzen der Gültigkeit. Trotzdem wir es hier noch häufig mit solchen kleinen Geschwindigkeiten zu tun haben, will ich diese Ergebnisse nicht anführen. Näheres findet sich im Handbuch der phys.-chem. Technik 1915, S. 498, von K. Arndt.

Zur Messung der Fallgeschwindigkeiten, wie ich dies in einfachster Art schon auf S. 21 angab, beschreibt K. Arndt (Handbuch d. phys.-chem. Technik 1915, S. 502) eine besondere Einrichtung, auf die nur verwiesen sei. Dort erwähnt er auch eine Vorrichtung, mit der Ladenburg, als Schüler Röntgens, Versuche mit Marineleim unter hohem Druck ausführte. Die Beobachtungen ergaben, daß sich bei 16° C unter gewöhnlichem Druck das Gewicht um etwa 30 mm, aber bei 500 Atmosphären um nur etwa 10 mm senkte. Bei 500 Atmosphären war somit der Marineleim bedeutend härter, die Trenngeschwindigkeit auf ungefähr $^1/_3$ vermindert. Ähnlich wird sich auch der Schleuderdruck (der die Flüssigkeit zusammenpreßt) in der Trommel, auf die Trennung erschwerend bemerkbar machen.

Da nach den Untersuchungen von Ladenburg auch die Entfernung vom Boden erheblichen Einfluß auf die Fallzeit hat, so nahm Arndt (a. a. O. S. 507) entsprechende Versuche vor und fand z. B., daß die Fallzeit um $^1/_8$ ihres Betrages größer wurde, als der Fallkörper um 10 mm tiefer eingestellt war, so daß er in seiner tiefsten Stellung nur 5 mm vom Tiegelboden abstand. So werden sich auch die Scheidewände in der Trommel bemerkbar machen. Er zeigte auch, daß in dünneren Flüssigkeiten die Fallzeit nicht mehr proportional der Zähigkeit ist (wie im Stokeschen Gesetz angenommen), sondern, wie in der Grashofschen Formel angenommen, wegen der Beschleunigung des Falles rascher als die innere Reibung der Flüssigkeit abnimmt.

Wenn man bisher bemüht war, die Flüssigkeit so vorzubereiten, daß sie sich leicht filtern läßt, so muß man jetzt an die andersartigen Anforderungen der Schleudern denken und dem Körper nicht nur eine günstige Form geben, sondern auch eine solche Größe, daß seine Querschnittsfläche F (Formel 10) möglichst klein im Verhältnis zu seinem Gewicht ist, was durch gute Ausbildung und Erhöhung seines spezifischen Gewichtes zu erreichen ist. Ich kann hier nicht auf die verschiedensten Möglichkeiten eingehen, sondern möchte nur an einigen Beispielen wiederum die Verhältnisse klarlegen, weil aus diesen für andere Fälle leicht entsprechende Schlüsse gezogen werden können. —

Wie schon eingangs erwähnt, werden die Rohzuckersäfte in der Rohzuckerfabrik in der Scheidung und Saturation behandelt, und ich will die hierbei in Erscheinung tretenden Vorgänge nur so weit anführen, als diese für die Trennung des festen Stoffes, des Schlammes, vom Saft von Bedeutung sind.

36. Die Scheidung.

Im Rohsaft sind die von den Rübenschnitzeln mitgerissenen Fasern und Schwebestoffe enthalten, dazu kommen die in den Rohsafterwärmern durch die Erhitzung zur Abscheidung gelangten Stoffe. Diese Teilchen, teils schleimiger Art, lassen sich durch Siebe (Pülpefänger) nur in geringer Menge abscheiden. Filtern ist unmöglich, weil sich die Tücher schnell verstopfen und verschleimen. Durch die verschiedensten Zusätze suchte man diese Stoffe vom Saft abzuscheiden, und es hat sich vor allem Kalk am besten bewährt. Früher, als man die Anwendung der Kalköfen noch nicht vollkommen verstand, wendete man verhältnismäßig geringe Kalkmengen an. Ein Niederschlag entsteht bei einem Zusatz von 0,15—0,2%. Doch wenn man zum Rohsaft erst die den Erfahrungen nach bemessene Kalkmenge von etwa 0,5—1% zusetzt, dann wird der Saft in der Scheidepfanne nach einiger Zeit vollständig klar, während nach oben der Schlamm steigt und dort eine dichte Schlammdecke bildet. Außerdem setzt sich eine kleine Menge Schlamm am Boden ab. Der mittlere klare Saft wurde abgezogen und die obere Decke sowie der Bodenschlamm durch Sackfilter geschickt.

Die Trennung nach oben und unten ist in den verschiedenen spezifischen Gewichten begründet, die bei den hier in der Hauptsache vorliegenden Stoffen folgende sind:

Zahlenreihe VI.

		Spez. Gew.	
Eiweiß	↑	1,045	
Scheidesaft etwa		1,05	
Zellulose		1,58	
Scheideschlamm mit 0,3% Kalk geschieden		1,6	nach Claaßen
„ „ 1,5% „ „		1,75	nach Claaßen
„ „ 1,5% „ „ und saturiert		2,1	nach Claaßen
Kohlensaurer Kalk		2,7	
Ätzkalk	↓	3,08	

Die Eiweißteilchen schwimmen, weil sie leichter als der sie umgebende Saft sind, nach oben, während die anderen Stoffe nach unten sinken werden. Dabei wird das Bilden der sogenannten „Decke“ noch durch Luft- und Gasblasen unterstützt, die in den Zellen und an den Fasern haften, so daß die Pülpe (in der Hauptsache Zellulose) wie von

Schwimmblasen getragen in die Höhe steigt. Als man die Rübenpresserei immer mehr verließ und zur Diffusion überging, enthielt der Saft immer weniger Eiweiß und Pülpe, so daß sich keine genügende Decke mehr bildete, wenn man nicht mit dem Kalkzusatz herunterging. Dies verbot aber auch schon damals die damit verbundene schwierigere Filtration. In neuerer Zeit hat man dem Diffusionssaft der Zuckerfabriken $^1/_{10}$% feinen Rübenbrei oder die entsprechende Menge fein gemahlener Trockenschnitzel zugesetzt, wonach die Scheidung nach oben mit $^1/_2$% Kalk gut gelang (Die Deutsche Zuckerindustrie „Blaue Hefte“ 1920, S. 135).

Vor der Scheidung muß man annehmen, daß die Eiweißstoffe sich im Saft als kolloidale Lösung in feinster, netz- oder wabenartiger Verteilung vorfinden. Die Unreinigkeiten werden von diesen Netzen schwebend erhalten. Durch Zusatz von Elektrolyten (hier Kalzium) kann man den kolloidalen Zustand aufheben, die Kolloide zur Ausflockung bringen. Das heißt, das Netzwerk schrumpft zusammen, viele Maschen zerreißen, und es ballt sich um die Schwebeteilchen. Dadurch und durch die Zusammenziehung und Zusammenballung überhaupt wird die Gesamtoberfläche der Teilchen vermindert, und die Flüssigkeit setzt ihrer Bewegung geringeren Widerstand entgegen. Die Körperchen können sich unter den Einflüssen der auf sie wirkenden Kräfte schneller bewegen. Die im Saft freischwebenden, Brownsche Bewegung zeigenden Körperchen, die durch ihre Lichtablenkung dem Rohsaft einen eigentümlich trüben, opalisierenden Schein geben, verlieren durch den Zusatz des Elektrolyten ihre elektrische Ladung. Sie stoßen sich nicht mehr gegenseitig ab, treiben sich nicht immer von neuem in die Flüssigkeit durcheinander, sondern sinken nunmehr unter der Wirkung der Schwerkraft nach unten.

Deshalb kann man nicht nur beim Scheiden des Zuckersaftes, sondern auch z. B. bei der Wasserreinigung durch den Kalkzusatz eine bedeutende Wirkung bemerken. So vermindert sich z. B. durch den Kalkzusatz von 0,01 % die in 30 Minuten nicht zum Absetzen gekommene Schlammmenge auf etwa $^1/_{10}$ (von 213,6 mg auf 18,2; Schulz, Ztschr. d. V. d. D. Zucker-Ind. 1917, S. 127).

Paul Th. Bruhl (Engin. Mining. Journ. 1919, S. 1089) bespricht die Art der Wirkung des Kalkes als Klärmittel in der Zyanidpraxis. Eine richtige Erklärung für die Funktion des Kalkes bei der Klärung durch die Koagulation der Schlämme würde gestatten, diesen Prozeß in wirtschaftlicher Weise durchzuführen und dazu beitragen, die Ursachen einer ungenügenden Klärung festzustellen. Er hat beobachtet, daß manche Erzschlämme in einer Flüssigkeit, die ungelösten Kalk enthält, sich leichter absetzen als in einer solchen, in der der gesamte Kalk gelöst ist. Es soll auch vorteilhafter sein, den Kalk nicht als Oxyd, sondern als gelöschten Kalk zuzusetzen.

Das Verfahren des Ver. d. Spiritus-Fabrikanten in Deutschland, zum Niederschlagen von Hefe aus vergorenen Flüssigkeiten, insbesondere den vergorenen Würzen der Lufthefefabrikation, ist dadurch gekennzeichnet, daß man nach Beendigung des Hefewachstums Alkali bis zum Eintritt schwach alkalischer Reaktion zusetzt. Die Hefe ballt sich hierbei zusammen und kann durch Absetzen, also auch Schleudern vollständig von der Würze getrennt werden (D. R. P. 300 664, 1915).

Eine scharfe Trennung in der Anschleudertrommel nach Abb. 18 erhält man, wenn zu der Stärkemilch 1% Kochsalz (D. R. P. 187 590) oder Natriumbikarbonat (D. R. P. 201 969) zugesetzt werden. Dann trennen sich glatt voneinander Stärke I. Güte und Kleberstärke. Eine gleich günstige Wirkung sollen auch eiweißabbauende und diastatische Enzyme bewirken (D. R. P. 200 774).

In vielen Fällen ist der Zusatz von Tonerde nützlich, durch die Bildung voluminöser Niederschläge, die die feinen Schlammteilchen mitreißen.

Auf die Gerinnungserscheinungen (Koagulationsphänomene) in der Milch geht Wo. Ostwald näher ein (Chem. Ztg. 1919, S. 830).

Es sind dies Erscheinungen, die die Schleuderung mehr oder weniger beeinflussen und deshalb nicht außer acht gelassen werden dürfen.

Doch nun zurück zum geschiedenen Zuckersaft. Dort können die leichteren Teile jetzt nach oben steigen, während die schwereren nach unten sinken. Einige Kalkteilchen werden jedenfalls von dem Eiweißnetzwerk umwickelt, beschweren dies und reißen es mit nach unten. Andere wirken gegenseitig anziehend auf die Schwebeteilchen, diese dadurch ebenfalls belastend und mit nach unten reißend, so daß nur wenig Schwimmstoffe in die Höhe steigen. Um so weniger, je mehr Kalk ich zusetze. Erfahrungsgemäß werden bei etwa $1^1/_4$% alle Stoffe so belastet, daß sie mit genügender Schnelligkeit sich nach unten absetzen. Will man wenig Kalk zusetzen, so muß man bei der Scheidung allein somit immer damit rechnen, daß einige Schwebeteilchen nicht angezogen werden und nach oben streben. Dann kann man natürlich nicht damit rechnen, oben auch vollkommen klaren Saft abziehen zu können.

Aus den verschiedenen spezifischen Gewichten der im Schlamm vorhandenen Körperchen könnte man schließen, daß nach der Formel 5 die Körper verschieden schnell fallen müßten. Die spezifisch leichteren würden langsamer fallen, länger oben bleiben, während die schwereren Kalkkörperchen schneller sich unten ablagern, sich also der Kalk vom Eiweiß trennen müßte. Dies wäre aber nur zu erwarten und wird eintreten, wenn die Körper sich nicht gegenseitig anziehen, aneinander sozusagen festkleben. Die gegenseitige Beeinflussung wirkt verzögernd auf den Fall. Dazu kommt, daß immer dort, wo ein Körperteilchen einwirken will, ein Flüssigkeitsteilchen ausweichen und nach oben steigen muß, wirbelbildend. Eine homogene Mischung entsteht. Entstände keine homogene Mischung, dann müßten die spezifisch schwereren Teile an den leichteren vorbeieilen und eine Entmischung eintreten. Claaßen suchte dies durch Versuche festzustellen (Centralblatt 1918, S. 268). Bringt man den geschiedenen Schlamm in einen Glaszylinder, so senkt sich ein Teil des Schlammes schnell zu Boden und legt sich dort verhältnismäßig dicht aufeinander, während ein anderer Teil längere Zeit im Saft schweben bleibt und sich nur langsam absetzt und eine sehr lockere Schicht bildet. Claaßen prüfte zwei Rübensaftproben von 14° Brix, die einmal mit 0,3% Kalk und das andere Mal mit 1,5% bei 85° C geschieden waren. Die verwendete Kalkmilch war grießfrei. Die geschiedenen Säfte wurden in hohe Standgläser gebracht, und man ließ sie dort 10 Minuten lang absetzen. Dann wurden die oberen schlammigen Schichten, in denen sich die leichteren Schlammteilchen befanden, in $^2/_3$ Höhe aufgehebert und durch Filtrierpapier abgefiltert. Ebenso wurden die im unteren Drittel befindlichen schweren Schlammschichten abgefiltert. Der auf jedem Filter angesammelte, gut abgetropfte Schlamm wurde gewogen und chemisch untersucht. Es ergab sich:

Scheidung mit Schlammteilchen		0,3 % CaO		1,5 % CaO	
		schwere	leichtere	schwere	leichtere
Gewicht der Schlammteilchen . .	g	14,2	6,6	23,9	7,7
Asche (kohlens.)	%	22,1	21,1	43,8	43,2
Phosphorsäure	%	2,2	1,94	1,3	1,34
Stickstoff	%	1,17	1,02	0,68	0,74

Claaßen kommt dabei zu der Auffassung, daß die leicht absetzbaren Schlammteilchen fast genau die gleiche Zusammensetzung haben, wie die länger schwebend bleibenden Teilchen. Die Ursache der verschiedenen Absetzbarkeit wäre demnach nicht auf Unterschiede in der chemischen Zusammensetzung, sondern auf Unterschiede in ihrer äußeren Beschaffenheit zurückzuführen. Ich kann mich dieser Ansicht nicht bedingungslos anschließen. Es ist wohl denkbar, daß schon beim Einfüllen in die Standgläser oder Umrühren verschiedenartige Wirkungen entstehen, die das Bild umdrehen. Denn auf alle Fälle ist doch bei der Scheidung mit 0,3% CaO zu erwarten, daß der schnell absetzende Schlamm mehr Asche und weniger Stickstoff (Pülpe, Eiweiß) enthalten müßte, als der langsam absetzende, und doch ergab die Untersuchung das Gegenteil. Allerdings ist nicht zu übersehen, daß bei dem Zusatz von 0,3 CaO der Einfluß des Kalkes auf das Absetzen der verschiedenen Teile nur recht gering ist. Es bleiben doch 0,2 bis 0,35 Teile vom Kalk im Saft in Lösung. Wieviel hier unlöslich blieben und als Niederschlag wirkten, ist nicht angegeben; immerhin kann es nur sehr wenig gewesen sein oder auch gar nichts. Im letzteren Falle stammt der in den abgesetzten Schlammteilchen gefundene Kalk vom im Saft gelösten und nicht suspendierten Kalk. Die Zahlen mit 1,5% CaO beweisen, daß tatsächlich eine Entmischung stattfindet, denn der „schwerere" Schlamm enthält nur 0,68% Stickstoff (in organischen Stoffen), der leichtere dagegen 0,74%. Das sind im Schlamm $0{,}74 - 0{,}68 = 0{,}06\%$ Stickstoff mehr. Auch der leichtere enthält $\frac{0{,}06}{0{,}68} \cdot 100 = \sim 9\%$ mehr Stickstoff, 9% mehr organische Stoffe. Die spezifisch schwereren Kalkstücke haben sich doch teilweise von den organischen Stoffen getrennt, wie dies zu erwarten ist und beim starken Rühren, Einwirken der Schleuderkraft noch deutlicher werden muß. Es ist aus den Versuchsdaten nicht ersichtlich, bei welchen Temperaturen das Absetzen erfolgte und welchen Einfluß somit der im heißen Saft während der Scheidung gelöste Kalk ausübte, und ob bei der Abkühlung im Standglas nicht noch mehr von schon ausgefälltem Kalk aufgelöst wurde.

Entmischend, trennend auf die Kalkteilchen von der Pülpe und dem Eiweiß kann die Schleuderkraft wirken. Sie wirkt stärker auf die spezifisch schweren Kalkstücke, diese dadurch von den noch angezogenen Teilchen abzerrend, so daß diese voreilen und sich schließlich allein an der Trommelwand absetzen. Ebenso störend kann stürmisches Einfallen des zulaufenden Schlammsaftes in die rasend umlaufende Trommel wirken. Nicht alle Teile können diese ruckweise auftretende Umlaufzahl annehmen, und die Teilchen werden getrennt.

Nur „geschiedenen" Saft in der Schleuder trennen zu wollen, dürfte deshalb auf einige Schwierigkeiten stoßen. Es ist aber aus der Erfahrung bekannt, daß die nachfolgende Saturation die Trennung des klaren Saftes begünstigt, und es muß auf die Ursachen eingegangen werden.

37. Die Saturation zwecks Ausfällung des gelösten Kalkes und dessen Ankristallisation an die Schwebestoffe.

Während der Scheidung wird der Ätzkalk unter Umständen bis in seine Moleküle zerlegt, indem das ihn löschende Wasser naturnotwendig das vom Kalkstein zurückgebliebene Skelett, den Ätzkalk, vollständig zerlegen muß, damit an jedes Molekül CaO auch noch ein Molekül H_2O heran kann, um in Kalkhydrat $Ca(OH)_2$ übergehen zu können. Es restieren also auf alle Fälle sehr feine Teilchen mit geringer Anziehungswirkung auf die sie umgebenden Faser- und Eiweißteilchen des Rohsaftes. Da diese gegenseitige Anziehungskraft nicht groß ist, also das angezogene Schwebeteilchen leicht wieder, z. B. durch Flüssigkeitsströme, abgerissen werden kann, so ist die mitreißende Wirkung recht begrenzt, da jedenfalls doch nur wenige koagulierte Eiweißnetze die Kalkmoleküle umspannen.

Hier tritt nun die Saturation mit günstigen neuen Wirkungen ein. Im Zuckersaft sind 0,2 bis 0,35% Kalk gelöst, die durch die Einführung der Kohlensäure in kohlensauren Kalk umgewandelt und unlöslich werden.

Dieser durch die Saturation sich ausscheidende kohlensaure Kalk, der bisher in Lösung war, wird sich Anregestellen suchen müssen. Seien dies nun Kalkteilchen, Schlammteilchen o. dgl., je feiner sie sind, um so mehr werden sie die erste Anregung zum Eintritt der Kristallisation geben. Auch die Inkrustation der Saturationsgefäße ist eine Folge.

Ich erinnere hier an die krustenvermeidende Verwendung von Pflanzenfaserballen in Wasserkochtöpfen. In Gegenden mit hartem, kalkhaltigem Wasser setzt sich in den Kochtöpfen unten schnell eine harte Kesselsteinkruste ab, die

die Wärmeübertragung sehr erschwert. Man legt dort mit Vorteil quastenartig geflochtene, feinfaserige Pflanzenwolle in den Topf, die ständig im kochenden Wasser verbleibt. Die durch das Erhitzen sich ausscheidenden Kalksalze setzen sich nun nicht auf dem Boden, sondern an den viel feineren Fasern tuffsteinartig ab. Die Fasern setzen immer stärker Kalk an, wie Abb. 32 in natürlicher Größe zeigt, und sorgen für eine unschädliche Enthärtung und Entkalkung des Wassers.

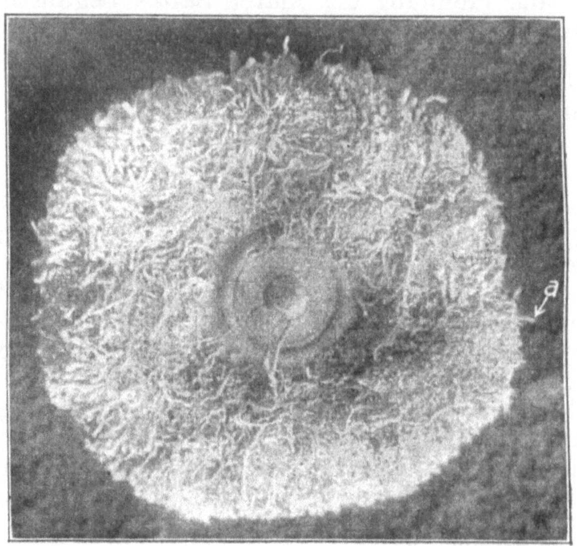

Abb. 32. Quaste mit Kalkkristall-Krusten.

Es handelt sich hierbei nicht um schlammige Kalkansätze, sondern um tadellose Kalkkristalle, die sich an den als Anregepunkte dienenden Fasern ansetzen. Besonders schön zeigt dies die Abb. 34, die die von der keulenartigen Auswachsung *a* (Abb. 32) abgesprengten kleinen Kristalle *b* bei 140facher Vergrößerung zeigt. Man erkennt deutlich ein Konglomerat von Kristallen und in Abb. 33 einige scharf ausladende wohlgeformte Kristalle *a*—*a*, die in Wirklichkeit nur eine Dicke von 0,02 mm haben.

Die mit Kalk belasteten Fasern sind natürlich außerordentlich beschwert und würden sich nicht mehr freischwimmend halten können.

Genau so müssen wir uns den Vorgang der Beschwerung der leichten Schwebestoffe bei der Saturation vorstellen Während bei der Scheidung die Kalkteilchen nur im günstigsten Falle durch Anziehungskräfte auf die benachbarten Schwebeteilchen wirken und deshalb leicht wieder getrennt werden können, wachsen bei der Saturation die Körper zusammen. Die Abb. 35 zeigt deutlich an ein Pülpestück aufgewachsene Kalkkristalle, die helleuchtend sichtbar gemacht

Abb. 33. Ankristallisierte Kalkkristalle bei 140 facher Vergrößerung.

sind durch polarisiertes Licht im Mikroskop bei 385facher Vergrößerung. Deshalb ist die Wirkung der Saturation auf die Beschwerung und das Absetzen der Schwebestoffe eine viel größere und vollkommenere. Vor allen Dingen kann man die zusammengemauerten Körperchen nicht so leicht wieder trennen; man müßte große mechanische Kräfte anwenden. Die beim Saturieren entstandenen, an den gitter-, netz- und schwammartigen kolloiden Stoffen anhaftenden Kristalle geben diesen ein tragfähiges Kalkskelett. Sie können sich nicht mehr so weich und elastisch zusammenlegen und jeden Durchgang versperren, sondern die Kalkskelette überbrücken manche Senkung, manche Öffnung, bleiben sperrig übereinander liegen, Riefen und Poren lassend, die das nachfolgende Filtern erleichtern.

Aus dieser Erkenntnis wird auch klar, daß gut saturierte Säfte sich besser filtern lassen als nur geschiedene Säfte, ohne daß man gezwungen ist, einen großen Überschuß an Kalk anzuwenden. Der Kalk, einmal an ein Schwebeteilchen (seien es organische oder anorganische Nichtzuckerstoffe)

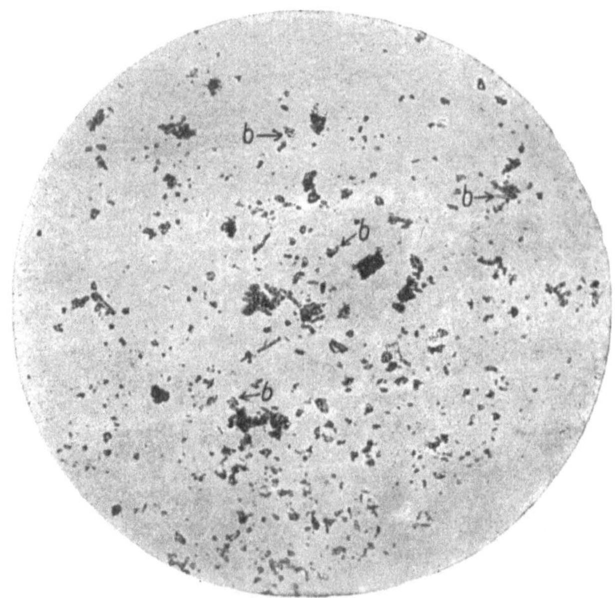

Abb. 34. Einzelne kohlensaure Kalkkristalle bei 140facher Vergrößerung.

ankristallisiert (unter Bildung kugelförmiger Kristallkörper von 3,0 bis 15 μ Durchmesser) haftet nach der Saturation eben ganz anders, als der lose angezogene Scheidekalk, auch wenn er im Überschuß vorhanden ist.

Allerdings kann man sich auch hier vorstellen, daß einige feinste Körperchen doch nicht genügend Gelegenheit hatten, mit dem bei der Saturation sich ausscheidenden Kalk in solcher Menge in Berührung zu kommen, daß genügend Kalk ankristallisiert, der dies kleine Teilchen so beschwert, daß es schnell genug nach unten sinkt. Dies würde die allgemeine Abtrennung sehr in die Länge ziehen, und es kann nützlich erscheinen, erst die großen, sich schnell absetzenden Körper vom Saft zu trennen.

Ob es dann nützlich ist, den Teil des Saftes mit den noch feinen Schwebeteilchen zurück zur Saturation zu führen und nochmals zu saturieren, müssen Versuche zeigen. Dann wirken aller Voraussicht nach diese zurückgeführten feinen Schwebeteilchen vornehmlich als Anregepunkte zur Auskristallisation des Kalkes, weil sie schon mit feinsten Kalk-

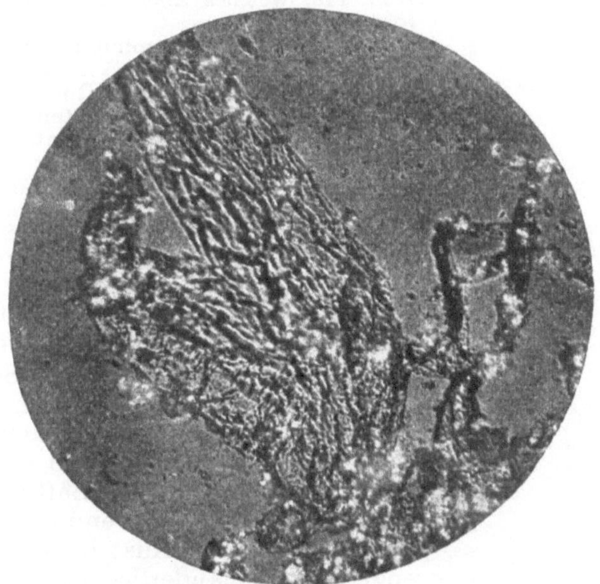

Abb. 35. An Pülpe ankristallisierter Kalk im polarisierten Licht, 385fach vergrößert.

kriställchen behaftet sind. Ob diese Nachsaturation wirklich durch Zurückführung des vorgeklärten Saftes in die erste Saturation erfolgt oder ob diese wie gewöhnlich in die zweite geführt wird, muß besonderen Prüfungen überlassen werden. In der Hauptsache ist wohl zu prüfen, ob die damit verbundene Verschiebung in der Bewältigung der Schlammengen ohne praktische Schwierigkeiten mit den jeweils zur Verfügung stehenden Hilfsmitteln möglich ist.

J. F. W. Meyer - Scheune (D. Deutsche Zucker-I. 1901, S. 184) macht sich dies zunutze, indem er hinter den „Saturateur“ einen Schlammabsatzbehälter einschaltet. Oben wird durch eine Pumpe der vorgeklärte Saft abgepumpt (ung. 80% der Saftmenge), der unter vermindertem Druck schnell gefiltert werden kann. In die fast vollen Filterpressen wird dann mit dem erforderlichen höheren Druck der dicke Schlammbrei gedrückt zur schnelleren Füllung. — Psenika ändert das alte Verfahren von Anders und Kuthe (D. Deutsche Zucker-I. 1920, S. 244). Es werden nach Vollendung der ersten Saturation vom Saft 20% unfiltriert abgezweigt in das Rohsaftmeßgefäß und dort 0,2—0,4% Kalk als Milch zugesetzt. Nunmehr wird der Rohsaft erwärmt auf 85—90°, mit 1,6% Kalk geschieden, saturiert und filtriert. S. a. das Franz. Patent 397383/1909 unter Verwendung der Schleuder nach Abb. 118, welches aber keine großen Erfolge brachte.

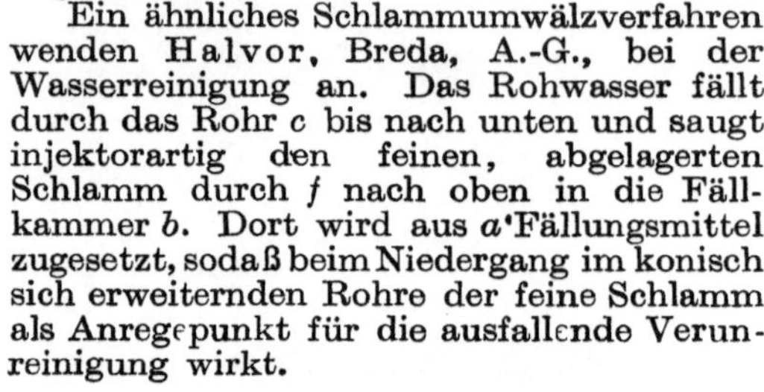

Ein ähnliches Schlammumwälzverfahren wenden Halvor, Breda, A.-G., bei der Wasserreinigung an. Das Rohwasser fällt durch das Rohr c bis nach unten und saugt injektorartig den feinen, abgelagerten Schlamm durch f nach oben in die Fällkammer b. Dort wird aus a Fällungsmittel zugesetzt, sodaß beim Niedergang im konisch sich erweiternden Rohre der feine Schlamm als Anregepunkt für die ausfallende Verunreinigung wirkt.

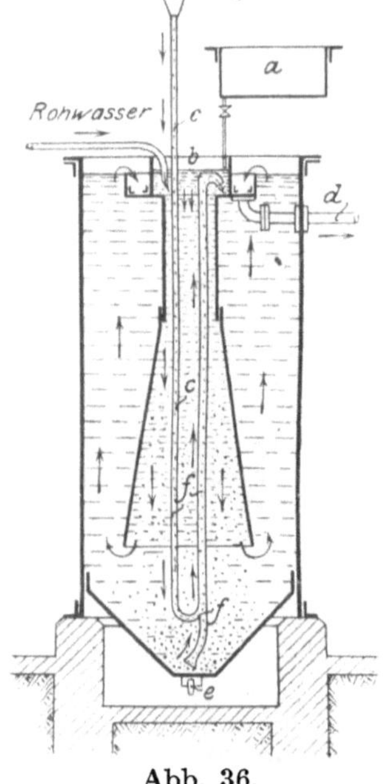

Abb. 36.

Ebenso erscheint es demnach nicht nützlich, wie dies früher häufig geschah, den geschiedenen Saft zu trennen, ihn zu filtern, um ihn dann erst zu saturieren. Man braucht sich nach vorstehendem nicht zu wundern, wenn die nur geschiedenen Säfte schlecht und langsam filtern. Wenn sie schlecht filtern, also die Ausscheidungen zu engporig aufeinanderliegen, dann lassen sie sich natürlich schlecht absüßen, denn auch dem Wasser wird genau wie dem Saft der Durchgang erschwert.

Daß die Wirkung der Kalkauskristallisation in keinem Falle zu unterschätzen ist, ergibt sich schon aus den Mengenverhältnissen. Man rechnet damit, daß bei der Scheidung und Saturation etwa 0,8 bis 1,1 Teile Nichtzuckerstoffe ausgefällt werden. Bei der Scheidung nimmt aber der Saft etwa 0,2 bis 0,35 Teile Kalk in Lösung auf, die bei der nachfolgenden Saturation zur Auskristallisation gebracht werden. Würde nun die Beschwerung der Nichtzuckerstoffe allein durch diesen aus- und ankristallisierenden Kalk erfolgen, so wäre trotzdem schon die spezifische Gewichtsvermehrung der Schwebestoffe recht bedeutend. Haben diese ein spezifisches Gewicht von 1,57 und der auskristallisierte kohlensaure Kalk ein solches von 2,7, so würde das spezifische Gewicht des aussaturierten Schlammes im Mittel etwa

$$\frac{\left(\frac{0,8+1,1}{2}\right)1,58+\left(\frac{0,2+0,35}{2}\right)2,7}{\frac{0,8+1,1+0,2+0,35}{4}}=\frac{0,95+0,275}{0,612}=2\,.$$

Es hat also gegenüber der Pülpe von 1,58 auf 2 zugenommen. Dies ist recht bedeutend, wenn man bedenkt, daß der Dünnsaft ein spezifisches Gewicht von etwa 1,05 hat. Die Sinkgeschwindigkeit muß somit schon allein aus diesem Grunde recht bedeutend zunehmen, somit auch die Klärwirkung. Diese Zunahme des spezifischen Gewichts ist auch am Schlamm festgestellt, denn während der mit 1,5% Kalk ausgeschiedene Saft nach Zahlreneihe VI einen Schlamm mit einem spezifischen Gewicht von 1,75% ergab, stieg dies nach der Saturation auf 2,1.

Es besteht also in bezug auf die Trennung des Schlammes vom Saft der wesentliche Unterschied zwischen der Scheidung und Saturation darin, daß bei der Scheidung die beschwerend wirkenden Teile schon als feste Körperchen eingeführt werden und somit nur durch die Anziehungskräfte sich an die Schwebestoffe anhängen und sie mitnehmen können, dagegen bei der Saturation der in Lösung befindliche Kalk zur Auskristallisation an die Schwebestoffe gebracht wird, dort festhaftend, sie teilweise umhüllend.

Diese günstige Wirkung auf die Trennung, besonders bei der Schleuderung, wird man möglichst zu erhöhen suchen müssen, indem man bei der Saturation noch auf gute Gelegenheit zur Auskristallisation des Kalkes achten wird. Ob deshalb eine Verlangsamung der bisherigen Saturation nützlich ist, um eine zu schnelle Auskristallisation (Feinkornbildung) zu verhindern, sondern um ein langsameres Anwachsen zu erreichen, können ebenfalls nur eingehende Versuche aufklären.

Auch bei der Trennung städtischer Abwässer kann eine entsprechende Handhabung nützlich sein, wenn man den bisher nur zur kolloidalen Ausflockung zugesetzten Kalk durch Zuführung von Kohlensäure (z. B. aus den Rauchgasen der Dampfkessel) in kohlensauren Kalk umwandelt, der sich an die Schwebeteilchen ankristallisiert. Bessere

Wirkung der Schleudern und bessere Klärung dürfte sicher eintreten.

Um diese Auskristallisationsvorgänge besser verfolgen und wunschgemäß leiten zu können, muß man jedenfalls ein gutes Mikroskop zur Hilfe nehmen. Dies würde sicherlich manche Aufklärung bringen, die durch den bloßen Augenschein und die alleinige chemische Untersuchung nicht zu erlangen ist.

Über Ende 1920 vorgenommene derartige Untersuchung werde ich berichten (s. Zeitschr d. V. d. D. Zucker-Ind.).

Nachdem ich eingehend die allgemeinen Vorgänge behandelt habe, will ich nun auf die Schleudern selbst und im besonderen auf die außerordentlich wertvollen, von mir eingangs schon S. 17 erwähnten Versuche eingehen. Über diese Versuche wurde berichtet in der Zeitschr. d. V. d. D. Zucker-Ind. 1918, S. 192, deren Studium jedem dringend zu empfehlen ist, der sich mit dieser Sache eingehend befassen will.

H. Die Becher- und Laboratoriumschleuder.

Im Jahre 1852 ersann L. v. Babo eine Becherschleuder zur Trennung der Blutkörperchen von Serum und berichtet über deren Anwendung im chemischen Laboratorium (Ann. f. Chemie u. Pharmac., Leipzig 1852, S. 301). Bei der Blutschleuderung kam der Student Th. Fuchs auf den Gedanken, auch die Milchkügelchen auszuziehen. Seinen Vater, Prof. C. J. Fuchs, veranlaßten die erzielten Ergebnisse 1858, die Ausschleuderung für die polizeiliche Milchprüfung zu empfehlen. Lefeldt sah 1872 auf der Molkereiausstellung in Wien eine solche, von Prof. Moser entworfene Becherschleuder und baute danach die erste größere Milchschleuder. 1874 zeigte Lefeldt diese Eimerschleuder auf der Ausstellung in Bremen, wobei sich ein Eimer loslöste und über die Köpfe der Zuschauer sauste, ohne Schaden anzurichten. Doch wurde die Einführung dadurch sehr erschwert.

Otto Braun erhielt das D. R. P. 7389 auf eine Becherschleuder für Milch.

38. Die Becherschleuder.

Die einfachste Form der Schleuder zeigt ein Gefäß oder einen Becher, an einem wagerechten Arme aufgehängt und drehbar um eine Achse kreisend. Die ganze Art der Ausführung gestattet nur kleinere Abmessungen, so daß sie nur für geringe Mengen, für Versuche und Laboratoriumszwecke gebraucht wird.

Die Schleudern nach Abb. 37 haben zur Untersuchung weitestgehende Anwendung dort gefunden, wo es sich darum handelt, Stoffe verschiedenen spez. Gewichtes schnell so voneinander zu trennen, daß deren Einzelbeobachtung und Bestimmung möglich ist. So zur Zählung der Blutkörperchen im Blut, zur Trennung der Spermatozoenköpfe von ihren Geiseln zur Harn-, Sputum-, Milch- und Wasseruntersuchung. D. J. de Waard (Biochem. Zeitschr. Bd. 97, S. 176—188, 1919) verwendet eine Schleuder zur Mikrobestimmung des Kalziums in organischen Stoffen. Auf Einzelheiten hier einzugehen, würde zu weit führen. Einiges sei angeführt, weil dies nützliche Hinweise für manche Voruntersuchung auf anderen Gebieten gibt, zur Beurteilung, ob Schleuderung auch im Großen für das betreffende Gemisch anwendbar ist oder nicht.

Abb. 37. Laboratoriumsschleuder.

Eine Bestätigung der im Abschnitt „A" angeführten Berechnung der Sinkgeschwindigkeit verschieden großer und im spez. Gewicht verschiedener Körper zeigen die Untersuchungen von R. Marloff (Pflügers Abh. d. Physiolog., Bd. 175, S. 355—370, 1919). Die früheren Zählungen der Blutkörperchen sind mit einer Reihe schwerwiegender Fehler behaftet, von denen der bedenklichste, die ungleichmäßige Verteilung der Erythrozyten auf der Zählfläche, durch das verschieden schnelle Senkungsbestreben dieser spezifisch schweren Gebilde in der spezifisch leichteren Verdünnungsflüssigkeit bedingt ist. Marloff verfolgte diese Frage weiter und fand, daß zwischen dem Hämoglobingehalt eines Erythrozyten (a) und der Fallzeit desselben (t), bzw. der Sinkgeschwindigkeit (v), eine feste Beziehung besteht: Je größer der Hämoglobingehalt ist, um so kleiner ist die Fallzeit, bzw. um so größer die Sinkgeschwindigkeit. In den Grenzfällen, beim Frosch und bei der Ziege, sind die Unterschiede ganz gewaltig. Die Werte bei den Blutkörperchen sind in der Zahlenreihe VII (s. a. Zahlenreihe I) angegeben.

Je größer das Senkungsbestreben ist, um so größer sind nun auch im allgemeinen die Fehler bei der Zählung der

Blutkörperchen nach Thoma. Aus den Untersuchungen geht hervor, daß die bisherigen Zählungen der Erythrozyten im Blute verschiedener Tiere wenig Wert haben, sofern es

Zahlenreihe VII.

Blutkörperchen-Art	Gewicht eines Blutkörperchens G g	Fallzeit für gleiche Fallhöhe t Sekunden	Sinkgeschwindigkeit v mm/sek
Frosch . . .	$322{,}10^{-12}$	16	0,375
Ziege	$7{,}10^{-12}$	148	0,041

sich um schwerere Erythrozyten handelt, und die bisher am meisten empfohlene Hayemsche Lösung als Verdünnungsflüssigkeit benutzt wird.

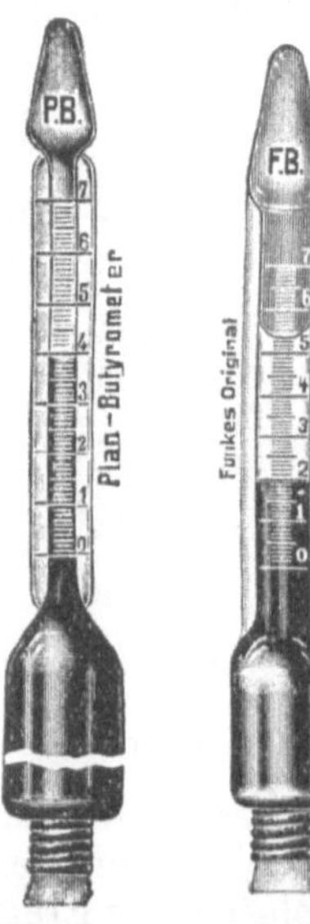

Abb. 38. Plan-Butyrometer. Abb. 39. Flach-Butyrometer.

Aus getrübtem, Krankheiten anzeigenden Harn werden die Niederschläge (Harnsedimente) durch Schleudern abgeschieden und dann meistens mikroskopisch und chemisch verfolgt.

In der Milch und den Milcherzeugnissen werden verschiedene Bestandteile mit Hilfe der Schleuder bestimmt (s. Technik der Milchprüfung von Dr. Robert Eichloff, Parey [Paul Heinsius Nachf., Leipzig]). Zur Fettbestimmung verwendet man besonders geformte Meßröhrchen (sog. Butyrometer) nach Abb. 38, die aus einem unteren größeren Aufnahmeraum und einem feinausgezogenen Meßrohre, für das Butterfett, bestehen. Um die Ablesung zu verbessern, ist die obere Meßröhre nach Abb. 39 flach ausgezogen (Paul Funke & Co., Berlin). In diese werden 10 ccm konzentrierte Schwefelsäure, 11 ccm der zu prüfenden Milch und 1 ccm Amyalkohol eingefüllt und kräftig geschüttelt. Die Flüssigkeiten mischen sich unter starker Wärmeentwicklung, das Kasein und die anderen Stoffe mit Ausnahme des Fettes werden durch die Schwefelsäure gelöst. Um nun die in der Schwefelsäure fein verteilten kleinen Fettkügelchen zu sammeln, wird das Meßröhrchen in eine Schleuder nach der Abb. 37 oder 46 eingesetzt und mindestens 3 Minuten geschleudert. Die Menge des über der Schwefelsäure schwimmenden Fettes wird an der Skala der Meßröhre abgelesen. Die Untersuchung beruht auf der Lösung der Eiweißstoffe durch Säure und der Sammlung des Fettes durch die Schleuderkraft über der Säure.

In gleicher Weise wird z. B. der Fettgehalt des Käses bestimmt, indem auch hier das Kasein durch Schwefelsäure zersetzt wird, um das Fett frei zu machen. Auf diese Ausführung der Schleuderversuche verweise ich deshalb, weil

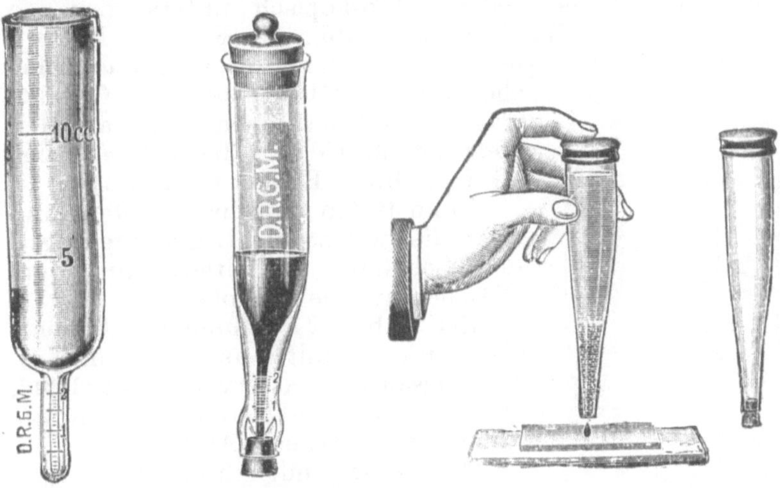

Abb. 40.

Abb. 41. Zweiseitig offenes neues Schleudergläschen zur Leukozytenprobe (Eiterprober).

Abb. 42. Herausdrücken einer Probe aus dem Schleudergläschen.

sie einen Weg zeigt, wie man die störende Wirkung der Kolloide in diesem Falle überwindet.

Da das Eiter zersetzte weiße Blutkörperchen sind, so benutzt man deren größeres spez. Gewicht, um durch die Schleuder die Milch auf Leukozyten (Milcheiterprobe) zu prüfen. Die Leukozytenprobe dient dazu, Kühe zu ermitteln, die an einer chronischen Euterentzündung (Mastitis) leiden, oder dessen verdächtig sind. Zur Ausführung der Probe bedient man sich kleiner Glasgefäßchen nach Abb. 40, die in diesem Falle unten fein ausgezogen sind, weil man den spezifischen schwereren Schlamm messen will. Man füllt 10 ccm möglichst frisch gemolkener Milch in das Gläschen und schleudert etwa 3—5 Minuten lang bei 1200 Umdrehungen. Bei Milch von gesunden Kühen sieht man hiernach in dem engen Röhrchen meist eine ganz kleine Spur eines gelblichen Bodensatzes. Übersteigt die Menge des Bodensatzes die untere Marke 1, welche $^1/_{1000}$ Raum anzeigt, so liegt der Verdacht einer bestehenden chronischen Euterentzündung vor; wird die Marke 2, welche $^2/_{1000}$ Raum entspricht, erreicht oder gar überschritten, so dürfte kein Zweifel an dem Vorhandensein der Mastitis sein. Will man die abgeschiedenen Leukozyten trennen oder mikroskopisch untersuchen, so verwendet man Gläschen nach Abb. 41 (Funke-Berlin), zieht den kleinen unteren Korkstopfen heraus, setzt das Röhrchen auf die Glasplatte, den Objektträger, und drückt oben leicht auf den Metallknopf, wie dies die Abb. 42 zeigt (G. f. Labor.-Bedarf, Berlin).

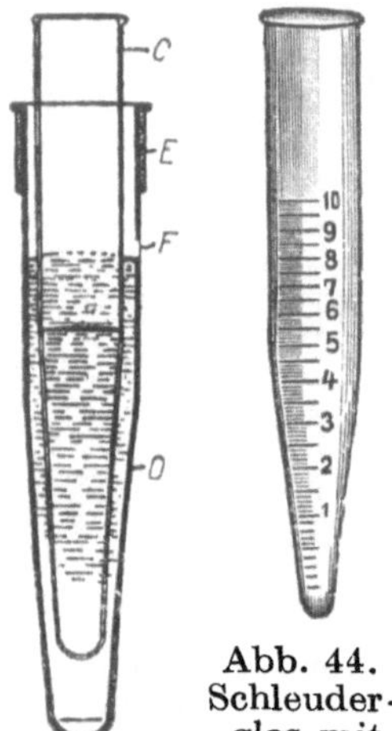

Abb. 43.

Abb. 44. Schleuderglas mit Teilung.

Dann treten einzelne Tropfen, und zwar die, welche die Leukozyten bzw. den Schlamm enthalten, aus dem Gläschen auf die Glasplatte.

Der Abb. 41 ähnliche Bechergläschen empfiehlt Dost (Mitt. d. Kgl. Prüfungsanst. f. Wasserversorgung 1907, H. 8) zur Raumbestimmung der ungelösten Bestandteile in Abwässern.

Die Gläser mit ihren Füllungen müssen im Gewicht einander gleich sein. Ist ein Glas schwerer, so entsteht durch die größere Schleuderkraft ein starker einseitiger Druck auf die Welle und das Lager, störenden Gang, sogar Warmlaufen veranlassend. Gewöhnlich werden deshalb die Gläser beim Füllen auf einer zweischaligen, gleicharmigen Wage gegenseitig im Gewicht ausgeglichen. Nach Prof. Schäffer (D. R. P. 299 909/1915) sehen deshalb die Vereinigten Fabriken für Laboratoriumsbedarf, Berlin, folgende Einrichtung nach Abb. 43 vor, die ein leichteres und schnelleres Einstellen auf gleiches Gewicht ermöglichen soll.

Die Metallblechhülse *D* mit Einsatzring *E* dient als Träger und Schutzhülse für die Spitzglasbecher *C*, Abb. 44, in welche das auszuschleudernde Gut gegeben wird. Alle Blechgefäße *D* erhalten durch Justierung das gleiche Gewicht und bei *F* einen mit einer Schraube verschließbaren seitlichen Ausfluß. Sie werden mit Wasser oder einer anderen Flüssigkeit von passendem spez. Gewicht bis über die Öffnung *F* gefüllt. Die Lage der Ausflußöffnung *F* ist bei allen Blechgefäßen so abgestimmt, daß nach dem Auslaufen des überstehenden Wassers alle Gefäße mit der Flüssigkeitsfüllung dasselbe Gesamtgewicht haben. Senkt man nun einen in der Flüssigkeit schwimmenden Körper in das mit Flüssigkeit gefüllte Blechgefäß hinein, so wird so viel Wasser verdrängt und fließt durch die Öffnung *F* ab, wie der Körper wiegt. Ist also der Spitzglasbecher *C* in die Flüssigkeit im Gefäß *D* eingesetzt, so ist das Gesamtgewicht von Blechgefäß, Flüssigkeit, Spitzglasbecher und dessen auszuschleuderndem Inhalt wieder genau so groß wie das Gewicht des mit der Flüssigkeit gefüllten Blechgefäßes allein. Nunmehr schließt man die Öffnung *F* mit einem Schraubstöpsel und setzt die Systeme ohne weiteres in die Schleuder ein. Auf diese Weise wird das umständliche Auswiegen erspart.

Dort, wo man für gelegentlich schnell auszuführende Versuche keine Schleuder zur Verfügung hat, kann man ein Fahrrad verwenden, nach D. R. P. 222 724/1909. Das Fahrrad wird umgekehrt auf den Sattel gelegt und die Gläschen an den Speichen, sich auf den Radkranz stützend, in geeigneter Weise befestigt. Mittels der Pedalen wird dann diese behelfsmäßige Schleuder in Umdrehungen versetzt. Unter Berücksichtigung der Kettenräder-Übersetzung und des Kreisdurchmessers, den das Gläschen beschreibt, kann man die wirkende Schleuderkraft leicht berechnen.

39. Störungen durch die Aufhängung der Becher und den Antrieb.

Zu den auf S. 17 erwähnten Versuchen gehörten auch solche mit einer Laboratoriumsschleuder. Die Versuche zeigten eine wesentlich bessere Schlammabscheidung, als es bei den großen Schleudern der Fall war. In den kleinen Bechern fanden weniger ungünstige Strömungen statt, weil die Räume zwischen den Glaswänden als verhältnismäßig kleine Zellen räumlich recht begrenzt waren, wie dies durch die engstehenden Scheideteller bei der Hefeschleuder angestrebt wird. Wenn dann trotzdem der über der Schlammschicht stehende Saft mehr oder weniger trübe blieb, so müssen doch noch Störungen vorhanden sein, die den Schlamm aufrühren. Meiner Ansicht nach sind diese in der Art der Becherlagerung und der Art des Antriebes zu suchen.

Ich muß auch darauf eingehen, um einige Fehler dieser

handelsüblichen Schleudern zu erklären, damit andere vor Mißerfolgen bewahrt werden.

Die verwendete Schleuder, ähnlich Abb. 37, bestand aus einer stehenden Welle mit einem Armkreuz, an das in Zapfen Hülsen zur Aufnahme der Bechergläser nach Abb. 44 pendelnd aufgehängt waren. Wird die Welle gedreht, dann legen sich die Bechergläser aus ihrer senkrechten Lage in die mehr oder weniger wagerechte, unter dem Einfluß der Schleuderkraft. Der Antrieb der Welle erfolgt mittels Handkurbel und Zahnrad mit Schneckenradübersetzung. Dieser Antrieb von Hand wird einen sehr unruhigen Umlauf bewirken. Während jeder Umdrehung der Kurbel werden sich starke Schwankungen im Umlauf ergeben, wie bei jedem Kurbelantrieb. Beim jedesmaligen Niederdrücken wird der Umlauf stark beschleunigt, der sich beim Hochgehen der Kurbel wieder vermindert. Mußte die Handkurbel z. B. 60 mal in der Minute gedreht werden, dann sind auch 60 mal solche Schwankungen bemerkbar, die bei der großen, wohl dreißigfachen Übersetzung auch an den Schleuderbechern dreißigmal stärker in Erscheinung treten. Beim Drücken auf die Kurbel wird die Energie von der stehenden Welle *a* durch die Arme *b*—*d* auf die Becher *c* übertragen, wie dies die Abb. 45 durch einen Blick von oben auf die Schleuder zeigt. Die Trägheit der Bechermasse und Füllung bewirkt ein geringes Zurückbleiben gegen den treibenden Arm *b* infolge der Elastizität des Armes *b* und der Becherhülse und vor allem infolge der immer etwas nachgiebigen Zapfenlagerung *d*—*d*. Der Becher wird aus der Stellung *A* in der Stellung *B* zurückbleiben. Dreht man die Antriebskurbel weiter, so wird beim Aufgang keine oder weniger Antriebskraft von der Hand auf die Schleuder übertragen, und die in den umlaufenden Teilen, besonders in den Bechern *c c*, aufgespeicherte Energie treibt jetzt die Schleuder weiter. Der durch Reibung Arbeit verbrauchende Antrieb wird jetzt durch die Becher mitgenommen, sie eilen über ihre Mittellage *A* hinaus nach *C*. Mit jeder Kurbelumdrehung pendeln also die mit rasender Geschwindigkeit umlaufenden Becher außerdem zwischen

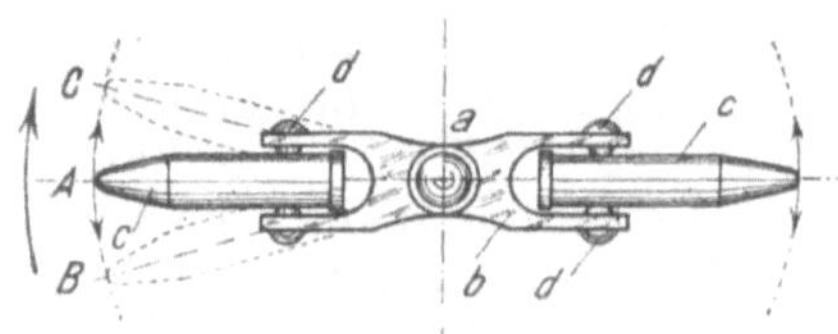

Abb. 45. Becherbewegung der Laboratoriumsschleuder.

den Punkten *B*—*A*—*C* hin und her. — — Eine innige Aufrüttelung des feinen Schlammes ist die Folge, besonders dann, wenn der Glasbecher schließlich noch locker in den Bechern *c c* sitzt, und wenn die Welle *a* schlägt, so daß dann überhaupt keine Schlammabscheidung eintritt.

Wie nachteilig die Rüttelung auf das Absetzen wirken kann, zeigt Lenart (Zeitschr. d. V. d. D. Zucker-Ind. 1919, S. 1) an Kalkmilch, die er aus gebranntem Marmor herstellte. Die eine Hälfte rüttelte er in einer Schüttelmaschine während 2 Stunden, die Kalkmilch wurde dickflüssig, sahnenartig, „fettig" und setzte nach mehrtägigem Stehen wenig ab. Die andere Hälfte setzte sich in wenigen Stunden bald fest ab mit klarem Bodensatz.

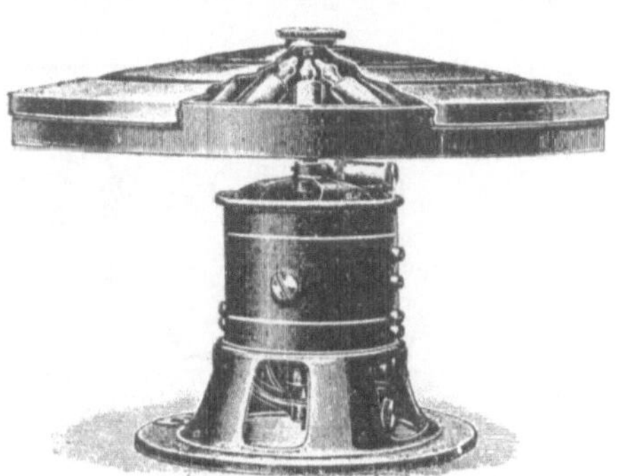

Abb. 46. Laboratoriumsschleuder.

Für zuverlässige Versuche müssen deshalb Kreiselschleudern Verwendung finden mit schwerer schwachtrichterförmiger Schleuderscheibe, auf der die Becher fest aufliegen, die Schleuderscheibe ein schwungradartiges großes Ausgleichmoment besitzt und der Antrieb nicht durch Kurbel, sondern mittels eines gleichmäßig umlaufenden Elektromotors oder einer Wasserturbine erfolgt, z. B. nach Abb. 46 von der Firma Dr. Heinrich Göckel, Berlin NW.

Die Schleuderscheibe wird durch einen mitumlaufenden Deckel verschlossen. Dadurch wird der Luftwiderstand und der Kraftverbrauch vermindert. Die treibende Kraft wird an den Bechern in Reibungsarbeit umgesetzt, die Wärme erzeugt und eine unter Umständen unverwünschte Erwärmung des Becherinhaltes hervorrufen könnte.

Zuckenden, unruhigen, aufwühlenden Umlauf kann auch ein ungleichmäßiger Treibriemen, eine dicke, schwere Riemenschnalle bewirken, nicht nur bei kleinen, sondern auch bei großen Schleudern.

Vor allen Dingen muß man aber auf sorgfältige Ausführung der Schleuder achten. Läuft sie nicht gut, dann wird sie bei der hohen Umlaufzahl zittern und die Schlammabscheidung erschweren. Deshalb ist auch bei der großen

Schlammschleuder auf tadellosen Bau und beste Auswuchtung Bedacht zu nehmen.

Die erwähnte pendelnde Aufhängung der Gefäße nach Abb. 37 hat den Vorteil, daß sich beim Auslaufen der Schleuder, nach beendeter Arbeit, die Becher wieder langsam in die senkrechte Lage einstellen. Dort wo verschiedene Flüssigkeiten scharf getrennt werden sollen, können sich die Grenz-

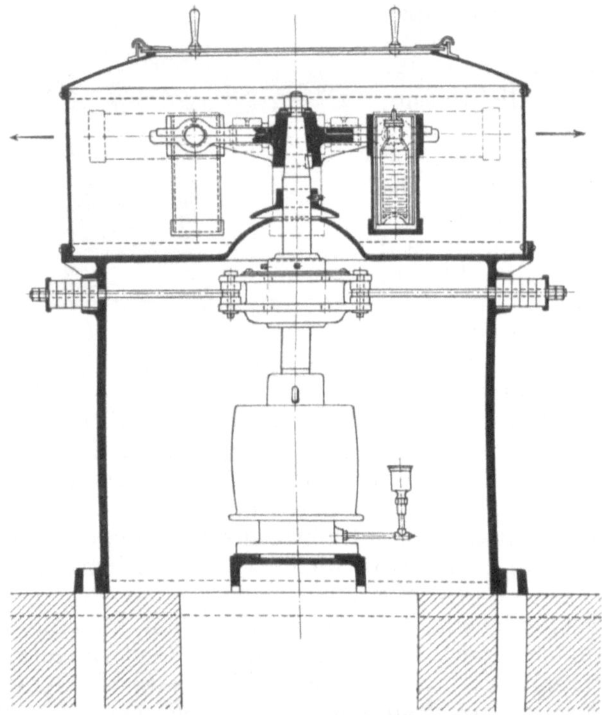

Abb. 47. Impfserumschleuder.

schichten dann nicht wieder vermischen, was bei der schrägen Lage der Becher nach Abb. 46 zu befürchten ist. Dann sollte aber eine bessere, sichere Becherführung vorgesehen werden, um die Schüttelstörungen zu vermeiden.

Die Abb. 47 veranschaulicht eine Impfserumschleuder. An dem Kreuz aus Stahlguß sind 4 Stahlbecher befestigt. In jedem Becher befindet sich ein Holz- oder Hartgummifutter, damit die Glasflaschen, in welchen sich das Impfserum befindet, keiner Beschädigung ausgesetzt sind. Die Umlaufzahl beträgt 2000 minutlich.

Für größere Proben kommen besonders stark gebaute Schleudern von Heine nach Abb. 48 in Anwendung. Die 6 Becher sind in starken Hülsen eingesetzt, die an einem kräftigen Kreuz pendelnd aufgehängt sind. Das Kreuz ruht auf einer festgelagerten Spindel, auf die auch für andersartige Versuchszwecke die auf der Abb. 48 links sichtbare kleine Trommel aufgeschraubt werden kann. Der rechts stehende Schutzpanzer braucht nur für die Reinigung abgenommen zu werden.

Abb. 48.
Schleuder mit auswechselbarem Becherkreuz und Schutzpanzer.

J) Ausführungsformen der Überlaufschleuder.

40. Die einfache Überlaufschleuder.

Während in den Becherschleudern nach dem vorstehenden Abschnitt auch die ganze abgetrennte Flüssigkeit, über dem Schlamm stehend, im Becher zurückbleibt, sucht man sie für größere Leistungen schon während des Zulaufes zu entfernen. Am einfachsten geschieht dies mit einer um ihre eigene Achse kreisenden Trommel dadurch, daß die geklärte Flüssigkeit über den Trommelrand läuft.

Die Schlammschleuder von Heine nach Abb. 49, die für die auf S. 112 erwähnten Versuche benutzt wurde, arbeitet unterbrochen. Nachdem eine gewisse Zeit Schlammsaft zu- und geklärter Dünnsaft abgeführt ist, hat sich in der Trommel

Schlamm so weit angesammelt, daß die Schleuder abgestellt und vom Schlamm nach oben entleert werden muß. Die Trommel von 850 mm Durchmesser und 400 mm Höhe war durch sechs Scheidewände in radialer Richtung in sechs Abteilungen zerlegt. Diese Wände sollten dafür sorgen, daß der einlaufende Saft schnell die volle Umlaufzahl der Trommel annimmt und auch ein Durcheinanderschwappen der Saftfüllung verhüten. Für den letzteren Zweck sind dies meiner Ansicht nach viel zu wenig; wenn man in dieser Richtung Gutes erreichen will, dann ist eine viel größere Unterteilung nötig als bei den Scheidetellern der Milchschleuder. (Daß dann die Entleerung erschwert wird, ist eine andere noch zu lösende Frage.) Um weiter zu vermeiden, daß einzelne dieser Segmentzellen ungleichmäßig mit Saft oder Schlamm angefüllt werden, wodurch sofort das Gleichgewicht und der ruhige Lauf der Trommel gestört wird, sind diese Scheidewände mit größeren Löchern versehen, die einen Ausgleich gestatten. Aus früherem, besonders aus Abb. 29 ist aber bekannt, daß der Saft einen starken Seitendruck auf die radialen Trennwände ausübt. Durch diesen Überdruck wird durch die Ausgleichlöcher Saft mit bedeutender Geschwindigkeit gedrückt, und dieser rührt und wirbelt den schon zur Abscheidung gelangten Schlamm immer wieder auf. Er wird dadurch auch locker, und in dem zu den Versuchen verwendeten unsaturierten Saft wird eine Lockerung der aneinanderhaftenden Schlammteilchen bewirkt. Tatsächlich zeigen auch die Absetzversuche eine bedeutende Auflockerung und Raumzunahme des die Schleuder durchlaufenden Schlammes. Radiale Scheidewände mit Ausgleichlöchern erscheinen somit nicht zweckmäßig.

Nach der schon angeführten Berechnung von Weißbach wäre wiederum die Beschleunigung an der Trommelwand zu

$$v = \frac{4\pi^2 \cdot 0{,}425 \cdot 1800}{60} = 15\,400 \text{ oder um } \frac{15\,400}{9{,}81} = 1570 \text{ mal}$$

größer als die der Schwerkraft allein. Wie ich schon ausführte, ist diese rechnerische Beschleunigung wertlos; es ist nur die größere Geschwindigkeit maßgebend, mit der sich der Schlammkörper unter dem Einfluß der Schleuderkraft im Saft nach dem Trommelumfang hinbewegt. Nach Formel 13 ist diese dadurch erzeugte Geschwindigkeit um

$$S = \frac{n}{30}\sqrt{r} = \frac{1800}{30}\sqrt{0{,}425} = 39 \text{ mal}$$

größer als beim freien Fallen unter dem alleinigen Einfluß der Schwere. Dementsprechend müßte das Klären in dieser Schleuder 39 mal schneller erfolgen können. Wenn in einem 125 mm hohen Standglase sich der Schlamm in 5 Minuten vom vollkommen klaren Saft trennt, dann müßten in der Heineschleuder mit der 125 mm hohen Saftschicht zur Klärung $\frac{5}{39} = 0{,}013$ Minuten. oder 8 Sekunden genügen. Da diese und nach den Versuchen berechneten Aufenthaltszeiten von 2,45 bis 4,06 Minuten in der Schleuder nicht genügen, so müssen eben störende Einflüsse hinzugetreten sein, die im Standglas nicht vorhanden sind. Die durch die Scheidewände bewirkten nannte ich schon, andere werde ich noch erwähnen, und Sache des Schleuderkonstrukteurs ist es, diese Störungen zu vermeiden, um das zu erreichen, was im einfachen Standglase möglich ist. Daß dieses möglich und erreichbar sein wird, zeigen ganz besonders die genannten Versuche selbst (nach Tafel 4 [S. 200]), die ich nochmals anführe. Es wurden danach nach je 10 Minuten gefunden Teile Schlamm:

im geschiedenen Saft	im abgeschleuderten Saft
32	klar
32	8
32	23
32	32

Während der ersten Minuten lief der Saft fast klar aus den Heineschleudern ab. Ein Ergebnis, das zum stärksten Nachdenken Veranlassung geben muß. Denn einmal beweist dies treffend, daß die Klärung überhaupt möglich ist, eine Bestätigung der theoretischen Berechnungen, zum anderen beweist es auch, daß man nur für richtige Form der Schleuder und genügende Aufenthaltszeiten sorgen muß, um dauernd solchen klaren Saft zu erlangen. — Erst nach und nach lief der Schlamm trüber und trüber, so daß zum Schluß überhaupt keine Trennung erfolgte, der Schlammsaft mit 32 Teilen Schlamm trat oben wieder mit 32 Teilen aus.

Daran muß man aber festhalten, daß anfangs die Verhältnisse in der Heineschleuder für die Trennung günstig waren, sich dann aber mit der fortschreitenden Schlammabsonderung in der Trommel verschlechterten. Die Ursachen können nur durch weitere Versuche aufgeklärt werden; trotzdem möge noch auf einige Gründe verwiesen werden.

Stelle ich mir die Vorgänge in der Schleudertrommel als denen in einem gewöhnlichen Absatzbehälter ähnlich vor, dann wird uns manches schneller klar. Die Abb. 49 zeigt den Schnitt durch eine Schleudertrommel, in die bei *a* der Schlammsaft zuläuft, unten bei *b* der eigentlichen Wirkung der Trommel ausgesetzt wird, während der entschlammte Saft bei *c* übergeworfen wird. Der Schlamm lagert sich unter der Wirkung der Schleuderkraft am Trommelmantel *d* an. Nicht anders wird die Wirkung, wenn ich mir die Trommelachse horizontal gelegt denke, dann stellt die aufgewickelte Trommel einen Klärbehälter von der Länge *H* und der Breite gleich dem Trommelumfang dar. Der Schlammsaft tritt in diesen Klärbehälter nach Abb. 50 wieder bei *b* ein, durchläuft diesen in seiner Länge *H* und läuft bei *c* über. Nur setzt sich hier der Schlamm auf den Boden *d* nicht allein durch die Schwerkraft, sondern durch die vielmal größere Schleuderkraft ab. Trotzdem sind aber die Vorgänge die gleichen. Dann wird man sich von vornherein des Eindruckes nicht erwehren können, daß das Schlammbassin sehr kurz (hier bei der Heineschleuder nur 400 mm), aber unverhältnismäßig breit ($850 \cdot \pi = 2670$ mm) ist. Da die Schlammzufuhr bei den Versuchen zwischen 1500 bis 3000 l in der Stunde schwankte und da der Querschnitt des durchströmten Trommelraumes

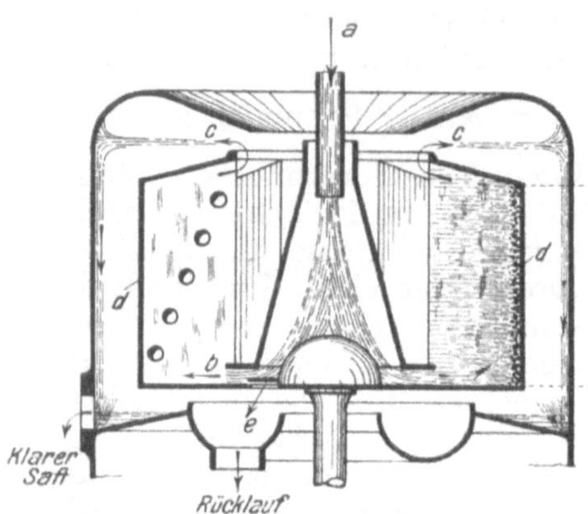

Abb. 49. Heine-Schlammschleuder.

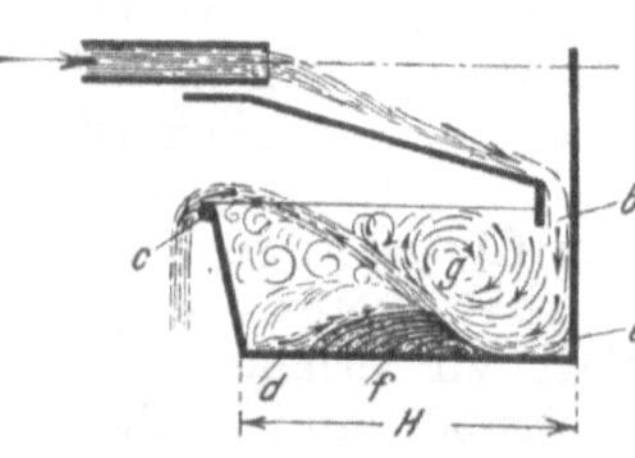

Abb. 50. Strömungen in der Schlammschleuder.

$$\frac{8{,}50^2\,\pi}{4} - \frac{600^2\,\pi}{4} = 28{,}5 \text{ qdm}$$

betrug, so war die Geschwindigkeit des Saftstromes in der Trommel bei Beginn des Schleuderns 0,09—0,15 m in der

Minute, die bei $^3/_4$ gefüllter Trommel auf 0,4—0,7 m in der Minute oder 10 mm in der Sekunde stieg. Wenn man daneben die Verhältnisse nach Zahlenreihe I beachtet und bedenkt, daß feiner Sand schon von wagerechtem Wasserstrom bei 0,1—0,15 m/sek. mitgerissen wird, so kann man nicht erwarten, daß sich bei obigen Geschwindigkeiten feiner Schlamm ablagert. Es erscheint von vornherein schwer, für eine gleichmäßige Strömung des zulaufenden Saftes über die ganze Breite von 2670 mm zu sorgen, während die Länge des Absatzbehälters infolge seiner Kürze zu schnell durchlaufen wird. Es werden sich einzelne Stromrichtungen ausbilden, die noch durch die sechs radialen Scheidewände unterstützt werden, während zwischen diesen, wie Buhnen im Flußlauf wirkenden Aufhaltern, starke Wirbel und Unterströmungen eintreten. Dabei wird der bei *b* eintretende Saft nicht gleichmäßig über den ganzen Querschnitt strömen, sondern es wird sich, wie im Flußlauf, in kurzer Zeit eine unmittelbare Stromrichtung von der Eintrittsstelle *e* nach *c* ausbilden, wie dies die Abb. 50 andeutet. Der sich absetzende Schlammwulst *f* wird die Richtung noch unterstützen, wobei sich neben dem Strom *e*—*c* kleine Seitenwirbel bilden. Jede weitere Schlammablagerung ist dann, trotz der wirkenden Schleuderkraft, unmöglich, weil die Wirbel die Schlammteilchen immer wieder mitreißen. — Im Raume *g* wird schon eine Ruhezone mit klarem Saft vorhanden sein, die aber nichts nützt, weil aus ihr der klare Saft nicht ungestört abgezogen werden kann. Die Wirbel um diese Zone behindern und beeinträchtigen die Fallbewegung der Sinkstoffe, durch die radial nach außen gerichtete Schleuderkraft.

Es dürfte meiner Ansicht nach nicht schwer fallen, durch anders geformte Führungsteller[1]), ähnlich wie bei der Hefeschleuder und durch Vergrößerung der Weglänge H die Strömungen in das richtige Gleis zu bringen. Allerdings würden solche Teller, wie schon erwähnt, die Ausschauflung des Schlammes aus der Schleuder sehr erschweren, ich werde aber noch nachweisen, daß dies, wenigstens in der Rohzuckerfabrik, nicht nötig, sondern schließlich ein Ausspülen des Schlammes aus der Trommel anzustreben ist.

---

[1]) S. a. D. R. P. 26115/1883, nach welchem Fesca wagerechte Führungswände vorsieht.

41. Die Schleuder mit mehrfacher Wirkung.

Während bei den gewöhnlichen Schlammschleudern der Schlammsaft nur einmal durch die Trommel läuft, indem er an dem einen Ende ein- und am anderen austritt, suchte z. B. Wendel in Ehrenfeld (D. R. P. 73 246/1892) den Weg durch Ineinanderschachtelung von zwei Trommeln zu verlängern. Genau so wie man häufig die Flüssigkeiten nacheinander durch hintereinanderliegende Absatzbehälter strömen läßt, geschieht dies hier durch zwei oder mehrere Trommeln. Olof Ohlsson, Södertelge (D. R. P. 124 813/1900) sieht eine lange Trommel vor, deren Mantel wellenförmige Ausbuchtungen erhält, so daß die Flüssigkeit nacheinander diese Täler und Berge durchlaufen muß. Der Weg des Flüssigkeitsgemisches wird dadurch verlängert und die Dicke der Flüssigkeitsschicht vermindert. Im D. R. P. 109 718/1897 sind besondere Führungen vorgesehen, um das Vermischen der schon getrennten Flüssigkeiten zu verhindern.

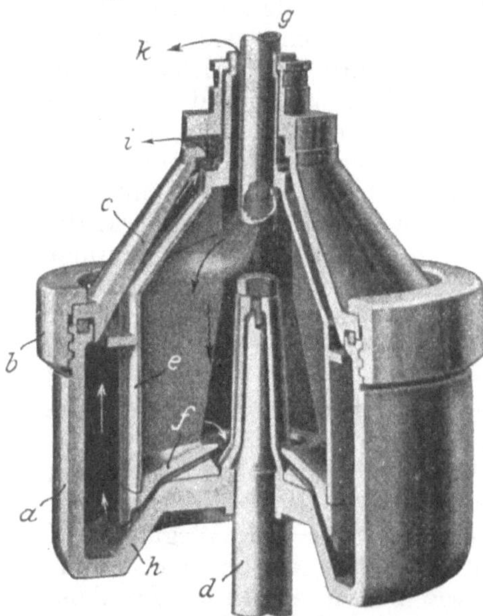

Abb. 51. Schleudertrommel mit doppelter Wirkung.

Die Abb. 51 zeigt einen Querschnitt der Vervielfältigungs-Läuterungs-Schleuder von der De Laval - Separator Compagny New York (ihr Bulletin Nr. 200 v. Jahre 1919), die aus der eigentlichen Außentrommel *a* (nach Art der Milchschleudern) besteht, die so stark gebaut ist, daß sie den bei 6000 bis 8000 Umdrehungen auftretenden Schleuderdrücken widersteht. Der nach oben konisch verjüngte Deckel *c* ist durch die Ringmutter *b*, mittels eines eingelegten Gummiringes, fest auf dem Trommelrand gedichtet. Die Trommel ruht auf der senkrechten Treibspindel *d*, etwas beweglich, um sich auf die Schwerpunktsdrehachse selbst einstellen zu können. In der Haupttrommel sitzt eine zweite Trommel *e* mit dem Boden *f* und inneren radialen Scheidewänden, wie sie in den Schlammschleudern üblich sind. Die zu läuternde Flüssigkeit oder Mischung wird oben durch das Rohr *g* in die innere Trommel *e* eingeführt, wo sich die schwereren und somit leichter aus der Flüssigkeit sich abscheidenden Körperchen abgetrennt, gegen die Trommelwand *e* geschleudert und dort zurückgehalten werden. Das halbgeläuterte Gut tritt über den Rand des Bodens *f*, durch den Ringraum, den dieser Boden und der Außenboden *h* bilden, in die Außentrommel *a*. Infolge des größeren Durchmessers tritt hier die höchste Läuterungskraft in Erscheinung, so daß hier noch die feineren und schwerer zu entfernenden Teilchen abgetrennt und gegen die Trommelwand *a* angelagert werden. Das geläuterte Gut wird dann weiter aufwärts gedrängt zur Auswurföffnung *i*. Ein Vorzug dieser Konstruktion ist, daß die leichter zu entfernenden, groben Unreinheiten in dem besonderen inneren Raum ausgeschieden werden, so daß, wenn die teilweise geläuterte Flüssigkeit der stärksten Schleuderkraft der äußeren Trommel ausgesetzt wird, die kleinen Teilchen dort ohne Einmischung der schwereren Teile zurückbleiben. Die an der Abb. 50 geschilderte ungünstige Wirkung der Wirbelströme ist gemildert und teilweise ausgeglichen. Die Trommel ist äußerst einfach, übersichtlich, leicht zusammenstellbar und auseinandernehmbar, sowie leicht zu reinigen.

Das gußeiserne Gestell der Schleuder nach Abb. 52 besitzt Lager zum Stützen der senkrechten Welle, welche oben die Trommel nach Abb. 51 trägt. Das Gewicht der Trommel, der Spindel *d* und der Antriebsschnecke *n* wird von zwei Rollenrädchen *o*, die geringe Reibungsarbeit verbrauchen, getragen. Den Trommeldeckel *c* überragend sind zwei Auffangschüsseln *p* und *r* angebracht. Die obere *p* ist so eingerichtet, daß bei Überfüllung der Trommel, wenn mehr Stoff zugeführt wird, als verarbeitet werden kann, der Überschuß über den Rand *k* in das Überflußgefäß *p* entleert wird. Dieses hält das überschüssige, noch nicht geläuterte Gut gesondert und führt es zum Abflußrohr *q*. Diese nützliche Einrichtung fehlt bei manchen Schleudern, die gleichzeitig als Warnungssignal tätig ist, wenn der Maschine entweder zuviel frisches Gut zugeführt wird, oder die Trommeln mit Schlamm angefüllt sind. Die zweite, untere Schüssel *r* empfängt das geläuterte Gut von der Trommel durch die Auswurföffnungen *i* und führt es durch die zweite Ablaufröhre *s* in einen Trichter oder dgl. Die auf der Abb. 52 dar-

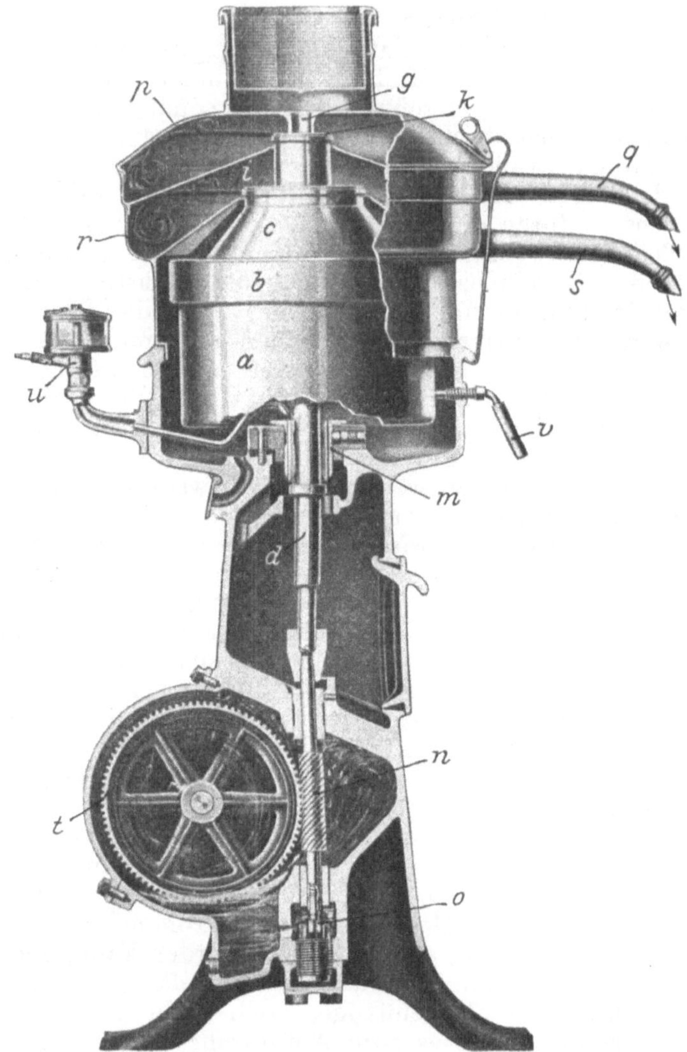

Abb. 52. Zusammenbau einer Vervielfältigungsschleuder.

gestellte Schleuder wird durch Riemen angetrieben, dessen Scheibe das Schneckenrad *t* treibt, das seinerseits, durch die Schnecke *n* und Spindel *d*, die Trommel in Umlauf setzt. Man liefert aber auch solche mit Dampfturbinenantrieb.

Die Schmierung der Antriebsteile ist selbsttätig und wird

durch einen Ölbehälter, der im Fuße des Gestelles ausgebildet ist, ausgeführt. Ein besonderes Schmiergefäß *u* ist für das obere, elastisch bewegliche Halslager *m* vorgesehen. Die Handschraube *v* dient zum Festhalten der Trommel im Ruhezustand.

42. Die Anwendung der Vervielfältigungsschleuder für die Läuterung von Firnissen, Lacken, Farben, Emaillen u. dgl.

Diese De Lavalsche Vervielfältigungsschleuder ist besonders für die Läuterung von Firnissen, Lacken, Farben, Emaillen u. dgl. bestimmt, für Stoffe, die meistens mehr oder weniger feine, feste, also ungelöste Körperchen enthalten, die selbst nicht aus ihr entfernt werden sollen. Es soll mit der Schleuder nur das Grieß und die anderen Unreinigkeiten entfernt werden, ohne Hilfe von Filterpressen. Für diesen Zweck ist die Schleuder sehr erfolgreich, die Kosten für Filtermittel sparend, den Verlust an Firnis im Filter vermeidend. Sie ergab ein „glattes“ und ein leichter zu verarbeitendes Anstrichmittel. Alles dies bei einer gleichzeitigen Ersparnis an Zeit und Bodenfläche.

Es wurde dann gefunden, daß die De Laval-Schleuder noch andere Tätigkeiten versah, welche der Bedeutung der Ausscheidung von Unreinigkeiten gleichkam. Viele der Firnisbestandteile, der Anstrichfarben, haben keine wirkliche, einheitliche Verwandtschaft miteinander und konnten erst miteinander innig vermischt oder in den kolloidalen Zustand übergeführt werden, entweder durch schärfste Bewegung oder langes Lagern. Beim Durchlaufen durch die Schleuder, infolge des hohen Schleuderdruckes, der scharfen Richtungsänderung und des kräftigen Herausspritzens aus den Auswurföffnungen *i*, werden die feineren Bestandteile in einen homogenen Zustand übergeführt. Es soll eine sehr innige Mischung entstehen. Was hier für die Deckfarben ein erwünschter Vorgang ist, würde bei solchen Flüssigkeiten, die vollkommen geklärt die Schleuder verlassen sollen, recht unangenehm sein. Wenn dort die lose Aufhängung der Trommel auf die Spindel, das elastisch bewegliche Halslager und die Trommel ohne führende Teller, die radialen Scheidewände aufwühlend, also schädlich wirken, so ist dies hier erwünscht, wo man nur die groben Beimengen abscheiden, die feineren aber um so inniger durchmischen will. Da der geläuterte Firnis in Form von feinen Spritzern aus der Schleudertrommel entleert und mit großer Gewalt gegen die Wände der Auffangschüssel *r* prallt, so wird dadurch eine sehr energische Durchmischung und innige Untermischung mit der Luft erreicht, die oxydierend wirkt und das gewünschte „Altern“ des Firnisses sehr beschleunigt. Hierdurch wird sofort erzielt, was vorher nur durch monatelanges Lagern des Firnis erreicht werden konnte. Diese frühere Lagerungsart verlangte einen großen Platz und viele Bottiche; zugleich mußte ein großes Kapital in dem gelagerten Firnis festgelegt werden. Durch die Schleuderung wird also die Läuterung, Hochdruckmischung, Aussetzung der Luft und das „Altern" vereinigt.

Dort wo die innige Berührung mit der Luft unerwünscht und schädlich ist, muß man dafür sorgen, daß der Weg der austretenden Flüssigkeit von der Austrittsöffnung *i* (Abb. 51,52) bis zum Mantel der Auffangschüssel *r* möglichst klein ist.

Die Wirkungen muß man deshalb sorgfältig gegeneinander abwägen, die beeinflußt werden unter anderen durch die Wahl der Umlaufzahl, des Trommeldurchmessers, deren Gesamtinhalt, der Art der Einbauten. Würde man hier zu viele Einbauten vorsehen, z. B. die engstehenden Scheideteller (nach Abschn. N.), dann würden auch die feinen, nützlichen Farbkörperchen abgeschleudert. Die De Laval Compagny hat deshalb nicht so unrecht, wenn sie schreibt: „Die ideale Trommel ist wahrhaftig ein glückliches Mittel, welches alle diese Faktoren in Betracht zieht und diese völlig gleichordnet."

Der De-Laval-Abklärungslack soll von erfahrenen Verbrauchern bevorzugt werden, weil er unbedingt weicher, glatter unter dem Pinsel arbeitet und freier fließt als filtrierter Lack. Zu dem Zwecke erwähnt sie die Erfahrung eines der größten amerikanischen Lackfabrikanten. Dieser verschiffte ein Faß Lack an einen Kunden, welches dieser mit der Klage zurückschickte, daß die Ware von dürftiger Güte und völlig unbefriedigend sei. Dieser Lack wurde nun durch die Lavalschleuder gelassen und zu dem eigentlichen Käufer sofort zurückgeschickt, welcher später berichtete, es sei der beste Lack gewesen, den er je gehabt habe.

Andere Erzeugnisse, welche Gummiarten als Grundstoff haben, unter Zusatz von Öl oder anderen Lösungsmitteln, ferner Schellack, Damar-Lacke, Druck- und Litographenfarben werden rasch bis zu jedem gewünschten Grad geläutert. — Firnis enthält gewöhnlich einen großen Prozentsatz fremder Dinge, welche schwer durch gewöhnliche Mittel, aber leicht durch die Schleuder entfernt werden können, so daß ein Erzeugnis besserer Güte hervorgebracht wird. — Bei der Herstellung von Japan-Glanzlacken, Farblacken, Emaillen, Steinzeugglasuren und anderen Farbstoffen (Pigment) erzielt man neben der erwähnten Zeitersparnis nicht nur ein „weicheres" Erzeugnis, sondern auch „deckenderes". Die Farbenschleuder wirft die schweren, groben Teilchen der Farbe, die der Schleifmaschine (Mühle) entgangen sind und auf dem anzustreichenden Gegenstand unebene Oberflächen verursachen, hinaus. Ihre nachträgliche Entfernung vom lackierten Gegenstand erfordert viel Arbeit und Zeit durch Abschleifen, bevor die nächste Schicht aufgelegt werden kann. Der Ärger, welcher durch die kleinen lebenden Gestaltungen und Unregelmäßigkeiten der Anstriche entsteht, hervorgerufen durch den Gebrauch von Farben, welche nicht gut gemischt sind, soll völlig vermieden werden, wenn die Farben geschleudert sind. — Besonders nützlich haben sich die Schleudern erwiesen bei Farben, die Ruß, Oker und andere leichte Farbkörper enthalten. Erzeugnisse, welche Farbkörper von großem spez. Gewicht enthalten, wie Zink, Blei oder in einer sehr dünnen Flüssigkeit sich befinden, können naturgemäß nicht erfolgreich durch Schleudern behandelt

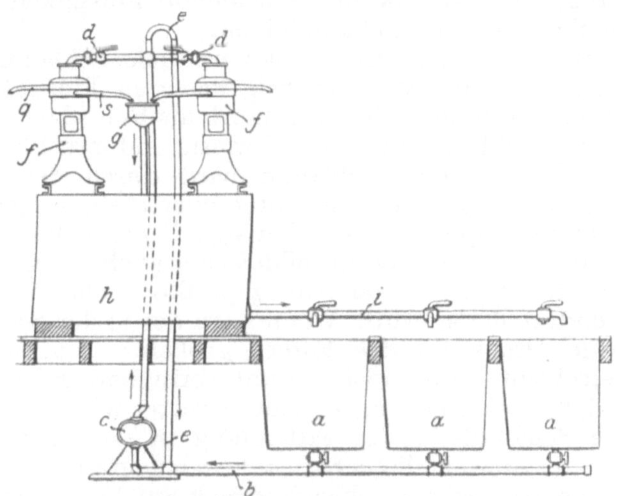

Abb 53. Anordnung zweier Schleudern für Japanlack.

werden. Die Schleuderkräfte würden in den Trommeln zuviel der wertvollen Farbkörperchen abtrennen, die z. B. eine Größe unter 2 μ (Zahlenreihe III, S. 56) besitzen.

Die Abb. 53 zeigt die schematische Anordnung zweier De-Laval-Japanlack-Läutern, die gleichzeitig zur wiederholten Durcharbeitung des in den Sammelbehältern *a* gelagerten Lackes dienen. Durch die Leitung *b* wird der ungeklärte Lack von der Pumpe *c* angesaugt und den Schleudern *f*—*f* durch die Regulierhähne *d* zugeführt. Der von der Pumpe geförderte Überschuß geht durch die Leitung *e* zurück zur Pumpensaugleitung *b*. Der geläuterte Lack tritt durch die Auslaufröhre *s* in den Sammel- und Beobachtungstrichter *g*, von dem er in den Sammelbehälter *h* für reinen Lack läuft. Dieser Behälter dient gleichzeitig als Fundament für die beiden Schleudern *f*. Soll der Lack oder Firnis noch mehrfach durchgearbeitet werden, dann läßt man ihn von *h* wieder in die Sammelkästen *a* und beginnt die Bearbeitung von neuem.

K. Die Filterschleuder.

Alle Siebschleudern mit gelochten Trommelmänteln können zur Verarbeitung größerer Flüssigkeitsmengen nur dann wirtschaftliche Verwendung finden, wenn die festen Rückstände großporige, für die abzuscheidende Flüssigkeit leicht durchdringbare Filterschichten bilden.

Die Erfahrung hat gezeigt, daß es viele Schlammarten gibt, deren Trennung von der beigemengten Flüssigkeit in solchen Schleudern, deren Trommelkorb als Filterfläche dient, entweder gar nicht oder nur sehr schwierig und unvollkommen möglich ist. Der feine Schlamm wird durch den hohen Schleuderdruck so fest auf die Filter oder Siebe aufgepreßt, daß sie sich verstopfen und die Flüssigkeit nicht durchtreten kann. Infolge der Ablagerung bildet sich auch bei gröberem Schlamm eine immer dickere, festgepreßte Schlammschicht, die bald undurchlässig wird. Wenn auch der in der Schleuder entstehende Druck für das Filtern größerer Mengen recht günstig erscheint, so ist doch die unterbringbare Filterfläche so klein, daß große Leistungen nicht erwartet werden können. Ist B die Schichtdicke der Saftfüllung in der Trommel in Metern, G_F das Gewicht dieser Saftsäule in Kilogramm von 1 qcm Grundfläche, so wird der Schleuderdruck auf 1 qcm Trommelmantelfläche unter Berücksichtigung der Formeln 8 und 33

$$p_F = \frac{m \cdot v_1^2}{r} = \frac{G_F}{g} \cdot \frac{v_1^2}{r} = G \cdot \frac{r_F \cdot n^2}{900}. \quad (43)$$

Nach dem auf S. 138 berechneten Beispiel beträgt der Druck $p_F = 19{,}83$ kg/qcm. Oder, wenn die Trommel gelocht und mit einem Filtertuch überspannt ist, bedeutet dies einen Filterdruck von 19,83 kg/qcm oder von 19,83 atm. In Filterpressen begnügt man sich im allgemeinen mit Drücken bis 5 atm, so daß in der Filterschleuder der Druck recht wirkungsvoll sein müßte. Aber die Filterfläche ist verhältnismäßig sehr klein und dagegen die Schichtdicke des Schlammes sehr groß. Die Trommel hat eine Filterfläche von

$$O = 2 \cdot r \cdot \pi \cdot H \text{ qm} \quad (44)$$

In diesem Falle, bei einer Trommelhöhe $H = 0{,}32$ m, ist die Filterfläche $O = 2 \cdot r \cdot \pi \cdot H = 2 \cdot 0{,}25 \cdot 3{,}14 \cdot 0{,}32 = 0{,}5$ qm. Demnach recht klein, gegenüber gewöhnlichen Filterpressen.

43. Die Vereinigung der ungelochten Schleudertrommel mit einem Filter.

Es kann sich deshalb häufig nur noch darum handeln, solche Filtereinsätze vorzusehen, die den Rest des Schlammes sowie die Schwebekörper abfangen, die durch die Schleuderkraft allein nicht genügend getrennt wurden. Immer kann es sich nur um kleinere Mengen handeln, weil es sonst angenehmer sein dürfte, die geschleuderte Flüssigkeit nachzufiltern. So kann es sich z. B. bei der Abschleuderung des Öles vom Preßtrub nur um eine grobe Vorreinigung handeln, denn glanzhell, klarfunkelnd kann man Öl aus den Schleudern nicht gewinnen. Der durch Kolloide entstehende opalisierende Schein kann unter gewöhnlichen Umständen durch Abschleudern nicht aufgehoben werden. Erfahrungsgemäß kann man Öl nur glanzhell erhalten durch nachfolgendes Filtern bei niedrigem, gleichmäßigem Druck oder mit hohem Druck durch besondere, engporige Filter z. B. nach Art der Plausonschen Ultrafilterpresse.

Gebr. Heine vermeiden im D. R. P. 64119/1882 die Durchlochung der äußeren Trommel und legen das Sieb weiter nach dem Innern zu, wodurch wohl die Filterfläche kleiner wird, doch die Verhältnisse günstiger werden. Das Innensieb wurde damals als Hohlkegel oder in einer anderen, zur selbsttätigen Abführung geeigneten Form so angeordnet, daß die Trennung des schweren Schlammes von der Flüssigkeit vermöge der Schleuderkraft in dem zwischen Trommelmantel und Filter vorhandenen Raum stattfindet. Die leichteren flüssigen Bestandteile werden nach innen durch das Filter gedrängt und an dessen Innenfläche abgeführt. Da diese ursprüngliche Anordnung der Filterfläche die Zugänglichkeit des Schlammraumes erschwerte, so versehen Gebrüder Heine ihre Schlammschleuder nach Abb. 49 für manche Zwecke mit einer zylindrischen, als Haube ausgebildeten Filterfläche.

Im Innern der Schleudertrommel befindet sich eine kleine Siebtrommel *a*, nach Abb. 54, die mit einem Filtertuch *b* überspannt ist, und die eine verbesserte Ausführungsform der Filterschleuder von Leupold-Dresden (D. R. P. 25097/1882) darstellt. Der vorgeklärte Saft wird durch das Filtertuch hindurchgedrückt und verläßt vollkommen klar gefiltert bei c die Trommel. Der an dem Filtertuchzylinder sich außen ansammelnde Schlamm wird, nachdem er einige Stärke erreicht hat, als Klumpen durch die Schleuderkraft abgeworfen und sammelt sich am Trommelmantel an. Somit wird dies Filtertuch verhältnismäßig frei bleiben[1]). Ob dies aber genügt und ob auf diese Weise eine genügend große Filterfläche unterbringbar ist, muß erst von Fall zu Fall festgestellt werden. Es ist fraglich, ob man nicht zweckmäßiger, falls es doch im Großbetriebe schwierig ist, dauernd gleichmäßig vollkommen klaren Saft zu schleudern, eine Nachfiltration mit Filterpressen vorsieht. Diese würden dann aber wesentlich kleiner und leichter zu bedienen sein.

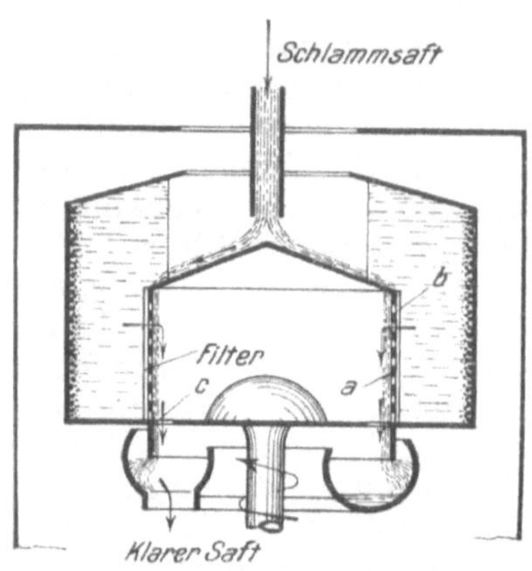

Abb. 54. Filterschleuder.

Trotz dieser früheren Patente erhielt Leze-Paris 1893 das D. R. P. 72 822, welches dadurch gekennzeichnet sein sollte, daß die Unreinigkeiten der zu filternden Flüssigkeit in erster Linie durch die Schleuderkraft und in zweiter durch die vorgesehene Filterfläche erfolgen würde, behufs möglichst geringer Verunreinigung des Filters. Leze hatte eine kugelförmige Trommel vorgesehen, die oben durch einen als Filter ausgebildeten, ebenen Deckel verschlossen war.

Auf einen Nachteil, der mit der Wellenlagerung verknüpft ist, möchte ich noch hinweisen. Die Heineschleuder ist mit einem elastischen Halslager, wie seit Fesca bei den meisten deutschen Schleudern, in Puffern gelagert. Unrundes Laufen kann zum Teil durch die nachgiebigen Lager ausgeglichen werden, in dem sich die Trommel selbsttätig in ihre richtige Schwerpunktsachse einstellen kann, wenn diese mit der Wellenachse nicht zusammenfällt. Dann entsteht aber ein nudelndes Kreisen, wie dies an den Kinder-

[1]) Die Gründe, welche das Patentamt zur Erteilung des D. R. P. 321 869/1916 an William John Gee London veranlaßte, sollte es sich selbst patentieren lassen. Der Anspruch „1“ ist alt und deckt sich vollkommen mit dem D. R. P. 25 097 bzw. Abb. 54.

kreiseln gut sichtbar ist. Dies bewirkte z. B. bei den ersten Milchschleudern ein Ausbuttern der Milch und ein ungenügendes Entrahmen. Bei uns würde der Schlamm immer wieder durchgebuttert und aufgewühlt. Wie bei Hefe- und Milchschleudern erscheint es mir deshalb notwendig, hier nur Schleudern mit festem Halslager zu verwenden.

Die Abb. 55 zeigt eine Trenn- und Filterschleuder, deren Ausführungsart der Firma C. G. Haubold, Chemnitz, geschützt ist[1]). Der Schlammsaft wird durch den Trichter *A*

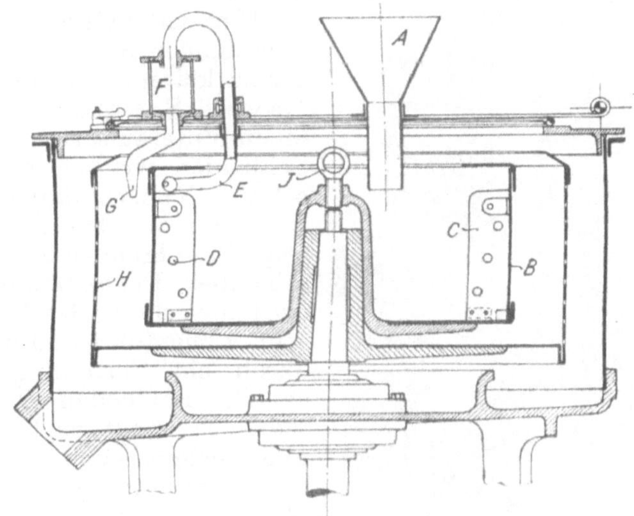

Abb. 55. Trenn- und Filterschleuder.

in die innere sieblose Trommel *B* eingefüllt. Diese besitzt ebenfalls Trennwände *C* mit Ausgleichslöchern *D*. Der klare Saft wird durch das Schälrohr *E* entnommen und fließt sichtbar durch das Glas *F*, so daß man den Fortgang der Klärung gut beobachten kann. Immerhin ist dieser Saft meistens noch nicht vollständig klar. Er fließt deshalb durch das Rohr *G* in die äußere, größere Filtertrommel *H*. Diese Trommel ist gelocht, und es können geeignete Filtertücher eingelegt werden. Bei dieser Anordnung ist eine verhältnismäßig größere Filterfläche vorhanden als bei der Ausführung nach Abb. 54. Zwecks leichter Reinigung kann die Innentrommel *B* mittels des Kranhakens *J* nach oben herausgenommen werden.

[1]) Siehe auch D. R. P. 66822/1891.

Für die Herstellung gewisser sehr hochgradiger Firnisse, Lacke und Anstrichöle, ebenso auch Grundöle, die für Herstellung von Druck- und Lithographietinten gebraucht werden, ergibt die Schleuder nach Abb. 51 allein nicht die genügende Klärung, infolge des Vorhandenseins flockiger Stoffe, deren Entfernung durch die Schleuderkraft allein unmöglich ist. Diese werden jedoch leicht entfernt durch die gemeinsame Tätigkeit der Schleuderkraft und des Filterns.

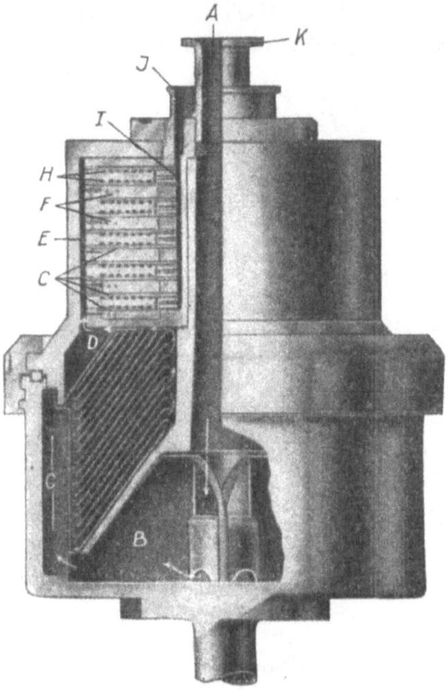

Abb. 56. Trennschleuder mit Filteraufsatz.

Um den teilweise trübe ablaufenden Saft noch weiter zu klären, sieht die De Laval Separator Co. einen Filteraufsatz auf der Schleuder, wie sie im Abschnitt N noch dargestellt werden, vor. Die Abb. 56 zeigt diese Trenn- und Filterschleuder. Der Schlammsaft wird oben durch das Mittelrohr *A* zugeführt und unten durch ein Verteilungsrohr am Trommelboden *B* verteilt. Er steigt nach oben und verteilt sich über die Scheideteller. Die größte Menge des Schlammes sammelt sich im freien Ringraum *C* an, während der fast klare Saft sich am Trommel-Mittelrohr ansammelt und durch den Überdruck des zulaufenden Saftes bei *D* in den Filteraufsatz eintritt. Dieser besteht aus einzelnen ringförmig hohlen Filterrahmen *F*. In diese tritt der Saft durch kleine Kanäle ein, läuft durch die scheibenförmigen Filtertücher *C*, durchdringt diese und fließt an der Kanalplatte *E* vorbei, durch deren Kanäle *H*, in das Sammelrohr *I*. Oben verläßt der Saft die Schleuder vollständig geklärt durch den ringförmigen Überlauf *J*. Es ist hier eine verhältnismäßig große Filterfläche mit großem Schlammraum im engen Raum untergebracht, wie dies bei den Filterpressen möglich ist. Allerdings wird die Reinigung dieser Filterplatten schwieriger sein als die einer gewöhnlichen Filterpresse. Auch nimmt die Schleuder trotz der Filterrahmen F nur wenig Schlamm auf, weil dieser nicht ununterbrochen aus dem Ringraum C abgeleitet werden kann. Immerhin ist dies eine ganz interessante

Abb. 57. Ölschleuder für Riemenantrieb.

Verbindung einer Trennschleuder mit einer Filterpresse, die manche Anregung geben kann. Der Schlamm tritt von außen nach innen; der Schlamm wird somit von der Filterfläche abgeschleudert gegen die Trommel. Sie stellt somit eine verbesserte Ausführungsform der Filterschleuder von Heine, D. R. P. 119 503/1899, dar, bei der der Schlamm fester auf das Filter gepreßt wurde und der Ausbau noch sehr erschwert war. Von der De Laval Separator Co. wird diese Schleuder empfohlen zum Entfernen grober Unreinigkeiten als auch feinster Flocken und suspendiertem Schmutz aus Spiritus, Lack, Medizinen u. dgl.

Eine besondere Ausführungsform zeigt die Ölschleuder von Dürkopp-Bielefeld, D.R.P. 284578/1913. Bisher wurden zum

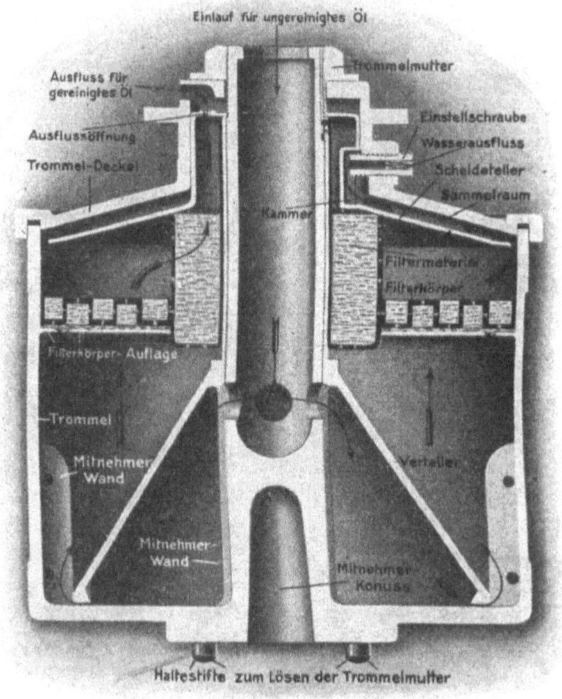

Abb. 58. Zusammengesetzte Trommel einer Ölschleuder.

Reinigen von gebrauchten Ölen hauptsächlich Sammelkasten mit Filtereinsatz verwendet, durch den das Öl langsam tropfend hindurchsickerte. Die Reinigungsart ist langweilig und bei zähen Schmierölen meistens nicht anwendbar. Schneller und vollkommener arbeiten auch hier Scheideschleudern. Das spez. leichte Öl wird durch die Schleuderkraft von den Metallteilchen und vom Wasser, besonders bei Zylinderölen, getrennt. Die Abb. 57 zeigt den Zusammenbau der Dürkoppschen

Schleuder, die äußerlich den kleinen Milchschleudern ähnlich sieht. Einen Schnitt durch die Trommel selbst zeigt die Abb. 58, die in der Hauptsache wie die Schlammschleuder nach Abb. 49 durchgebildet ist. Der Schlamm lagert sich an der Trommelwand ab, während das Öl mit dem Wasser, in verschiedenen Schichtenlagen, einen Filterkörper durchdringen muß, damit das Öl die Schleuder möglichst blank verläßt. Da das leichtere Öl sich mehr nach der Drehachse zu befindet, so ist zwecks besserer Filtration hier auch eine dickere Filterschicht vorgesehen. Für den Wasser-

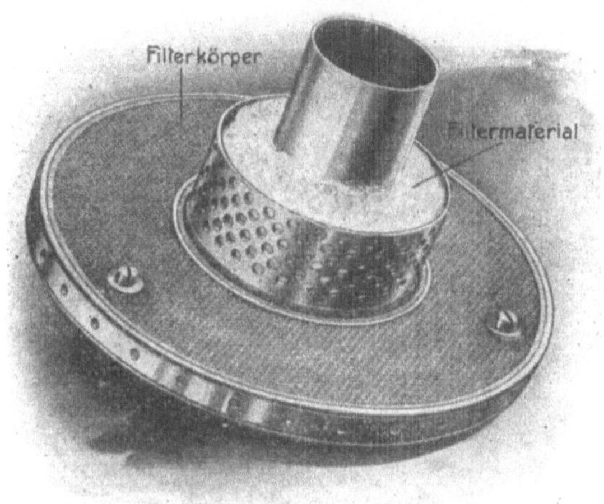

Abb. 59. Filterkörper (gesetzlich geschützt) zur Ölschleuder.

ausfluß ist eine hohle Stellschraube vorgesehen, die meistens so eingestellt ist, daß man wasserhaltiges Öl scheiden kann, welches 10% Wasser enthält. Ist ein größerer Wassergehalt vorhanden, so schraubt man die Schraube etwas mehr heraus, im umgekehrten Falle hinein. Um die Schlammabscheidung und Filterung zu erleichtern, sind sowohl in dem Behälter für das ungereinigte Öl, als auch um die Trommel, Dampfheizschlangen gelegt, um es auf wenigstens 40—50° anzuwärmen.

Die Abb. 59 zeigt noch eine Photographie des Filterkörpers (Ges. geschützt), der aus zwei feinmaschigen Drahtsieben besteht, zwischen welche ein mit Glaswolle gefüllter, wellenartiger Stützkörper geschraubt ist.

Die Abb. 60 zeigt eine besondere Ausführungsform der Schleuder von Gebr. Heine, die zum Reinigen und gleichzeitigen Belüften der Milch Verwendung findet. Durch den Trichter A gelangt die rohe Milch über den Verteilungsteller in die ungelochte Trommel, dort den Schlamm ausschleudernd. Die vorgeklärte Milch durchdringt das Innenfilter P und fließt über den Rand D in die Auffangschale i. Dabei reißt sie Luft mit, die die Milch durchlüftet und den Stallgeruch entfernt,

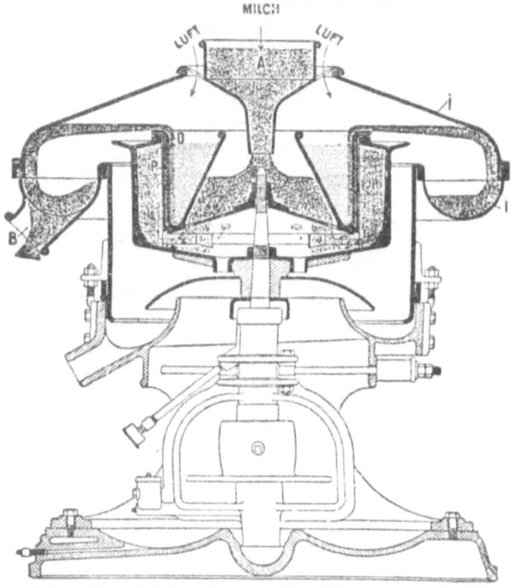

Abb. 60. Schleuder mit Filtereinsatz zur Reinigung und Belüftung von Milch.

um die Milch sofort zum Trinken verwenden zu können. Bei B verläßt die Milch die Schleuder. Die ungelochte Trommel hat einen Durchmesser von 600 mm; das Filter hat eine Oberfläche von 0,48 qm, und es können 9000 l oder $\frac{9000}{0,48} = 19\,000$ l Milch auf 1 qm stündlich geschleudert und gefiltert werden. Die Umdrehungszahl beträgt $n = 900$. Auch zum Klären von Tabaklauge haben diese Schleudern nützliche Anwendung gefunden.

A. Vasseux strebt eine Vervollkommnung des Verfahrens der Abscheidung der Zuckerkristalle an. Die gekochte Masse enthält in 100 kg etwa 66,6 kg Zucker in Lösung. Erstere werden in den gewöhnlichen Siebschleudern nicht vollständig gewonnen; es entstehen Verluste, die um so höher ausfallen, je besser die geschleuderte Masse gedeckt und geklärt wird. Um diese Verluste an Kristallen, die bei dem von ihm gewählten Beispiele bis auf 16,40 kg im ungünstigsten Falle steigen können, zu vermeiden, hat Vasseux die Schleuder in eine andere, aber schnell laufende Zentrifuge mit geschlossenen Wänden gesetzt, in der sich die durch die erste Schleudertrommel hindurchgegangenen Kristalle abscheiden müssen, während die Mutterlauge abfließt. Diese Schleuder mit geschlossenen Wänden sind auch zur Herstellung von Formstücken aus Zucker zu verwenden, indem man an den Wänden entsprechende Formen befestigt, die sich beim Schleudern füllen. (Bull. Assoc. Chimistes de Sucr. et Dist. 37. 57—60. Juli-August 1919.) Einfacher wäre es aber, den von der Siebschleuder ablaufenden Sirup (der sich in ihr von den gröberen Zuckerkristallen trennt) einer besonderen Schlammschleuder zuzuführen. Ob sich es aber lohnt, das wegen seiner Kleinheit wenig wertvolle Feinkorn auf diese Weise abzufangen, ist eine Frage, die nur von Fall zu Fall beantwortet werden kann.

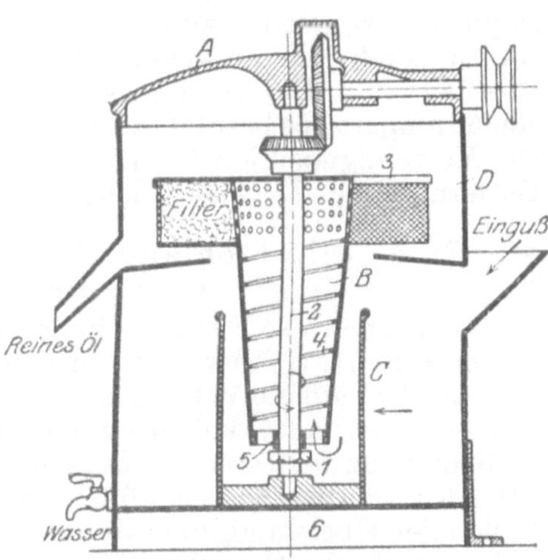

Abb. 61. Schleuder zur Reinigung von Schmieröl.

Eine kleine einfache und billige Schleuder für die Reinigung von Schmieröl zeigt die Abb. 61 von Bartz & Bolle, Berlin S 42. Diese besteht aus einem schmiedeeisernen Gehäuse D von 300 mm Durchmesser und 400 mm Höhe, in dessen Innern sich eine konische Schleudertrommel B befindet, die mit etwa 1200 Umdrehungen laufen soll. Das durch den seitlichen Eingangsstutzen einlaufende verschmutzte Schmieröl tritt erst durch einen Siebzylinder C, um die hauptsächlichsten Unreinigkeiten zurückzuhalten und um auch dem im Öl befindlichen Kondenswasser Zeit zum Absetzen zu lassen. Dieses Wasser wird zeitweilig durch einen kleinen

Ablaßhahn entfernt. Durch die Schleuderkraft wird das vorgeklärte Öl unten in die konische Trommel bei *5* hereingezogen und steigt in den Schneckengängen *4* in die Höhe. In diesen Schneckengängen setzt sich der grobe Schlamm ab und das Öl gelangt oben durch die Lochung der Trommel in ein äußeres Filter *3*. Dieser Filterzylinder kann mit Putzwolle, Filz oder Filtrierpapier angefüllt werden und dient zur vollständigen Abscheidung der Unreinigkeiten. Das klare Öl wird durch das Filter gegen den Mantel *D* geschleudert und läuft seitlich durch ein Röhrchen in den Sammelbehälter für reines Öl. Bei zähem, dickflüssigem Öl wird noch Dampf in den unteren Doppelboden geleitet zwecks Erwärmung und Verminderung der Zähigkeit. Diese kleine Schleuder leistet stündlich etwa 10—25 l Öl. Die Antriebsscheibe hat einen Durchmesser von 50 mm, und es beträgt der Kraftverbrauch ungefähr $^1/_5$ PS. Das Vorreinigungssieb *C* und das Filter *3* lassen sich nach Entfernung des Deckels *A* leicht herausnehmen und reinigen.

44. Eine Filterschleuder für die Schleuderung unter Druck.

Die Akt.-Ges. Fabrik für Brauerei-Einrichtungen vorm. Heinr. Gehrke & Comp. in Berlin erhielt das D. R. P. 161 025/1903 auf ein Verfahren und eine Vorrichtung zum Reinigen von, besonders kohlensäurehaltigen, Flüssigkeiten. Wird die Scheidung der festen und flüssigen Bestandteile mittels einer Scheidezentrifuge herbeigeführt, dann ergibt sich in manchen Fällen der Übelstand, daß die Bestandteile, die ungefähr dasselbe spezifische Gewicht wie die Flüssigkeit selbst haben — also in derselben schweben — nicht ausgeschieden werden können. Um diesen Übelstand zu beseitigen, pflegt man daher in derartigen Fällen in der Schleudertrommel noch ein Filter anzuordnen, und zwar dergestalt, daß dasselbe von der zu scheidenden Flüssigkeit von außen nach innen durchströmt wird; die festen Bestandteile scheiden sich hierbei zwischen der Trommelwand und der Filterschicht ab und können von Zeit zu Zeit entfernt werden. Die Scheideschleudern mit Filteranordnung besitzen häufig den Übelstand, daß bei verhältnismäßig kleiner Filterfläche doch ihr Raum für die ungereinigte und gereinigte Flüssigkeit verhältnismäßig groß ist, so daß besonders bei kohlensäurehaltigen Flüssigkeiten nach dem Stillstand der Schleuder beträchtliche Verluste sich ergeben. — Man versuchte auch Flüssigkeiten unter Druck zu schleudern. Zu diesem Zweck hat man die Schleudertrommel, die mit irgendwelchen Filterelementen nicht versehen war, in einem luftdicht geschlossenen Raume angeordnet und ihre Trommel in demselben umlaufen lassen. Bei dieser Schleuderanordnung pflegt sich aber der die Schleuder um-

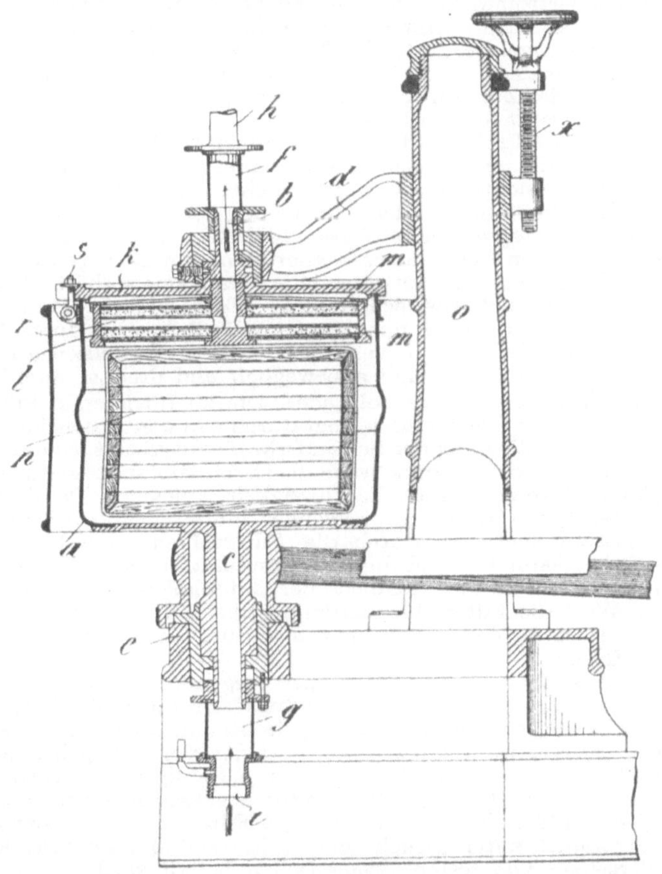

Abb. 62. Schleuder zur Klärung gashaltiger Flüssigkeiten unter Druck.

gebende freie Raum mit Kohlensäure anzufüllen, die selbstverständlich nach dem Stillstand zum größten Teil verlorengeht. Außerdem ergaben sich noch andere Übelstände bei dieser Schleuderanordnung, die besonders den kohlensäurehaltigen Flüssigkeiten schädlich sind. — Um zu verhüten, daß sich in den oberen Teilen der Vorrichtung Luft- und Kohlesäurekissen bilden, empfiehlt es sich, die Flüssigkeit von unten in die Schleudertrommel einzuführen und sie am oberen Ende abziehen zu lassen.

Die Abb. 62 veranschaulicht ein Ausführungsbeispiel einer derartigen Filterschleuder im Längsschnitt.

Die Schleudertrommel *a* ist oben und unten mit je einem hohlen Zapfen *b*, *c* versehen und mit demselben in dem Gestell *d*, *e*, sei es fest oder elastisch gelagert. An die Zapfen schließen sich gegebenenfalls mit Schaulaterne *f*, *g* versehene Rohrstutzen *h*, *i* an, von denen der letztere mit der Zuleitung, der andere hingegen mit der Ableitung in Verbindung gebracht wird. — Der Deckel *k* ist mit einem aus einem Rahmen *l* und Filterschichten *m* bestehenden Element versehen, so daß sich dasselbe mit der Schleudertrommel mitdrehen muß. Wird nicht der ganze Innenraum mit Filterschichten bzw. Filterelementen ausgefüllt, dann kann man in demselben einen aus beliebigem Material bestehenden, in entsprechender Weise geführten, und von der Trommel mitgenommenen Schwimmer *n* anordnen, um zu verhüten, daß sich in der Trommel zu viele ungereinigte Flüssigkeit aufhält. Zwecks leichten Abhebens und Auswechselns der Filterschichten kann man, wie gezeichnet, den Deckel *k* mit dem Gestellteil *d*, sei es durch Führungsringe, Laufrollen od. dgl. verbinden und den Gestellteil *d* selbst auf der Gestellsäule *o* auf- und abbeweglich und drehbar anordnen.

Die Wirkungsweise ist die folgende: Die zu filtrierende Flüssigkeit tritt bei *i* unter Druck ein, gelangt durch *c* in den Abscheideraum und wird dort der Wirkung der Schleuderkraft ausgesetzt, so daß sich auf der Innenfläche der Trommelwand die festen Bestandteile, insofern sie spezifisch schwerer sind als die Flüssigkeit, ablagern. Da aber die letztere unter Druck durch die Schleuder hindurchgeführt wird, so muß sie notwendigerweise durch die Filterschichten *m* hindurchtreten, sich in *r* sammeln und durch *b*, *f* und *h* abfließen. Die Schaulaternen *g*, *h* lassen die Reinheit der Flüssigkeit ohne weiteres erkennen. Wird die Filterschleuder zum Stillstand gebracht und soll dieselbe entleert werden, dann kann dies durch den Stutzen *i* ohne weiteres erfolgen.

Soll ein Auswechseln der Filterkörper vorgenommen werden, dann wird derselbe nach Lösen der Verbindungsschrauben *s* mittels der Schraube *x* herausgehoben, seitwärts gedreht und durch einen reinen Filzkörper ersetzt, worauf das Filtern wieder vor sich gehen kann. Der Patentanspruch lautet: Verfahren zum Reinigen von, besonders kohlensäurehaltigen, Flüssigkeiten, dadurch gekennzeichnet, daß die zu scheidende Flüssigkeit durch eine mit Filterelementen versehene Schleudertrommel unter Druck und Luftabschluß hindurchgeleitet und in derselben von festen Bestandteilen befreit wird.

Große technische Schwierigkeiten bereiten bei allen derartigen Konstruktionen die Stopfbüchsen an den Hohlzapfen *b* und *c*. Die in der Abb. 62 dargestellte Form dürfte nicht betriebssicher sein. Die Packungstiefe ist zu gering, so daß eine starke Anpressung nötig ist, um genügende Dichtigkeit zu erreichen. Die Zapfen haben an der Stopfbüchsstelle einen zu großen Durchmesser; sie sollten dort so dünn wie möglich bemessen werden, um die Reibungsarbeit und somit das Heißlaufen und Fressen der Packung möglichst zu erschweren. Eine örtliche Verengung der Zu- und Abführungsöffnungen *b* und *c*, mit schlanken Übergängen, wird wenig nachteilig auf den Durchfluß der Flüssigkeit sein, trotzdem vielleicht Geschwindigkeiten von 2 und mehr m/sek dann vorhanden sind. Aber sehr günstig wird dadurch die Lebensdauer der Stopfbüchse beeinflußt und der Kraftverbrauch vermindert.

L. Die Schälschleuder.

45. Ausführungsformen der Schälschleuder.

Jetzt möchte ich auf eine alte Schleuder zurückgreifen. Schon im Jahre 1874 nahm die Compagnie de Fives-Lille das französische Patent Nr. 105 716 auf eine ununterbrochen arbeitende Abklärschleuder. Sie hatte eine nach oben konisch sich erweiternde Trommel, aus der durch sogenannte Schälrohre der Saft sozusagen in dünner Schicht abgeschält wurde. Darauf gehen die Vorschläge auf Verwendung der Schleudern zum Klären der Zuckersäfte zurück. So verwendete um 1894 Polaczek[1]) (Österr.-Ung. Zeit. Bd. 23, S. 64) eine wagerechte Schleuder, doch ohne guten Erfolg. Bessere Ergebnisse erzielte erst Jules Hignette, Paris, und es berichtet hierüber eingehend F. Dupont (Bull. d. l'Ass. 1898/99, S. 933; siehe auch D. Deutsche Zucker-I. 1899, S. 1714). Dupont behauptet, damit klare und blanke Säfte und verhältnismäßig festen Schlamm mit 50—60% Wasser erhalten zu haben. Trotzdem konnte sich die Schleuder damals nicht halten, weil ihr verschiedene Mängel anhafteten, die ich schon vorher streifte, und vor allen Dingen waren damals andere Zeitverhältnisse als heute. Da die Schleuder einige gute Einzelheiten aufweist, so erscheint es mir notwendig, diese fast vergessene Schleuder nochmals im Bilde vorzuführen.

Während des Krieges wurde durch Zeitungen bekanntgegeben, daß es Hignette gelungen sei, die Tüchernot an den Filterpressen durch eine neue Schleuder zu ersetzen, so daß man annehmen mußte, daß es sich um eine neue Erfindung handle. Vorliegende Prospekte zeigen aber, daß er die alte Schleuder unverändert wieder ausgegraben hat, die von ihm irrtümlicherweise als „Filter"-Schleuder bezeichnet wird, während ein Filtern in dieser sieblosen Schleuder nicht stattfindet.

---

[1]) D. R. P. 75971/1893.

Wie aus Abb. 63 ersichtlich, handelt es sich um eine Trommelschleuder mit festem Halslager, die früher als sogenannte „dänische" Schleuder bekannt war, und ich möchte hierüber noch einiges berichten. Nielsen kam im Jahre 1877 auf das Abschälen des Rahmes von der Milch mittels eines Rohres durch einen zufälligen Versuch an einer alten Schwabschleuder. Er hatte beobachtet, daß durch ein festgehaltenes Rohr ein ununterbrochenes Abschälen, Ablaufen der Milch aus dem inneren Rand des umlaufenden Milchringes (siehe Abb. 24) möglich war. Im Jahre 1878 bauten nun die Ingenieure L. C. Nielsen in Kopenhagen und Heinrich Petersen in Hamburg ununterbrochen arbeitende Milchschleudern, deren Patent 11 592/1881 die Maschinen- und Schiffbau-A.-G. Burmeister & Wain, Kopenhagen, erwarben. Die letzte, vervollkommnete Ausführung zeigt nachstehende Abb. 63. Im Jahre 1910 stellte sie den Bau der Schälschleudern ganz ein, weil sie gegenüber den leichten Schleudern mit Scheideteller nicht mehr wettbewerbsfähig war.

Im Innern befanden sich drei nicht durchbrochene Trennwände. Bei der Größe *A* hatte die Trommel einen inneren Durchmesser von 632 mm, eine Trommelhöhe von 340 mm, eine lichte Weite der oberen Öffnung von 388 mm und eine Trommelwandstärke von 10 mm. Sie zeichneten sich durch sorgfältige Ausführung und ruhigen Gang aus. Nur 25 mm unter der Trommeldecke lag die wagerechte Ringwand, die 2 mm von der Trommelwand abstand und die Schälrohre *a* und *b* voneinander trennte. Aus dem so entstandenen oberen Raum nahm *b* die Magermilch, aus dem unteren *a* den Rahm. Der am Boden, erst seit 1889 angebrachte Winkelring sollte die durch das Fallrohr zugeführte Milch unter die schon gebildete innere Rahmschicht hindurch ins Innere des Milchringes leiten. Das Rahmrohr *d* stand während des Ganges unbeweglich fest, während das Magermilchrohr *b* vor und rückwärts geschraubt wurde, um die Entrahmung regeln zu können.

Fjords (Kopenhagen 1882, Saertryk af Tidskrift for Landökonomi S. 36) berichtet über den Einfluß der Drehgeschwindigkeit an einer solchen Schälschleuder Modell *B*, von 400 mm Trommeldurchmesser, 270 mm Höhe, obere Öffnung 240 mm, Inhalt 20 l, Kraftbedarf 1 PS, nach Zahlenreihe VIII.

Zahlenreihe VIII.

Milchwärme	Umlauf in der Minute	Stundenleistung in kg Milch	Aufenthaltszeit $i = \frac{60 \cdot 20}{Q_L}$	Fettgehalt der Magermilch	Umfangsgeschwindigkeit v_1	Verhältnis $S = \frac{n}{30}\sqrt{r}$
°C	n	Q_L	Minuten	%	m/sek	
24,8	1945	149	8	0,21	40,8	29,2
24,7	2385	217	5,5	0,22	50,1	35,8
24,3	2931	350	3,4	0,28	61,6	44,1

Die Stundenleistung ist nach diesen Versuchen somit proportional dem Sinkgeschwindigkeitsverhältnis S, unter Berücksichtigung des Fettgehaltes der Magermilch. Unter Zugrundelegung der Leistung bei $n = 1945$ müßte sein für $n = 2931$

$$Q_L = 149 \cdot \frac{44,1}{29,2} \cdot \frac{0,28}{0,21} = 2996 \text{ kg}$$

während sie nach Zahlenreihe VIII 2931 kg betrug, also mit großer Annäherung.

Als Hignette diese Schälschleuder verwendete, wurde der Schlammsaft durch ein Düsenrohr fast auf den Trommelboden geleitet und durch kreisringförmige Wände verteilt, ähnlich wie bei der Heineschleuder. Der Schlamm sammelt sich an der Trommelwand, während der klare Saft einen inneren Zylinder bildet. Dort wird er durch ein scharfkantiges Schälrohr a abgenommen. Gegenüber der Heineschleuder hat dieses den Vorteil der ruhigeren Saftabnahme, denn man kann bei der Heineschleuder nicht damit rechnen, daß der Saft gleichmäßig über den ganzen Randumfang c, nach Abb. 50, geworfen wird. Er wird gelegentlich da oder dort überschwappen. Sofort wird aber das Gleichgewicht auf der gegenüberliegenden Seite gestört, die im beweglichen Halslager gelagerte Heineschleuder weicht aus und pendelt hin und her. Diese Pendelungen übertragen sich natürlich auf den ganzen Saftinhalt und rühren ihn innig um. Bei dem Schälrohr ist solche wechselnde Be- oder Entlastung nicht möglich. Allerdings verlangt seine Anwendung eine festgelagerte Trommel, die aber sowieso erwünscht ist.

Durch das Schälrohr b wollte Hignette auch den Schlamm dauernd abschälen. Dies ist ihm aber, wie aus früherem zu erwarten war, nicht gelungen. Er mußte deshalb seine Trommel von Hand periodisch entleeren, weil sich der Schlamm an der zylindrischen Trommelwand fest anlagerte und nicht bis zu dem hinter der Trommelwand befindlichen Schälrohr *b* floß. Abgesehen von diesem Nachteil, der durch andere Form der Trommel gemindert werden könnte, haben die beiden gegenseitig einstellbaren Schälrohre *a* und *b* den großen Vorteil der leichten Einstellbarkeit während des Betriebes[1]). Der Druck ist vor und hinter der Trennwand

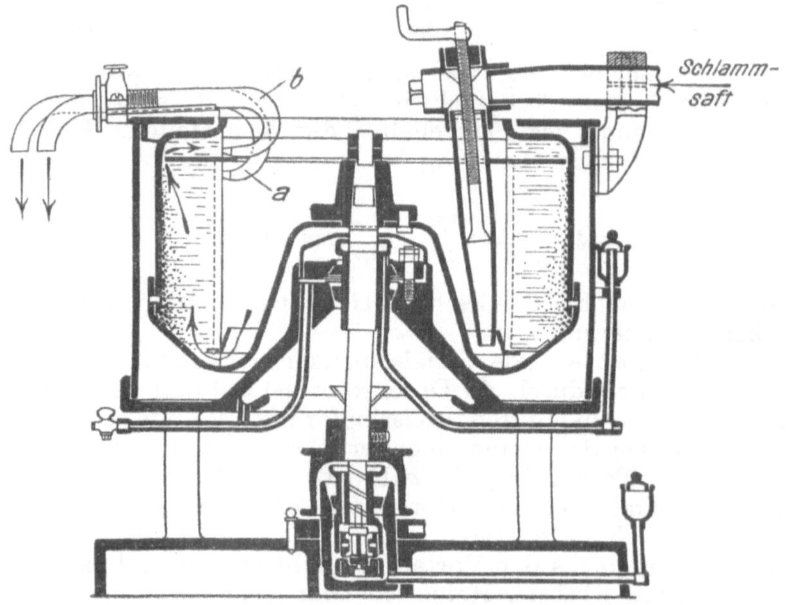

Abb. 63. Dänische Schälschleuder.

(Abb. 63) abhängig vom spezifischen Gewicht oder der mehr oder weniger weit getriebenen Schlammabscheidung. Je fester der durch *b* abzuschälende Schlamm sein soll, um so mehr steigt sein spezifisches Gewicht, um so niedriger wird die Schichthöhe, um so mehr wird das Schälrohr *b* nach dem Trommelmantel zu verschoben werden müssen. Der Abstand zwischen den Schneiden *a* und *b* berechnet sich wie folgt, wenn im Beharrungszustand sich eine gleichmäßige Schichtung in der Trommel selbst eingestellt hat. Innen ist dann der leichteste, klare Dünnsaft mit z. B. 1,05 spezifischem

[1]) Siehe auch D. R. P. 75971/1893 von Polaczek.

Gewicht (Zahlenreihe VI, S. 88) und außen sei Schlamm mit 1,6 spezifischem Gewicht. Nehme ich nun an, daß sich drei Schichten bildeten (Abb. 24), dann wird die mittlere ein spezifisches Gewicht von ungefähr 1,3 haben. Der Schleuderdruck (Formel 33, S. 46) auf 1 qcm Trommelmantelfläche ist

$$p_F = \frac{m \cdot v_1^2}{r} = \frac{G}{g} \cdot \frac{v_1^2}{r} = G_F \cdot \frac{r_F \cdot n^2}{900}.$$

Von den drei übereinander gelagerten Schichten wird ein Gesamtdruck gleich der Summe der Einzeldrücke ausgeübt. Hat z. B. die Trommel einen Durchmesser von $2\,r = 0{,}5$ m und beträgt die Gesamtfüllhöhe $B = 1{,}2$ dm, dann würde jede Schicht $\frac{1{,}2}{3} = 0{,}4$ dm dick sein und deren Gewichte wären

$$G_F = F \cdot B \cdot j \text{ kg}.$$

Auf 1 qcm Trommelmantelfläche bezogen berechnet sich:

das Gewicht der Innenschicht $G_1 = 0{,}1^2 \cdot 0{,}4 \cdot 1{,}05 = 0{,}0042$ kg
,, ,, ,, Mittelschicht $G_2 = 0{,}1^2 \cdot 0{,}4 \cdot 1{,}3 = 0{,}0052$,,
,, ,, ,, Außenschicht $G_3 = 0{,}1^2 \cdot 0{,}4 \cdot 1{,}6 = 0{,}0064$,,

Der Bodendruck auf 1 qcm wäre im stillstehenden Gefäß (gemäß Abb. 16) . . . $G_F = 0{,}0158$ kg.

Wäre nun vor dem Überlauf c des jetzt noch stillstehenden Behälters (Abb. 50) eine Trennwand bis fast auf den Boden d angebracht, dann muß die von d nach c reichende Schlammschicht gleich diesem Bodendruck von 0,0158 kg oder kleiner nicht sein, sonst kann der Schlamm nicht unter die Scheidewand hindurch über c hinübergedrückt werden. Die Höhe $c - d = h_1$ darf deshalb höchstens sein

$$h_1 = \frac{G}{j_1} \cdot 100 = \frac{0{,}0158}{1{,}6} \cdot 100 = 0{,}99 \text{ dm} = 99 \text{ mm},$$

gegenüber der inneren Schichthöhe von 120 mm. Dieser Gleichgewichtszustand zwischen der Trommelfüllung und dem herauszudrückenden Schlamme wird gestört, wenn sich die Trommel dreht.

Lasse ich die Trommel mit $n = 2400$ Umdrehungen in der Minute laufen, dann ist der Schleuderdruck jeder einzelnen Schicht:

$$C_1 = G_1^2 \cdot \frac{r_1 \cdot n^2}{900} = 0{,}0042 \cdot \frac{0{,}15 \cdot 2400^2}{900} = 4{,}03 \text{ kg/qcm},$$

$$C_2 = \quad 0{,}0052 \cdot \frac{0{,}19 \cdot 2400^2}{900} = 6{,}32 \quad ,,$$

$$C_3 = \quad 0{,}0064 \cdot \frac{0{,}23 \cdot 2400^2}{900} = 9{,}48 \quad ,,$$

Der Gesamtdruck auf 1 qcm Trommelmantel ist jetzt . . . . $p_F = 19{,}83$ kg/qcm.

Mit diesem Druck muß die Schleuderkraft der Schlammsäule hinter der Trennwand (am Schälrohr *b*) im Gleichgewicht sein. Ist deren erforderliche Höhe h_1 in dm, so ist ihr Gewicht bezogen auf 1 qcm Grundfläche

$$G_4 = 0{,}1^2 \cdot h_1 \cdot \gamma_1 .$$

Der Schwerpunktsabstand dieser Schlammsäule von der Drehachse ist

$$r_4 = r - \frac{h_1}{2 \cdot 10}$$

und deren Schleuderkraft

$$C_4 = G_4 \frac{r_4 \cdot n^2}{900} = 0{,}1^2 \cdot h_1 \cdot \gamma_1 \left(r - \frac{h_1}{20}\right) \frac{n^2}{900} .$$

Da weiter sein muß $C_4 \leqq C_1 + C_2 + C_3$, so wird

$$0{,}1^2 \cdot h_1 \gamma_1 \left(r - \frac{h_1}{20}\right) \frac{n^2}{900} \leqq 19{,}83.$$

Hieraus läßt sich h_1 berechnen, z. B. für einen ablaufenden Schlamm von 1,6 spezifischem Gewicht zu $h_1 = 0{,}95$ dm oder 95 mm. Das heißt hier, daß die Schneide des Schälrohres *b* höchstens 95 mm vom Trommelrand abstehen darf oder 120 — 95 = 25 mm tiefer als das Schälrohr *a*. Steht es höher, so wird dünnerer Schlamm, steht es tiefer, so wird unter den angenommenen Verhältnissen festerer Schlamm abgeschält. Auch ergibt sich aus der Rechnung der Einfluß des spezifischen Gewichts des Schlammsaftes. Hat der Trommelinhalt anfangs nur ein spezifisches Gewicht von 1,05, dann berechnet sich der Abstandsunterschied zwischen den Schälrohrschneiden *a* und *b* zu ungefähr 40 mm. — Diese Zahlen zeigen so recht die Notwendigkeit, die Schälrohre nach Abb. 63 oder die Düsen nach Abb. 90 einstellen zu können, denn dadurch kann man (in Verbindung mit der Zuflußreglung) den Ablauf eines mehr oder weniger trockenen Schlammes einstellen.

46. Anwendung der Schälschleuder für Hefe, Zuckerschlammsaft, Leimbrühe, Teer, zum Decken, für Laboratoriumszwecke.

In einer Schälschleuder nach Abb. 63 und der auf S. 134 angegebenen Größe wurden 200 kg Mineralhefeschlamm mit 5% Trockengehalt in Dickhefe mit 18,5% Trockengehalt und Würze (Hefewasser) mit 0,25% Trockengehalt getrennt. Die Schleudertrommel war in 3,5 Minuten durch den zulaufenden Hefeschlamm angefüllt, dann erfolgte das Abschälen von 155 kg Würze in 12 Minuten. Zurück blieben in der Trommel 45 kg, von denen 27 kg Dickhefe an der Trommel innen als angeschleuderte Schicht haften blieben, während beim Stillstand unten 18 kg Hefeschlamm auf dem Trommelboden zusammenliefen..

Der Schlammsaft enthält natürlich noch viel Saft, weil er nicht genügend trocken geschleudert werden konnte. Dieser Saft darf nicht verlorengehen. In den Filterpressen wird er durch Ausdämpfen oder Auslaugen mit Wasser („Absüßen“ durch absolute Auslaugung) gewonnen und das Absüßwasser wieder dem gefilterten Saft zugesetzt. Hignette wollte den Schlamm mit Wasser nochmals anrühren und dann dieses Absüßwasser in einer besonderen Schleuder vom Schlamm trennen. Gleichlaufend mit der Zuführung des geschiedenen Schlammsaftes wollte Hignette auch Kohlensäure einführen, um den Zuckersaft gleichzeitig bei der Trennung zu saturieren. Er erhielt hierauf am 13. Juli 1893 das D. R. P. 78 692, dessen Anspruch lautet: „Verfahren zur Reinigung von Zuckersaft in Zentrifugen, dadurch gekennzeichnet, daß man die bekannte Saturation des Saftes mit Kohlensäure oder schwefliger Säure in Zentrifugen mit ungelochter Trommel und Schäl- oder Schöpfrohr ausführt.“ Um dies zu ermöglichen, versah er die Schleuder nach Abb. 63 mit einem gasdichten Deckel und führte in der Trommelmitte die Saturationsgase ein. Die in der Schleuder zur Verfügung stehende Saturationszeit verlangte eine zu schnelle Kalkabscheidung, ungenügende Auskristallisation an den Schwebekörpern und somit unvollkommene Trennung. Es besteht für Zuckerfabriken kein Grund, die Saturateure gemeinsam mit den Filterpressen durch die Schleuder zu ersetzen, da dies Hignette aber anstrebte und dieses nach früheren Begründungen (Zeitschr. d. V. d. D. Zucker-Ind. 1918, S. 400) nicht gelingen kann, so verschwand sein Verfahren bald wieder von der Bildfläche.

In neuerer Zeit will es Newhall (Journ. fabr. sucre 1918, Nr. 7) gelungen sein, die Rohsäfte und Sirupe in Rohrzucker-

Abb. 64. Schleuder mit einem Schälrohr.

fabriken durch Schleudern erfolgreich filtriert zu haben. Leider fehlen alle näheren Angaben, die eine Prüfung ermöglichen.

Die Heine-Schleuder nach Abb. 64 mit nur einem Schälrohr dient unter anderem zur Reinigung von Leimbrühe. Die geklärte Leimlösung wird abgeschält, während der an die Trommelwandung angeschleuderte Schlamm von Zeit zu Zeit durch Handarbeit entfernt wird. — Sie wird mit dichtem Deckel versehen, zum Abschleudern des Schmutzes aus dem gebrauchten Benzin der chemischen Wäschereien.

Die Schälschleuder nach Abb. 63 hat auch zur Entwässerung des Teeres, wie er in den Leuchtgasanstalten gewonnen wird, Verwendung gefunden, wobei gleichzeitig noch eine Entschlammung erfolgt.

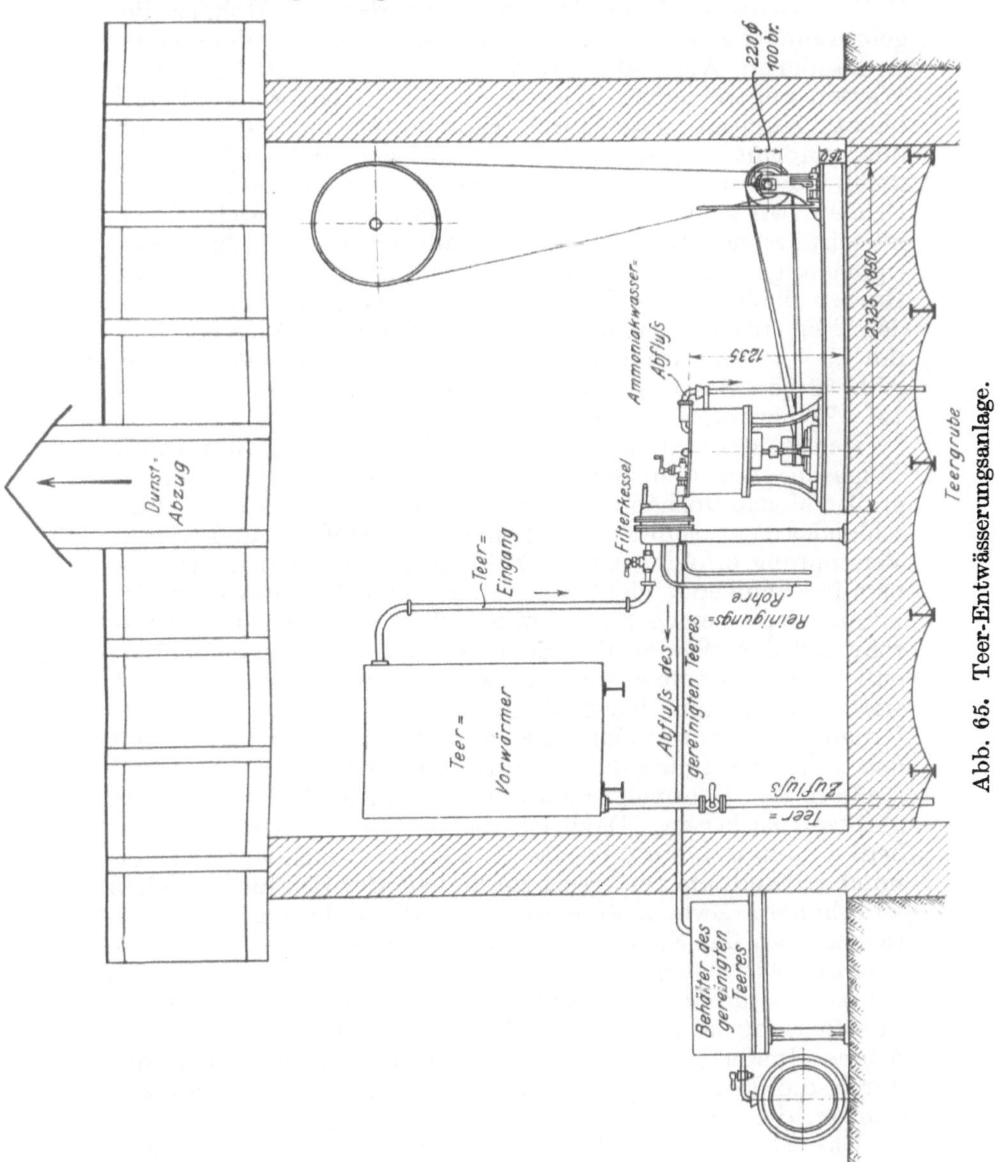

Abb. 65. Teer-Entwässerungsanlage.

Die Abb. 65 zeigt eine Teer-Entwässerungsanlage mit einer solchen Schälschleuder. Zwischen dem Teer-Vorwärmer und der Schleuder ist noch ein Filterkessel eingeschaltet von C. G. Haubold, Chemnitz. Der Teer, der dem Rohgas die gelbbraune Farbe verleiht, wird zusammen mit dem stets vorhandenen Wasserdampf, durch Kühlung mit Luft und Wasser, abgeschieden. Was davon noch nebelförmig im Gas bleibt, beseitigt man durch Stoßverdichtung. Bei dieser durchstreicht das Gas feingelochte Bleche und prallt hinter ihnen auf feste Wände. Teer und Wasser sammelt man in Gruben, wo sie sich nach ihrem spezifischen Gewicht (Teer ist schwerer als Wasser) übereinanderlagern und durch geeignet angebrachte Überläufe, jedes für sich, in besondere Gruben fließen. Die Trennung ist jedoch nicht vollständig, der Teer enthält immer noch größere Mengen Wasser. Um ihn davon zu befreien, wird er in Schälschleudern nach Abb. 63 geschleudert. Hierdurch geht sein Wassergehalt bis auf 1% herunter.

Der Rohteer ist mit Schlamm (Koksteilchen, Staub und Flugasche aus den Retorten) verunreinigt. Ist dieser in großer Menge vorhanden, dann wird die Trommel der Schälschleuder sehr schnell mit Schlamm angefüllt und deren Verstopfung erfolgt. Diesen Schlamm kann man in der genannten Schleuder nicht abschälen, denn das Schälrohr „*b*“ nimmt den spezifisch schwereren Teer, dagegen das Schälrohr „*a*“ das Wasser ab. Es ist deshalb sehr unangenehm, daß nach einer gewissen Laufzeit die Schleuder abgestellt werden muß, um den Schlamm durch Handarbeit zu entfernen. Man vermindert die Häufigkeit dieser Handarbeit dadurch, indem man dafür sorgt, daß der Teer sich möglichst lange in den Sammelgruben aufhält, um auch den Schlamm absetzen zu lassen. Dazu ist aber notwendig, daß der Teer heiß erhalten bleibt, um seine Zähigkeit möglichst zu vermindern und die Sinkgeschwindigkeit der Schlammteilchen zu erhöhen. Zweckmäßig wäre auf alle Fälle hier eine Einrichtung an den Schleudern unter Verwendung eines dritten Schälrohres, welches ohne Handarbeit die Entfernung des Schlammes gestattet. Dadurch wird an Wärme gespart, die Verarbeitung beschleunigt und vor allen Dingen die unangenehme Handarbeit vermieden, denn die Arbeiter bekommen durch die Berührung mit dem Teer schmerzhafte Hautausschläge, die schlecht heilen.

Das D. R. P. 143756 beschreibt die Verbindung einer

Schälschleuder mit einer Filterschleuder, wie sie in Abschnitt K beschrieben ist. Hier hat man also die ununterbrochene Trennung und Entfernung durch Schälrohre, während der überlaufende Schlamm nochmals durch eine Siebtrommel zwecks vollständiger Klärung geleitet wird.

Fölsche (Chem.-Ztg. 1890, Nr. 83 u. 84) hatte die Absicht, mehrere solcher Schälschleudern hintereinander zu halten, um durch systematische Wiederbenutzung der abgeschälten Sirupe ein gleichmäßiges Decken des Zuckers zu

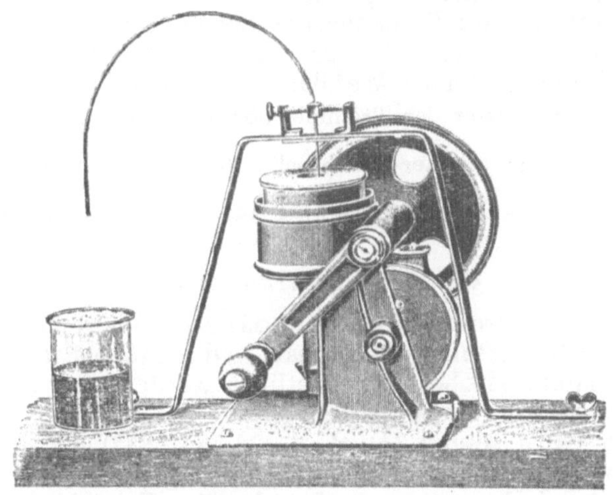

Abb. 66. Schälrohrschleuder für Laboratoriumszwecke.

erlangen. Er wollte damit das Steffensche Auswaschverfahren verbessern. Es ist ihm dies aber nicht gelungen.

Eine Schälschleuder für Laboratoriumszwecke ließ 1907 Dr. Th. Körner für seine gerbereitechnischen Untersuchungen anfertigen nach Abb. 66. Durch das Deckelloch wird ein dünnes Messingröhrchen eingeführt, an dessen einem, im Innern der Trommel befindlichen Ende eine horizontale, halbkreisförmige Biegung angebracht ist (auf der Abb. nicht sichtbar). Sobald die Schleuder samt Inhalt solange gegangen ist, daß man den Trennungsvorgang als beendet ansehen kann, schraubt man das Röhrchen nach der Seite (auf der Abb. nach links). Das im Innern der Trommel befindliche Ende des Röhrchens taucht man nun in den kreisenden Flüssigkeitsring, und die Flüssigkeit wird durch die Schleuderkraft in dem Röhrchen in die Höhe getrieben und fließt in ein vor das andere Ende gestelltes Becherglas ab.

Da die Entleerung noch während des Ganges der Schleuder erfolgt, so ist ein Wiederaufrühren der abgeschiedenen Teilchen ausgeschlossen. Unter Umständen kann sie zu ununterbrochenem Betrieb benutzt werden, indem man die zu schleudernde Flüssigkeit während des Ganges durch einen Trichter nachfüllt. Diese Schleuder wird auch auf Wunsch mit einer Siebtrommel ausgerüstet, so daß sie ohne weiteres auch als Filtrier- und Trockenschleuder benutzt werden kann zum Ausschleudern von Garnproben usw. Sie wird geliefert von der Firma Arthur Meißner, Freiberg i. Sa.:

Nr. 1. Durchmesser der Trommel 90 mm, Höhe 45 mm, Inhalt 150 ccm.

Nr. 2. Durchmesser der Trommel 120 mm. Höhe 50 mm, Inhalt 300 ccm.

Nr. 3. Durchmesser der Trommel 145 mm, Höhe 60 mm, Inhalt 500 ccm.

47. Die Schälrohre.

Will man Schälrohre anwenden, dann muß deren Schneide haarscharf, sehr hart (auswechselbar) und möglichst tangential an die Schlammsaftoberfläche geführt werden, um Spritzen und Schäumen zu verhindern.

H. Peterson schlug (D. R. P. 22 794/1882) als Schnittfläche ein um seine Achse drehbares, gerades Rohr mit vorderer Schnittkante vor. Durch die Einrichtung, das Schälrohr drehen zu können, wird ermöglicht, dem zu entfernenden Stoffe jederzeit eine neue Schnittfläche darbieten zu können. Man kann nach Abnutzung der Schnittkante eine neue vorbringen und wenn sich Fäden und Fasern ansetzen, die Verspritzen und schlechten Schnitt veranlassen, diese Unreinigkeiten durch Drehung der Rohrschneide leicht entfernen.

Die Abb. 67 zeigt eine Schälschleuder von Gebr. Heine, Viersen, mit den zwei durch Handräder einstellbaren Schälrohren. Auf dem Deckel ist ein Füllungsanzeiger angebracht, der einen Finger besitzt, welcher in die Trommel hineinragt. Bei Überfüllung wird der Finger mitgenommen, so daß er ein Läutewerk in Bewegung setzt. Dies veranlaßt den Bedienungsmann, die Schleuder abzustellen.

Die Schälrohre haben den Vorteil, daß man die lebende Kraft der abgeschälten Flüssigkeiten nutzbar machen kann, indem man sie in Steigrohren hochdrückt, während sonst bei freiem Auslauf diese aufgewendete Kraft verlorengeht. Ein auf Wasserdruck geeichtes Manometer, das Fleischmann (Milchwirtschaft 1915, S. 240) gelegentlich eines Versuches mit dem Schälrohr einer dänischen, im Gange befindlichen Schleuder (Abmessungen nach S. 134) in Verbindung brachte, zeigte bei 4000 Umdrehungen in der Minute den sehr bedeutenden Druck von 34 m Höhe. Diese Druckhöhe kann aber nicht als volle Steighöhe ausgenutzt werden, weil dann an der Schneide des Schälrohres der eintretenden Flüssigkeit ein starker Widerstand entgegengesetzt werden würde. Erfahrungsgemäß tritt keine merkliche Störung in der Schleuderarbeit ein, wenn man Rahm und Magermilch etwa 3 m in die Höhe steigen läßt. Bei größeren Druckhöhen tritt ein Verspritzen ein. Rahm und Magermilch, auch andere zum Schäumen neigenden Flüssigkeiten, schäumen beim Austritt aus dem Schälrohr sehr stark, denn im Innenraum der Trommel läuft auch Luft mit großer Geschwindigkeit um, die ebenfalls in die nur teilweise mit Flüssigkeit angefüllte Schälrohröffnung eingedrückt wird. Sie werden im Schälrohr durcheinander gewirbelt und bilden Schaum. Dieser schädliche Lufteintritt kann durch kleine Schälrohröffnungen, die deshalb bei der Schleuder nach Abb. 63 nur 3—4 mm Durchmesser hatten, vermindert werden.

Abb. 67. Schälschleuder mit zwei einstellbaren Schälrohren.

H. Tödt (D. R. P. 273 492/1914) will den Schaum verursachenden Eintritt von Luft durch eine Einrichtung nach Abb. 68 verhindern. Der Trommeldeckel a^1 nimmt die Rohre c auf, welche die Magermilch vom Umfang der

Trommel *a* den Deckel a^1 entlang durch dessen Hals hindurchführen. Oberhalb der Mündungen dieser Rohre *c* und unterhalb der Austrittsöffnungen für den Rahm ist auf dem Trommelhals eine Scheibe *d* befestigt, welche mit Kanälen *e* sowie mit einer Hohlkehle *f* versehen ist. Die Magermilch wird durch die Zentrifugalkraft durch die Kanäle *e* in die Hohlkehle befördert, woselbst sie eine feste Masse bildet und sich mit der Scheibe dreht. Ein in die Hohlkehle *f* hineinragendes, schaufelförmiges ausgebildetes Rohr schöpft die Magermilch aus der Hohlkehle *f* und leitet sie ab. In dieses Rohr *g*, welches am Gehäuse *b* oder an einem anderen feststehenden Teil der Schleuder befestigt ist, ist ein Rückschlagventil *h* eingeschaltet, damit bei geringerer Milchzufuhr keine Luft in das Schälrohr eintreten kann. Dort würde dann wohl das Zerstäuben und Entstehen von Schaum vermieden, aber die Flugbahn zwischen *e* und *f* ist noch groß. Dieser hier entstehende feine Milchschleier wird auch schon Luft mitreißen und in der Rinne *f* zum Überschäumen Veranlassung geben.

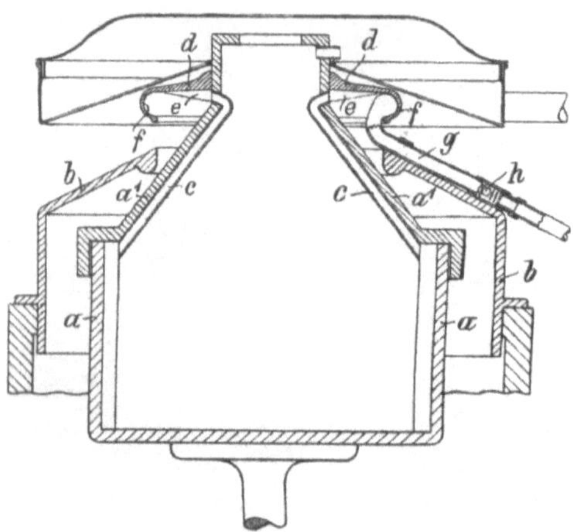

Abb. 68. Schaumverhindernde Einrichtung.

Eine besondere Schälrohranordnung an Milchschleudern mit Scheidetellern ist durch das D. R. P. 272 821/1914, B. Münzer, Bunzlau, geschützt (Abb. 69). Das Einlaufrohr 7 ist um das in der verhältnismäßig kleinen Schälkammer 13 die Trommelachse schneidende Schälrohr 2 in einem Bogen 16 herumgeführt, wobei die oberhalb und unterhalb des Schälrohres liegenden Teile des Einlaufrohres wie üblich in der Trommelachse liegen. Die letztere gestattet ruhigen Zulauf.

Die Abb. 70 zeigt eine Filterschleuder, in der Art der Abb. 54, von Gebr. Heine, Viersen, mit einem Schälrohr, daß nach erfolgtem Abschälen der zurückgebliebenen Flüssigkeit, herausgeschwenkt werden kann. Dann ist der Filtereinsatz leicht zugänglich und der angeschleuderte Schlamm kann, nach dem Abschrauben des oberen Trommeldeckels, unbehindert herausgestochen werden.

Ein mechanisch betätigtes Schälrohr s. noch Abb. 120.

Die Steighöhe, bis zu der das vom umlaufenden Flüssigkeitsring abgeschälte Teilchen geworfen werden könnte, ergibt sich aus den bekannten Formeln für die Wurfhöhe eines Körpers. Werfe ich einen Körper mit der Anfangsgeschwindig-

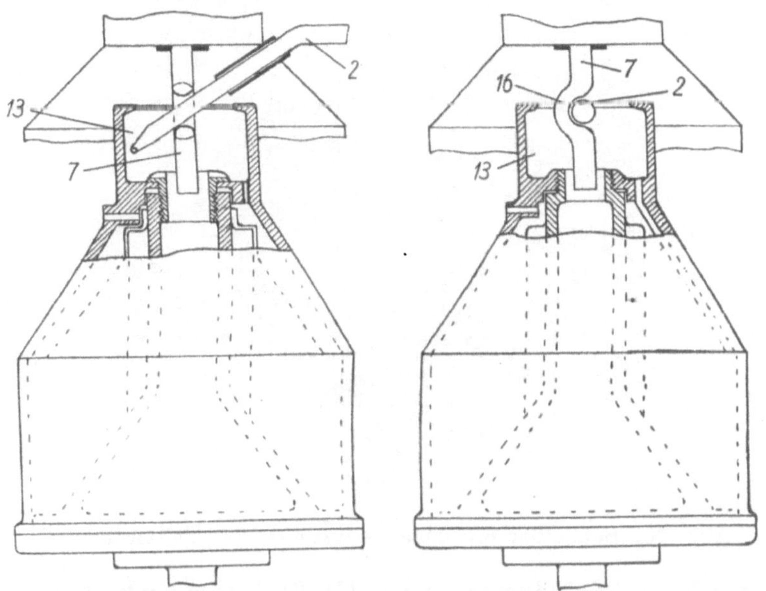

Abb. 69. Schälrohr an Schleudern mit Scheidetellern.

keit v_1 senkrecht in die Höhe, so wird diese Geschwindigkeit immer mehr vermindert, durch die Gegenwirkung der Erdanziehung und den Luftwiderstand. Beim Ansteigen in einem Rohre kommen statt des Luftwiderstands der Reibungswiderstand in der Rohrleitung in Frage. Ist die ansteigende Geschwindigkeit auf Null vermindert, dann hat der Körper seinen Höhepunkt (Kulminationspunkt) erreicht und fällt zurück.

Ohne Berücksichtigung der in diesem Falle unsicher feststellbaren Reibungswiderstände, wäre die theoretische Steighöhe

$$h_2 = \frac{v_1^2}{2g}. \tag{45}$$

In dieser Formel bedeutet v_1 wieder die Umfangsgeschwindigkeit des sich nach Abb. 25 losgelösten und nun in tangentialer Richtung mit dieser Anfangsgeschwindigkeit sich fortbewegenden Körpers *E*. Das Schälrohr muß eben deshalb genau tangential an den Flüssigkeitsring anmünden, wie die Schaufeln von Schleuderpumpen, um stoßlos die Flüssigkeit ableiten zu können.

Abb. 70. Schleuder mit herausschwenkbarem Schälrohr.

Bei der auf S. 134 angegebenen Größe der Schleuder hat der Flüssigkeitsring einen Innendurchmesser von ungefähr 0,370 m, demnach ist

$$v_1 = \frac{r \cdot \pi \cdot n}{60} = \frac{0{,}370 \cdot 3{,}14 \cdot 4000}{60} = 78 \text{ m/sek.}$$

und die theoretische Steighöhe

$$h_2 = \frac{v_1^2}{2 \cdot g} = \frac{78^2}{2 \cdot 9{,}81} = 306 \text{ m}.$$

Aus dem vorerwähnten Versuch ergibt sich aber nur eine Höhe von 34 m, also nur ungefähr $^1/_{10}$. Es ist dies auch einleuchtend, denn da die Widerstände mit dem Quadrat der Geschwindigkeit wachsen, wird die Anfangsgeschwindigkeit von 78 m außerordentlich schnell abgedrosselt. Frei in der

Luft wird deshalb auch ein Flüssigkeitsstrahl schnell zerstäubt, wie wir dies an den Strahlrohren der Springbrunnen und Feuerspritzen sehen. Besser ausnützen könnte man die lebende Kraft in geschlossenen Gehäusen, mit Leit- und Schaufelrädern, nach Art der Schleuderpumpe, wie dies in der Schleuder des Abschnittes 59 angestrebt wird.

Derartig hohe Anfangsgeschwindigkeiten wie sie bei den Schleudern vorkommen (nach vorstehendem Beispiel 78 m/sek.) vermeidet man aber bei Schleuderpumpen (Zentrifugalpumpen). Meist geht man nicht über 32—35 m/sek. (Hütte B. II, S. 600), wobei das Schleuderrad 60—70 m Förderhöhe überwindet. Ist die Geschwindigkeit v_1 zu hoch, verschleißen die Leitschaufeln stark, insbesondere bei sandigem Wasser. Dies ist auch bei den Schleudern wohl zu beachten.

M. Das Absüßen des Schlammes und seine Entfernung aus der unterbrochen arbeitenden Schleuder.

48. Das Absüßen des Schlammes.

Nachdem sich der Schlamm in den Filterpreßrahmen abgesetzt hat, wird dieser, wie schon erwähnt, ausgelaugt, um den noch zurückgehaltenen Saft zu gewinnen Dieses Auslaugen bereitet in der Filterpresse keine technischen Schwierigkeiten und läßt sich leicht bewirken. Dagegen erscheint es technisch schwierig, den in der Schleuder gewonnenen Schlamm sofort auszulaugen. Den aus der Schleuder abgelaufenen Schlamm aber nochmals mit Absüßwasser aufzumaischen und zu schleudern, nach dem Vorschlage von Fesca (Zeitschr. d. V. d. D. Zucker-Ind. 1860, S. 128) bzw. Hignette (S. 139) erscheint umständlich. Fesca ließ den Schlammrückstand von dem sieblosen Trommelmantel auf den Boden stoßen, mit Wasser verdünnen und nochmals Schleudern. Das Absüßwasser wurde dann abgezapft.

Nach der A. B. Separator, D. R. P. 189 828/1906, wird die durch das Zuflußrohr eingeführte Schlammflüssigkeit im Behälter gesammelt und dann durch die Rohre und Löcher in die verschiedenen Tellerräume gebracht. Die sich ausscheidenden festen Bestandteile werden gegen die Trommelwand geschleudert. Sie müssen aber, ehe sie dort anlangen, die in entgegengesetzter Richtung strömende Waschflüssigkeit durchdringen und werden dadurch gewaschen. Die Waschflüssigkeit wird durch ein Rohr eingeführt. Diese und die von den festen Bestandteilen befreite klare Flüssigkeit entweichen durch die besonderen Löcher und Ablauföffnung im Trommeldeckel.

Auch Didier, Varangéville Haute, nahm das D. R. P. 130 777/1901, dessen Anspruch 1 lautet: Verfahren zur Trennung flüssiger und fester Stoffe und zur Gewinnung der letzteren im reinen Zustande, dadurch gekennzeichnet, daß das dem Boden eines drehbaren Behälters (gelochte Schleudertrommel) ununterbrochen zugeführte Filtergut im unteren Teil des Behälters ausgeschleudert wird, die festen Stoffe sodann vermittels geeigneter Vorrichtung längs der Wände des Behälters stufenweise von unten nach oben gehoben und hierbei der Einwirkung mehrerer in verschiedener Höhe zugeführten Strahlen von teils benutzter, teils frischer Waschflüssigkeit ausgesetzt werden, um hierauf im oberen Teil der Trommel durch geeignete Mittel (Luft, überhitzter Dampf) getrocknet und von da in reinem und trockenem Zustande abgeführt werden.

Beide Arten dürften ebenfalls nicht befriedigen[1]). Es ist deshalb zu prüfen, wie die Verluste beim Schleudern überhaupt sich gestalten. Ich will hier diese Berechnung nur für Zuckersaft vornehmen, da man dann von Fall zu Fall diese leicht anders gearteten Verhältnissen anpassen kann.

Man rechnet bei der Verwendung der Filterpressen in Zuckerfabriken im allgemeinen mit einem Kalkzusatz von 2—3% (auf verarbeitete Rüben gerechnet), die 10% feuchten Schlamm ergeben. Dieser enthält 50—60% Saft mit 12—13% Zucker, somit der Schlamm 6—8% Zucker. Der Schlamm wird in der Presse auf 1—2% (häufig auch nur 3%) abgesüßt, so daß mit einem Zuckerverlust von mindestens 0,1, 0,2%, auch 0,3% auf Rüben zu rechnen ist.

Bei der Schleuderarbeit kommt man aber mit 0,3 bis 0,4% Kalk aus, die 0,9 bis 1,0% Schlamm (als Trockensubstanz berechnet) ergeben. Ich nehme ferner vorläufig an, daß dieser Schlamm nicht so fest ist, wie der Preßschlamm, daß er 65% Saft mit 12,5% Zucker enthält. Dann sind bei der Schlammenge von 1,0% Trockensubstanz $1{,}0 \cdot \frac{100}{35} = 2{,}9\%$ nasser Schlamm vorhanden, der $2{,}9 \cdot 0{,}65 \cdot 0{,}125 = 0{,}235\%$

[1]) Ob das D.R.P. 325 140/1919 von Hermann Günther Brünn, welches in einer kegelförmigen Trommel (ähnlich Abb. 96) mehrere Filtereinsätze und stufenweises Waschen vorsieht, Erfolge bringt, ist noch zu bezweifeln.

Zucker enthält. Es erscheint demnach unnötig, auf ein Absüßen des Schleuderschlammes Rücksicht zu nehmen, weil man den Schlamm ohne weiteres aus dem Fabrikbetrieb entfernen kann, ohne größere Zuckerverluste zu erleiden als beim Absüßen der Filterpressen. Würde man aber doch in Wirklichkeit mehr Kalk zusetzen müssen, um z. B. die Farbe des Saftes zu verbessern, dann würde wohl ein größerer Zuckerverlust eintreten. Aber es ist dabei zu bedenken, daß man dann die lästigen Absüßwässer los ist, die manchen gelösten Nichtzuckerstoff wieder in den Saft zurückbringen, nachdem man ihn glücklich in der Filter-Presse los war; man verdünnt nicht mehr die Säfte und erspart Verdampfungskosten.

Wenn man aber auf das Absüßen keine Rücksicht zu nehmen braucht, dann wird auch die Bedienung der unterbrochen arbeitenden Schleuder sehr erleichtert und ihre Verwendung wohl möglich. Man braucht dann auch keine Rücksicht auf die Bildung eines stichfesten Schlammes zu nehmen, weil diese nur für das Absüßen und Entleeren in der Filterpresse von Bedeutung ist.

49. Das Entleeren der unterbrochen arbeitenden Schleuder.

Braucht man auf die Gewinnung eines festen Schlammes keinen großen Wert zu legen und auch keine Rücksicht auf das Absüßen des Schlammes zu nehmen, dann wird die Entleerung der Schleudern, z. B. nach Art der Heineschen Schlammschleuder, sehr erleichtert. Müßte man den mehr oder weniger glitschigen, häufig jedenfalls nicht stichfesten Schlamm nach oben entleeren, dann wäre dies recht unangenehm. Die häßliche Pressenarbeit wäre durch die nicht weniger schöne und leichte Schleuderarbeit abgelöst, die schon genügend Schwierigkeiten im Füllmassehause bzw. beim Abschleudern des Kristallzuckers macht. Diese Handarbeit kann aber jedenfalls leicht umgangen werden, wenn man den in der periodisch arbeitenden Schleudertrommel sich ansammelnden Schlamm durch einen kräftigen Wasserstrahl abspült und als Schlammwasser in die Schlammgruben leitet. Auch dieses ist schon früher, wie so häufig zu früh, als noch die anderen technischen Hilfsmittel versagten, versucht. So erhielt H. Schmidt, Küstrin, für die Trennung der Stärke vom Waschwasser das D. R. P. Nr. 137 583, vom 15. Mai 1902, dessen Anspruch lautet:

„Zentrifuge zum Scheiden von festen Körpern und Flüssigkeiten, dadurch gekennzeichnet, daß im unteren Teil der eigentlichen Zentrifugentrommel ein mit Schaufeln und Zu- und Abflußkanälen versehenes, unabhängig von der Trommel drehbares Rad angeordnet ist, welches einerseits dazu dient, die mit festen Körpern gemischte Flüssigkeit in die Trommel

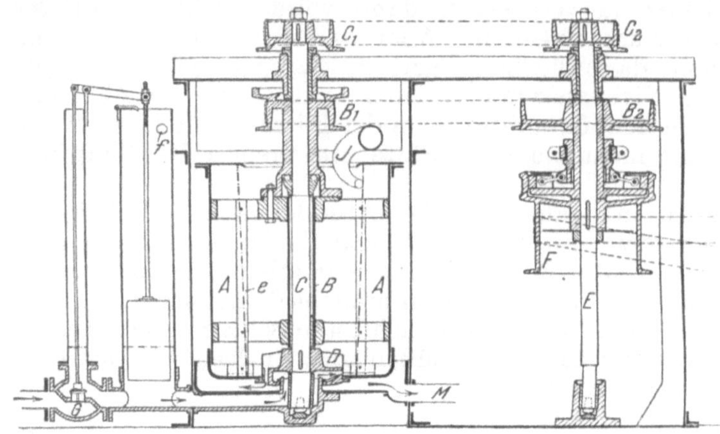

Abb. 71. Trennschleuder mit selbsttätiger Entleerung.

einzuführen, andererseits nach Ausschaltung des Zentrifugenantriebes die abgeschiedenen festen Stoffe unter Zuführung reiner Flüssigkeit wiederaufzurühren, zum Zwecke, die Zentrifuge in schneller und einfacher Weise zu entleeren." — Die Abb. 71 zeigt einen Schnitt und die Abb. 72—73 stellen

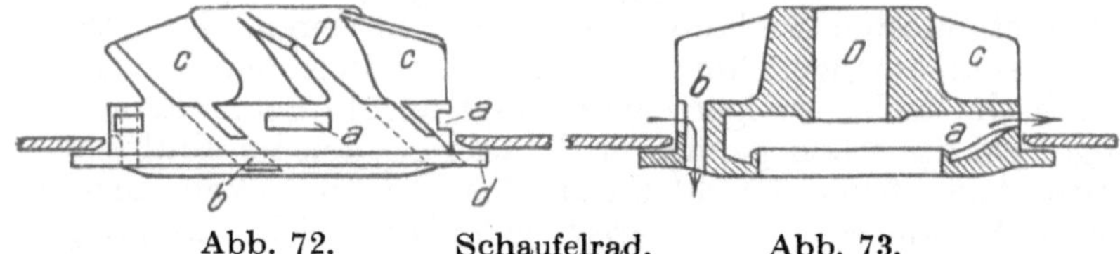

Abb. 72. Schaufelrad. Abb. 73.

das Schaufelrad dar. Diese Schleuder besteht aus der Trommel *A* mit der hohlen Achse *B*, welche sich auf der Welle *C* dreht und aus einem auf *C* befestigten Rad *D*, welches mit Zuführungskanälen *a*, Abführungslöchern *b* und schraubenförmig gestellten Schaufeln *c* versehen ist. Das Rad *D* tritt mit geringem Zwischenraum am Umfang durch den unteren Boden der Trommel *A* hindurch und besitzt einen unteren Rand *d*.

Die Welle C und die Hohlachse B werden unabhängig voneinander durch Riemscheiben C_1 und B_1 in Umdrehung versetzt, welche durch Riemen von den auf der stehenden Welle E befindlichen Riemscheiben C_2 und B_2 ihre Bewegung erhalten. Der verbreiterte obere Rand der Riemscheibe B_1 dient gleichzeitig als Bremsscheibe. Die Welle E ist mit der Riemscheibe C_2 fest verbunden, mit der Riemscheibe B_2 aber nur indirekt durch eine Reibungskupplung, so daß beim Drehen der Welle E die Riemscheibe C_1 mit Welle C und Rad D sich ebenfalls drehen muß, dagegen die Riemscheibe B_1 mit der Hohlachse B und der Trommel A nur bei eingerückter Reibungskupplung. Soll die Trommel A nicht an der Umdrehung teilnehmen und stillstehen, so wird die Reibungskupplung ausgerückt, und die auf den Rand der Riemscheibe B_1 wirkende Bremse angezogen, damit die Achse B nicht durch Reibung von der Welle C mitgenommen wird. Die Welle E erhält ihre Umdrehung von der Riemscheibe F, welche durch einen halbgeschränkten Riemen mit einem ausrückbaren Vorgelege verbunden ist.

Nachdem die Welle E in Umdrehung gesetzt und die Reibungskupplung eingerückt ist, hat die Arbeit mit der Schleuder folgenden Gang: Die mit festen Körpern gemischte Flüssigkeit fließt durch das Ventil G, den Zuflußregulator und das Spurlagergehäuse der Welle C in das Rad D, welches dieselbe durch die Leitkanäle a in die Trommel A schleudert. Hier wird sie von den an den Trommelarmen befestigten Schaufeln e erfaßt, so daß sie an der Trommelumdrehung teilnehmen muß und sich, durch die Schleuderkraft gezwungen, an der inneren Trommelwand anlegt. Die nachströmende Flüssigkeit füllt schließlich die Trommel, so daß der Überschuß an der inneren Ringseite des oberen Bodens entweder nach Abb. 71 durch das Schälrohr J oder über den oberen Boden hinweg in eine Rinne am inneren Schleudermantel abfließt.

Durch die Schleuderkraft und durch das größere spezifische Gewicht werden die festen Körper aus der durch die Trommel A fließenden Flüssigkeit nach außen gedrängt und legen sich fest an die Trommelwand an. Bevor das Innere der Trommel A so weit mit den ausgeschiedenen festen Stoffen ganz gefüllt ist, als die innere Öffnung des oberen Bodens oder das Schälrohr zuläßt, wird das Zuflußventil G durch einfache Vorrichtung abgestellt und durch ein im Zuflußregulator mündendes Rohr f reines Wasser oder eine andere durch die Fabrikation bedingte Flüssigkeit eingelassen und die Trommel A dann durch Ausrücken der Reibungskupplung und Anziehen der Bremse bei B_1 zum Stillstand gebracht. Die Welle C bleibt in Umdrehung mit dem Rad D, welches das durch Rohr f eingeleitete Wasser in die Schleudertrommel A wirft. Der Wasserzufluß bei f wird abgestellt, wenn die Trommel A mit Flüssigkeit gefüllt ist. Die Abflußlöcher b gehen schraubenförmig durch das Rad D und bilden auf der Druckseite die Verlängerung der schraubenförmig gestellten Schaufeln c, so daß bei schneller Drehung von D keine Flüssigkeit durch die Löcher b aus der Trommel A abfließen kann. Die Schaufeln c bewirken ein sehr energisches Aufrühren der Flüssigkeit, so daß die in der Trommel abgelagerten festen Stoffe wieder mit der Flüssigkeit gemischt werden. Nach Ausrücken des Vorgeleges und Stillstand der Welle C mit dem Rad D fließt das Gemenge durch die Löcher b aus der Trommel und durch das Rohr M aus dem Schleudermantel ab. Die Löcher b haben nach dem Radumfang zu Schlitze, damit der letzte Rest der Flüssigkeit aus der Trommel abfließen kann, wie aus Abb. 72 und 73 zu erkennen ist. Nach Abfluß wird die Welle C und die Trommel A wieder in Umdrehung gesetzt und das Ventil G geöffnet, wodurch die Arbeit der Schleuder von neuem beginnt.

Bei einem derartigen Ausspülen der Schleudern muß man dort, wo man bisher, wie in den meisten Zuckerfabriken, nur auf die Lagerung stichfesten Schlammes eingerichtet ist, entsprechende Schlammgruben vorsehen müssen. Dabei ist aber nicht zuübersehen, daß vom Schleuderschlamm kaum $^1/_3$ des bisherigen Pressenschlammes zu lagern ist.

Wie oft müßte nun eine unterbrochen arbeitende Schleuder entleert werden? Eine Schleuder von 1200 ∅ und 600 mm Trommelhöhe kann sicher 250 l Schlamm aufnehmen. 10000 Zentner Rüben tägliche Verarbeitung geben bei 2,9% nassem Schlamm 14500 kg oder etwa 10000 l. Somit sind $\frac{10000}{250} = 40$ Trommelfüllungen zu entleeren. Sind zwei Schleudern zur Verfügung, so mußte jede nach je einer Stunde entleert werden. Auch in dieser Hinsicht wäre die Verwendbarkeit der Schleuder wohl möglich, denn nach je einer halben Stunde eine solche Schleuder ausspritzen zu müssen, dürfte keine zu große Anforderung an die Bedienung stellen, die aber auch ganz erspart werden könnte, wenn man die Entleerung wie nach dem Vorbilde der „ter-Meer-Schleuder vollständig selbsttätig arbeiten ließe.

Ersparnis der jetzigen kostspieligen Arbeitskräfte durch ohne Widerwillen arbeitende Maschinen wäre die Folge. An Stelle schwerer körperlicher Arbeit tritt ein angenehmer Aufsichtsdienst.

Orrin Burton Peck, Chikago (D. R. P. 92 453/1895), bringt in seiner wagerecht liegenden, konischen Trommel noch einen besonderen Innenkegel an. Das mit Flüssigkeit vermischte Schleudergut wird am verjüngten Ende eingeführt und gegen den Trommelmantel geschleudert, während die Flüssigkeit weiterströmt. In dem Maße, wie sich die schweren Teile an dem kegelförmigen Ringraum ablagern, wird der innere Kegeldrehkörper nach außen verschoben, so daß der freie Ringraum und somit die Flüssigkeitsgeschwindigkeit dauernd unverändert bleibt. Ist die Schlammabscheidung beendet, so wird durch Umkupplung der innere Kegel im entgegengesetzten Sinne gedreht und der abgelagerte Schlamm ausgespült.

Bei der Gewinnung von Bromsilber aus Gelatine-Emulsionen in Schlammschleudern ähnlich Abb. 24 hält die Trommel den chemischen Wirkungen der sauren Silbersalze nicht stand. Das Auskratzen des festanhaftenden Niederschlages zerstört die Vergoldung. Braun, Berlin, D. R. P. 43 693/1887, vermeidet diesen Übelstand, indem er in die Trommel einen elastischen, oben offenen Gummisack einlegt. Die Flüssigkeit wird über den Rand geschleudert und nach Beendigung der Sack mit den Niederschlägen herausgehoben. Dabei wird der Niederschlag rissig, fällt aber nicht von der Wand ab. Die Flüssigkeit kann unten abgezapft werden.

N. Die Scheideteller-Schleuder.

50. Die Führung der Teilchen und die Verminderung der Schichthöhe durch die Scheideteller.

Der Ingenieur von Bechtolsheim, München, hatte sich jahrelang mit dem Bau einer ununterbrochenen Salzschleuder beschäftigt und wurde dabei auf die Milchschleudern gelenkt. Er stellte die verschiedensten Versuche mit den vorhandenen Schleudern an und bemerkte bald als besonders störend die ungeregelte Bewegung der Teilchen in der Schleudertrommel, die noch besonders durch das heftige Erzittern der schnellaufenden Trommel stark durcheinandergerüttelt wurden. Im Jahre 1888 erfand er seine Scheideteller (Trommeleinsätze), deren Patent Nr. 48 615 er 1891 an die Separator A.-G., Stockholm, als sogenanntes Alfa-Patent verkaufte.

Da diese Scheideteller für unsere Zwecke von allergrößter Bedeutung sein werden, so muß ich näher darauf eingehen.

Der Anspruch des Patentes Nr. 48 615 lautet:

„An Scheidezentrifugen die Anordnung von Zwischenwänden *a* innerhalb der Scheidetrommel derart, daß der Inhalt der letzteren während der Abscheidung in radialer Richtung in schmale Lamellen gelegt wird, um dadurch die Stärke der zu klärenden Flüssigkeit zu verringern."

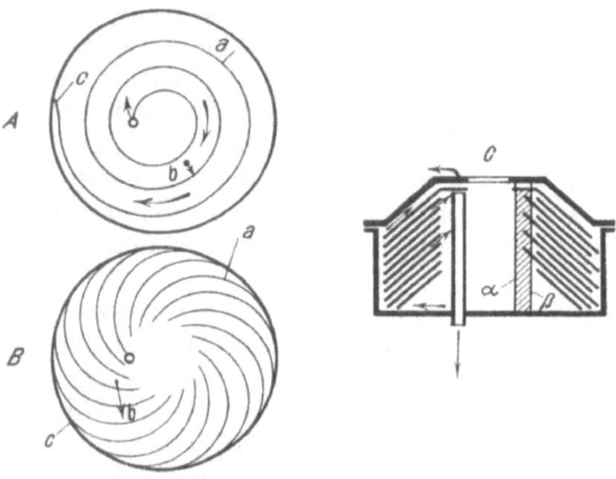

Abb. 74. Scheideteller.

Die Abb. 74 *A* und *B* zeigen Trommeln von oben gesehen; *A* mit einem senkrecht eingelegten schneckenförmigen Metallband, *B* mit senkrecht eingesetzten Blechbogen. Die Abb. 74 *C* zeigt den Querschnitt einer Trommel mit ineinandergesteckten Scheidetellern in zweierlei Anordnung. Nach Bechtolsheims Meinung soll die Milch nach der Anordnung auf der linken Seite zwischen allen Tellern von außen nach innen strömen. Bei der rechtsseitigen Anordnung soll sie dagegen genötigt sein, abwechselnd von innen nach außen und von außen nach innen zu strömen, da sich zwischen den Zonen α und β Rahm befinde, den die eingeführte schwere Milch nicht durchbrechen könne.

Die Formen Abb. 74 *A* und *B* hat scheinbar Bechtolsheim niemals ausgeführt, wenn auch später andere darauf zurückgriffen. Vor allen Dingen ist einleuchtend, daß besonders Schlamm auf den gegen die Schleuderrichtung nur wenig geneigten Flächen mit großem Druck aufgepreßt wird und nicht zum Ende *c* der Scheidebleche sich bewegen kann. Die Teile bleiben auf dem Blechteller, und jede Scheidung ist unmöglich. Das D. R. P. 141 959/1901 will diese Nachteile vermeiden, indem auf dem Spiralblech *a* nach Abb. 74 *A* eine größere Anzahl Löcher angebracht werden, die aber, wie wir im Abschnitt J gesehen haben, störende Wirbel erzeugen.

Dagegen zeigt Abb. 74 *C* schon die konische Trichterform, die später fast allgemein bei Milchschleudern Anwendung fand. Ob diese nun wirklich die beste Form darstellt, erscheint mir in bezug auf die Scheidung noch nicht bewiesen. Ihre Beliebtheit scheint mir vielmehr darauf zurückzuführen zu sein, daß die konisch übereinandergelegten losen Teller sich leichter in der Trommel selbst zentrieren und stabiler sind. Dies wäre aber meiner Ansicht nach heute, bei den verbesserten Herstellungsmöglichkeiten kein durchschlagender Grund, die Trichterform beizubehalten, wenn, in bezug auf die Trennung, mit anderen Formen besseres zu erreichen ist.

Bechtolsheim scheint auch diese Ideengänge verfolgt zu haben, denn seine erste „Alfa"-Schleuder vom Jahre 1889 stattete er nicht mit Tellern nach der Abb. 74 *A*, *B*, *C* aus, nach seinen ersten im Patent festgelegten Ideen, sondern mit wagerechten Scheidewänden nach Abb. 75.

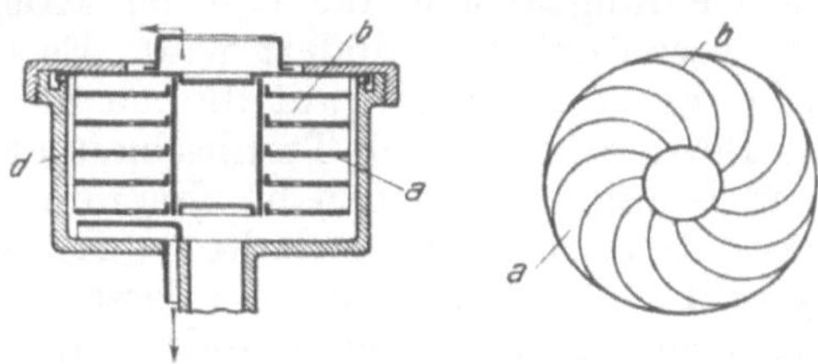

Abb. 75. Scheideteller von Bechtolsheim.

Augenscheinlich ist es bei den wagerechten Scheidetellern unmöglich, daß sich Schlamm ansetzt. Aber zur Einhaltung des Abstandes und in Anlehnung an sein Patent, brachte er zwischen den einzelnen wagerechten Scheidetellern noch spiralförmige Rippen *b* an, die hindernd auf die Schlammabscheidung und Trennung wirken.

Die Scheideteller bestehen aus Stahlblech von 0,5 mm und noch weniger Stärke, die nur noch 0,4 mm voneinander abstehen. Die Wege werden von 100 mm in der freien Trommel auf 0,4 mm durch die Scheideteller verkürzt. Die Tellerstärke ist wie bei der leerlaufenden Trommel nach Formel 26, S. 37, ohne Einfluß auf die Festigkeit, weil sich die Flüssigkeiten auf beiden Seiten im Druckausgleich befinden.

Nun üben die Teller aber noch einen anderen, nicht zu unterschätzenden Einfluß auf die zulaufende Flüssigkeit aus. Die einströmende Flüssigkeit trifft auf die sich mit der Trommel in rasendem Umlauf befindliche Trommelfüllung. Sie muß mitgerissen werden, wirkt dabei wirbelerzeugend, schlammaufreißend und störend. Trifft der einlaufende Strom auf die inneren Ränder der Scheideteller, so nehmen diese den Strahl schnell durch die starke Reibung mit, ohne daß sich unten eine störende Wirkung bemerkbar machen kann.

Fleischmann (Lehrbuch der Milchwirtschaft 1915) macht noch auf etwas anderes aufmerksam. Vielleicht noch störender als alle bisher erwähnten Störungen wirkt das innere überaus starke, die leere Trommel zum lauten Tönen bringende Zittern der mit mehreren tausend Umgängen in der Minute anscheinend völlig ruhig umlaufenden Trommel, das sich dem ganzen Inhalte und auch den frei bewegten Körperchen mitteilt. Sie werden durch das Zittern hin und her geworfen. Diese störenden Schwingungen werden durch die Scheideteller gemildert und in die richtigen Bahnen gelenkt. Die Körperchen können nur in den engen Zwischenräumen der Teller pendeln.

Dabei erscheint es mir so, als ob gerade die Vibration, die durch die Einsätze noch stärker auf die Schwebekörper übertragen wird, als zusätzliche Kraft die Scheidung wesentlich erleichtert. Genau wie durch eine andere zusätzliche Kraft die Reibungsarbeit, die von den Körperchen zu überwinden ist, wesentlich vermindert wird. Es handelt sich um zusätzliche Reibungsarbeit, auf die ich nicht weiter eingehen will.

Bei den alten Milch-Trennschleudern ohne Scheideteller war man bemüht, die deutliche Trennung zwischen den einzelnen Schichten aufrechtzuerhalten, wie schon in Abb. 24 dargestellt. Die spezifisch schwerste Magermilch war außen, der leichte Rahm innen und in die mittlere, neutrale Zone wurde die Vollmilch eingeführt. Von dieser Mittelzone konnte störungsfrei die Magermilch nach außen fließen und der Rahm nach innen gedrängt werden. Bei der Anordnung seiner Scheideteller hat dies Bechtolsheim nicht beachtet, und erst im Jahre 1893 (D. R. P. 82 875) machte er der Alfa - Laval - Separator - Gesellschaft den Vorschlag, die Scheideteller in den sogenannten neutralen Zonen zu lochen (s. auch D. R. P. 127 487/1898, nach welchem die Vollmilch durch Einlaufrohre, die geschlitzt oder gelocht sind und sämtliche Scheideteller durchdringen, in den neutralen Raum eingeführt wird), doch machte man erst später hiervon Gebrauch, nachdem das Flensburger Eisenwerk mit seinen Einsatztellern nach den D.-R.-Patenten 119 092 vom Jahre 1900 und 142 973 vom Jahre 1902 gute Erfolge erzielte.

Später wurde aber diese, für den geregelten Flüssigkeitsstrom notwendige Führung teilweise verlassen, vergessen und bei wenigen Milchschleudern angewendet. Man suchte auch die Scheidetellerpatente zu ersetzen durch andere Einsätze; z. B. Lefeldt & Lentsch, Schöningen, durch lose eingefüllte Kugeln (D. R. P. 68 800/1892) oder Rohrenden (D. R. P. 73 758); Merkse, Löwen, verwendete sprialförmig gewundene Bürsten, deren Borsten den Trommelinhalt fein zerteilen (D. R. P. 138 809/1902), während nach dem D. R. P. 166 099/1904 feinporiger Kautschukschwamm eingesetzt wurde. In vorbildlicher Weise trat die geregelte Zu- und Abführung an den Scheidetellern nach der Erfindung von Risbey um 1906 zutage, an Milchschleudern, die die Baltic - Separator, G. m. b. H., Berlin-Schöneberg, baut und die in den Abb. 76—77 dargestellt ist. Die einzelnen Scheideteller *B* sind mit Schlitzen *C* versehen, die nach Abb. 76 genau übereinanderliegen, so daß sie Steigekanäle für die eintretende Milch bilden. Die frische Milch kommt weder mit dem Rahm noch mit der Magermilch in Berührung, sondern kann sich unbehindert nach unten und oben zwischen den Tellern ausbreiten, in dünnsten Schichten. Außerdem sind hinter jedem Schlitz *C* Rippen *E* angebracht, die nicht allein die Teller im bestimmten

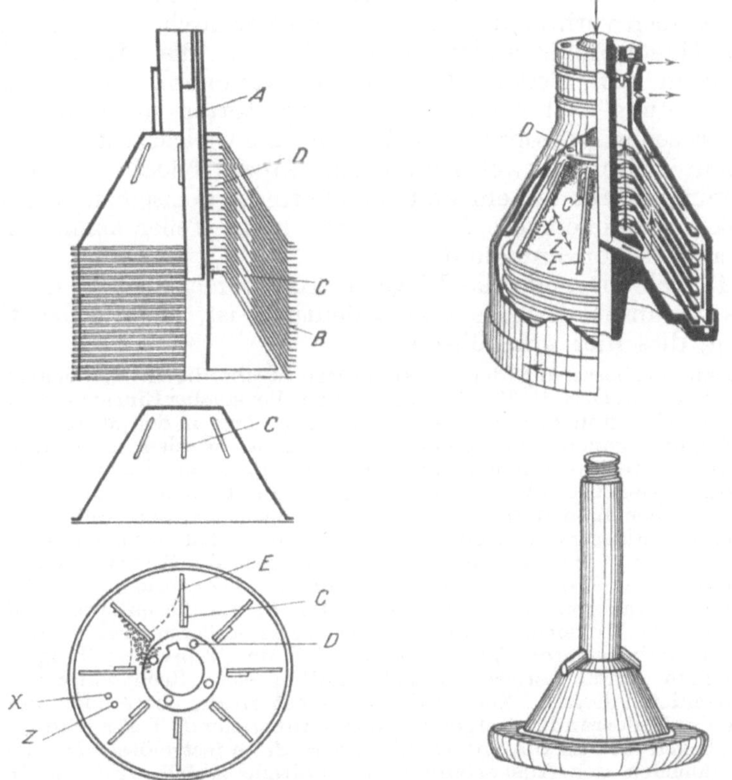

Abb. 76. Scheideteller von Risbey. Abb. 77. Baltic-Separator.

Abstand voneinander halten, sondern auch die kreuzenden Wege zwischen dem leichteren Rahm und der schwereren Magermilch regeln, nach Art der in Abb. 20 angegebenen Scheidewände. Der schneller laufende Rahm wird von den hinteren Kanten der Rippen *E* aufgefangen und an diesen aufwärts zu den Rahmkanälen *D* geleitet. Die langsamer laufende Magermilch wird an der vorderen Kante der Rippen heruntergeleitet, steigt an der Trommelwand empor und wird durch die Magermilchlöcher aus der Trommel geführt. *x* zeigt den Weg des Rahmteilchens, *z* den Weg des Magermilchteilchens.

Die Baltic-Separator-Ges. sagt: „Die Wirkung dieser Anordnung ist eine dreifache. Die Einführung der Vollmilch durch die Schlitze *C* verhindert ein Zusammentreffen der Vollmilch mit dem bereits fertig separierten Rahm. Die Rippen verhindern einerseits ein Vermischen von Rahm und Magermilch, andererseits teilen sie die Milchschicht zwischen den Tellern in einzelne Kammern, so daß die Entrahmung viel schneller und ungestörter vor sich geht als zwischen gewöhnlichen Tellern, bei welchen die Milchschicht zwischen zwei Tellern ein Ganzes bildet. Der Entrahmungseffekt ist ein erstaunlicher. In demselben Augenblick, in welchem die Milch zwischen die Teller kommt, ist sie auch schon entrahmt."

Da ich nirgends die Wege so klar verzeichnet fand und dies für unsere Zwecke von Bedeutung ist, hielt ich es für nötig, dies hier anzuführen.

Eine Verbesserung der Tellereinsätze strebt die A. B. Separator Stockholm an (D. R. P. 302251/1915). Die Teller solcher Einsätze werden gewöhnlich durch Zwischenlagen beliebiger Form in der gewünschten Entfernung voneinander gehalten, und zwar werden meist durch Schlitze gesteckte und umgebogene oder aufgelötete Blechplättchen benutzt. Gegenstand der Erfindung ist die besondere Anordnung der Zwischenlagen derart, daß diese den zwischen den Tellern auftretenden Flüssigkeitsströmungen einen möglichst geringen Widerstand bieten. Der auf der Abb. 78 dargestellte Einsatzteller ist besonders für Milchschleudern bestimmt. Diese bekannten Teller zeigen am inneren Rande Auskerbungen *a*, die die entsprechenden Rippen des Mittelrohres umschließen. Die äußeren Zwischenlagen werden in bekannter Weise aus dem bei der Tellerherstellung entstehenden Abfall hergestellt und erhalten etwa Rechteckform mit abgerundeten Ecken. Sie werden zunächst an die obere oder untere Seite des Tellerrandes festgelötet, der herausragende Teil *e* wird dann umgebogen und an die untere oder obere Seite festgelötet. Der beim Ausschneiden der Auskerbungen *a* erhaltene Abfall wird zur Herstellung der inneren Zwischenlagen verwendet. Dieselben bestehen aus kleinen Stückchen *b*, zweckmäßig viereckiger Form. Sie werden an die Seitenränder der Auskerbungen festgelötet und dann die herausragenden Teile *c* um den Tellerrand herumgebogen und bilden somit die inneren Zwischenlagen *b*. Da diese Zwischenlagen also an den radialen Seitenrändern der Auskerbungen, wo die Abnutzung am größten ist, verlegt sind, wird hierdurch eine wesentliche Verstärkung dieser Ränder erreicht.

Das D. R. P. 303 098/1917 betrifft eine Vorrichtung an solchen Schleudertrommeleinsätzen, wo der unterste Teller des Einsatzes, der sog. Unterteller, mit einer in ihm aufragenden Hülse versehen ist, welche auf das von dem Boden 1 (Abb. 79) der Schleudertrommel aufragende Zentrumrohr 2 gesteckt ist und die Führung fur die Einsatzteller bildet, die auf die Hülse der Reihe nach übereinandergesteckt sind. Die Erfindung ist in der Hauptsache dadurch gekennzeichnet, daß die Hülse 4 des Untertellers 3 mit einer oder mehreren Auspressungen 5 oder anderen ähnlichen, unmittelbar in der Hülse angeordneten Führungen versehen ist, welche mit einem oder mehreren vom Zentrumrohre 2 vorragenden Teilen 7 zusammenpassen. Die Auspressungen 5 bilden zusammen mit der Außenseite des Rohres 2 nach oben hin geschlossene, nach unten aber offene Kanäle, in welche die durch das Rohr 2 fließende Vollmilch durch Öffnungen 6 tritt. Gemäß der Erfindung ist eine der genannten Auspressungen 5 breiter

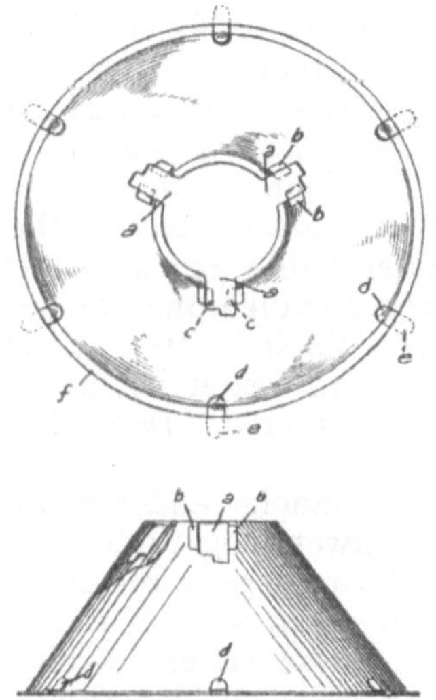

Abb. 78. Scheideteller mit Zwischenlagen.

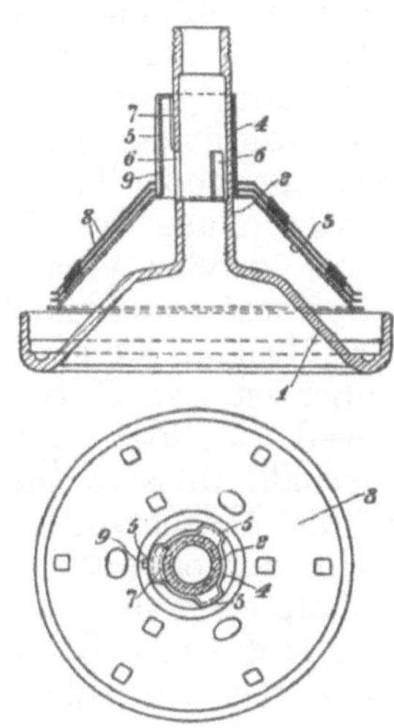

Abb. 79. Schleudertrommeleinsatz mit besonderem Führungsrohr.

als die übrigen ausgeführt und paßt mit einem an der Außenseite des Rohres 2 oberhalb der entsprechenden Öffnung 6 befestigten Vorsprung 7 zusammen. Um ein Verdrehen der Einsatzteller 8 zueinander und zu der Hülse 4 zu verhindern, ist an einer der Auspressungen 5 eine vorspringende Rippe 9 vorgesehen, welche in eine entsprechende Aussparung am inneren Rand der Teller 8 eingreift. Wenn der Unterteller mit den auf ihn gesteckten Tellern 8 auf das Zentrumrohr geschoben wird, so daß die breitere Auspressung 5 mit dem Vorsprung 7 in Eingriff kommt, dann ist der Einsatz im ganzen in der der Auswuchtung entsprechenden Lage festgelegt.

Aus alledem dürfte wohl klar hervorgehen, daß man Flüssigkeiten mit feinverteilten Körperchen in Schleudern ohne Scheideeinsätze nicht gut trennen kann. Versuche ohne diese müssen als Rückschritt gegenüber den schon bei den Milch- und Hefeschleudern vorliegenden Erfahrungen zu betrachten sein.

51) Die Milchschleuder.

Eine bedeutende Rolle spielt die Schleuder beim künstlichen Entrahmen der Milch (als Milchschleuder, Separator, Zentrifuge). Zwecks Buttergewinnung muß das Fett vom Milchserum getrennt werden; gleichzeitig findet eine Abscheidung des Schlammes statt. Die erste Entwicklung einer brauchbaren Milchschleuder erfolgte in Deutschland. Dann aber fand sie außerordentlich viele Hersteller in Schweden, wie in keinem anderen Lande. Dies erklärt sich einmal aus dem Vorhandensein guten schwedischen Stahles, wie er für hochbeanspruchte Trommeln und Antriebe notwendig ist, zum anderen aus dem Verlangen nach harten Fetten. Dies wird um so größer, je mehr man sich den kalten Zonen nähert. Schweden mit seiner hochentwickelten Bevölkerung hat deshalb ein besonders starkes Verlangen nach Butter. Demgegenüber ist das Bedürfnis im Süden an festen Fetten gering, weil sie doch nicht genügend hart sind. Dort zieht man deshalb flüssige Öle vor.

Da die Milchschleudern auch für manche anderen Lösungen in der chemischen Industrie Anwendung finden und finden können, und weil sie schon als Grundlage z. B. für den Bau der Hefe- und Ölschleudern dienten, so will ich auf die Vorgänge bei der Milchschleuderung etwas näher eingehen. Auf die Verhältnisse, die bei der natürlichen Aufrahmung eintreten, habe ich schon auf S. 24 hingewiesen. Bei der natürlichen Aufrahmung verwendete man früher meistens Steinzeugschüsseln, z. B. in Holstein solche von 400—500 mm Durchm. und 120 mm Höhe, bei einer Schichthöhe der Milch h_3 von ungefähr 100 mm. Nach Kreuslers Versuchen (Landwirtsch. Jahrbuch 1875, S. 330) ergaben sich in einem Glaszylinder bei 15° C folgende Verhältnisse:

nach den ersten	8	Stunden waren aufgerahmt	43,5% Fett
„ „ folgenden	8	„ „ „	11,5 „ „
„ „ „	12	„ „ „	11,4 „ „
„ „ „	12	„ „ „	6,7 „ „
nach insgesamt	40	Stunden waren aufgerahmt	73,1% Fett.

Die Ausbeute an Butterfett ist also trotz der langen Zeit gering. Dabei ist Bedingung, daß die Milch während dieser

36 bis 40 Stunden süß bleibt; man kann deshalb nur niedrige Kellertemperaturen anwenden, die durch Erhöhung der Zähigkeit die Aufrahmung erschweren. Verluste an wertvollem Butterfett, große Raumbeanspruchung sind die Folge.

Die Milchentrahmung erfolgt jetzt ausschließlich in Schleudern mit verhältnismäßig kleinen Trommeln, die mit hoher Umdrehungszahl laufen und fast immer Scheideteller, wie z. B. im Abschnitt 50 beschrieben, enthalten. Früher wurde auch die in Abb. 24 dargestellte einfache Trennschleuder z. B. von Lefeldt-Schöningen als sog. Schwabschleuder (D. R. P. 3795/1877) verwendet. Ließ man, nachdem die Trennung des Rahmes von der Magermilch erfolgt war, während die Trommel weiterlief, plötzlich größere Mengen Magermilch oder Wasser zufließen, so mußte der Rahmen über den inneren Trommelrand treten; er wurde plötzlich übergeschwabbt. Die rückbleibende Magermilch wurde am Trommelboden abgezapft (s. a. D. R. P. 7531/1878).

Die Abb. 80 ist das Gesamtbild einer Milchschleuder (Bergedorfer Eisenwerk), welches den Zusammenbau der Einzelheiten gut erkennen läßt. Durch den Hahn *A* wird die Milch in das Zulaufregelgefäß *C*, mit dem Schwimmer *B*, geleitet. Das Mundstück *D* führt die Milch in das Innere der mit Scheidetellern angefüllten Trommel *h*. Die Trommel ist mit der Antriebswelle *J* nicht fest verbunden, sondern lose auf diese aufgehängt, so daß sie zwecks Reinigung von der im Gestell verbleibenden Welle abgehoben werden kann. Durch diese Trennung der Trommel von der Welle soll gleichzeitig, in gewissen Grenzen, eine Selbstbalancierung erzielt werden. Das Gestell besteht aus einer runden, hohlen Säule, welche sämtliche Antriebsteile in sich einschließt und die Verschmutzung von außen verhindert. Eine seitliche Klappe gestattet die Beobachtung der Lager *I* und *M*, Spurschrauben *O* und Schmiervorrichtungen *o*. Die Welle *J* ist oben in etwas elastischem Federhalslager *I* geführt. Der Antrieb erfolgt mittels der Schnurscheibe *L* oder durch Elektromotor. Durch den Zähler *m—n* wird die Umlaufzahl beobachtet. Vom Schutzdeckel *E* wird der Rahm nach dem Sammelrohr, von der Haube *F* die Magermilch abgeleitet.

Nicht immer sind die Trommeln auf stehenden Wellen ruhend. Die Abb. 81 zeigt eine aufgehängte Schleudertrommel der Zschocke-Werke, Kaiserslautern, die sich freipendelnd in die Schwerpunkts-Drehachse einstellen kann.

Die Magermilch scheidet sich am äußeren Trommelrand ab, tritt bei *a* unter den herausnehmbaren Zwischenboden und spritzt durch den Schlitz *s* in die Fangschale, um durch das Rohr *z* abzulaufen. Der sich in der Mitte ansammelnde Rahm wird durch den Schlitz *r* der Rahmschraube in das Ansatzrohr *f* geführt und fließt bei *g* ab.

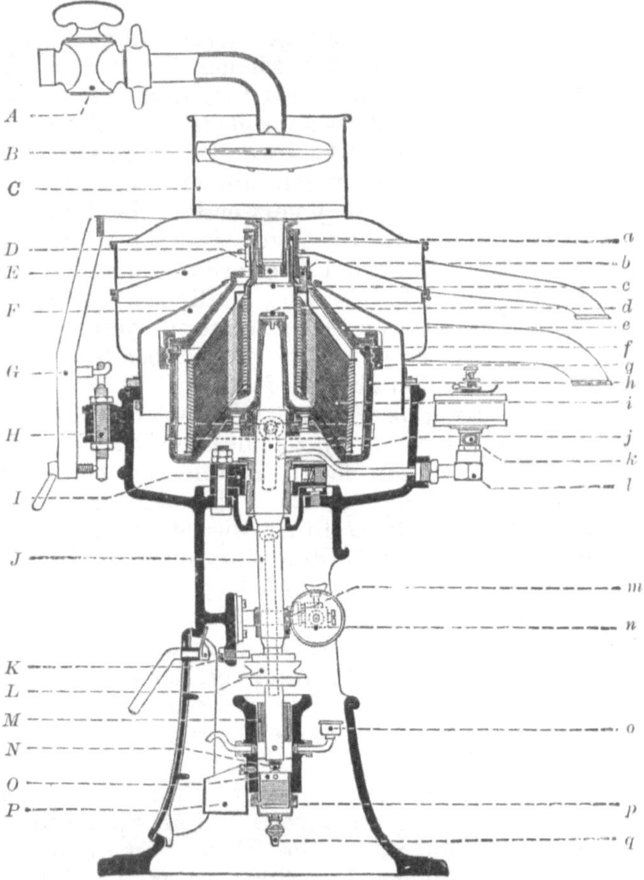

Abb. 80. Zusammenstellung einer Milchschleuder.

Im nachstehenden halte ich mich an Fleischmann (Lehrbuch der Milchwirtschaft 1915), Wüst (Landwirtschaftliche Maschinenkunde 1889) und Bruno Martiny (Die Schleuderentrahmung, Geschichte ihrer Entwicklung, 1913). Auf diese Einzelheiten einzugehen, erscheint mir aus den vorgenannten Gründen und auch deshalb vorteilhaft, weil die allgemeinen für Milch geltenden Regeln auch für viele andere Flüssigkeiten von Bedeutung sind. Was dort sich bei der Benutzung der Schleudern als nützlich erwiesen hat, kann auch hier, bei anderen von Wert sein.

Das Maß der erzielten Entrahmung oder Entfettung bemißt man am besten nach dem prozentischen Fettgehalt der Magermilch. Man kann verlangen, daß der Aufrahmungsgrad bis auf einen Fettgehalt von 0,08—0,12 im Mittel 0,1% gebracht wird. Angaben, nach denen beim gewöhnlichen Arbeiten der Fettgehalt unter 0,08 oder gar 0,05% gebracht sei, sind mit Vorsicht aufzunehmen.

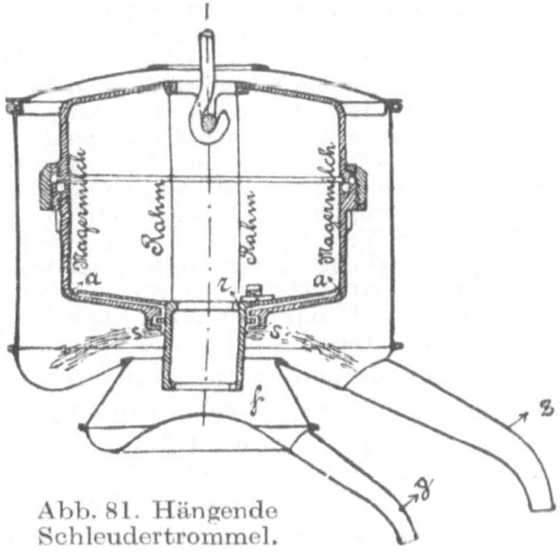

Abb. 81. Hängende Schleudertrommel.

Der Aufrahmungsgrad hängt ab:

1. Von der Stärke der Schleuderkraft.

Sie wächst mit der Umlaufszahl, wie dies schon früher angegeben. Läuft die Trommel nicht mit der vorgeschriebenen Geschwindigkeit, so bleibt viel Fett in der Magermilch zurück, das man bei größerer Aufmerksamkeit hätte gewinnen können. Zu große Umlaufszahl kann gefährlich werden.

2. Von der Zeit, während der die Schleuderkraft auf die Milch wirkt, also von der Milchmenge, die in der Stunde entrahmt wird, oder von der Zeit, während der die Milch in der Trommel verweilt.

Je mehr Milch man in der gegebenen Zeit in der betreffenden Trommel entrahmt, um so mehr Fett bleibt in der Magermilch. Man muß dafür sorgen, daß Tag für Tag genau die passende Milchmenge, bei möglichst gleichförmiger Zuflußgeschwindigkeit in der Stunde entrahmt wird.

Man muß die in der Stunde entrahmende Milchmenge überwachen. Mit jeder Schleuder kann man recht verschiedene Milchmengen in der Stunde entrahmen, wobei man Magermilch mit ebenso verschiedenem Fettgehalt gewinnt. Bei einem geordneten Molkereibetriebe kommt es aber darauf an, täglich gleichmäßig eine möglichst gute Fettausbeute zu erzielen. Um dies zu erreichen, muß man darauf sehen, daß erstens die Milch beständig mit gleichbleibender Geschwindigkeit in die Trommel einströmt, und daß zweitens stets genau die dem angestrebten Entrahmungsgrade entsprechende Milchmenge entrahmt wird. Der ersten Anforderung kann, sehr annähernd wenigstens, durch die Benutzung von Vorlaufgefäßen mit Schwimmern nach Abb. 80 genügt werden. Je kleiner die Vorlaufgefäße sind, um so empfindlicher wirken sie. Ein gutes Vorlaufgefäß muß auch so eingerichtet werden, daß man den Weg, auf dem die Milch aus ihm austritt, verengern und erweitern kann, also die in der Stunde ablaufende Milchmenge nach Bedarf verringern oder vergrößern kann.

Das richtige Maß für den Milchzulauf findet man dadurch, daß wiederholt die in der Stunde entrahmte Milchmenge und der Fettgehalt der dabei gewonnenen Magermilch festgestellt und der Milchzulauf so lange verändert wird, bis die ablaufende Magermilch den gewünschten mittleren Fettgehalt von z. B. 0,10% aufweist.

Auch bei den besten gewöhnlichen Vorlaufgefäßen schwankt der Druck, unter dem die Milch einströmt, und damit die in einer bestimmten Zeit in die Trommel gelangende Milchmenge, mit der Höhe der Milchschicht in dem das Vorlaufgefäß speisenden Sammelgefäß oder Vorwärmer zwischen bestimmten, allerdings engen Grenzen. Für den gewöhnlichen Molkereibetrieb wirkt dies kaum störend. Bei genauen Versuchen muß man jedoch diese Schwankungen zu beseitigen suchen. Einen fast gleichmäßigen Zulauf erzielt man durch das Lefeldtsche schwimmende Zulaufgefäß oder den in Schweden von J. Risberg erfundenen Leistungsregler (Milchzeitung 1902, S. 516; 1903, S. 612.)

Zur Regelung der zufließenden Milchmenge bedient man sich jetzt meistens eines Schwimmers *B* nach Abb. 80. Dieser ist im Zulaufgefäß *C* so unter dem Hahnauslauf angebracht, daß er beim Steigen, wenn also zuviel zuläuft, die Öffnung versperrt, dagegen sie beim Sinken mehr öffnet.

Die Erfindung nach Abb. 82 unterscheidet sich von bekannten Einrichtungen dadurch, daß durch den in dem oberhalb der Schleuder angeordneten Zulaufgefäß *a* befindlichen Schwimmer *d* nicht allein die Zuführungsöffnungen *i* zu dem Zulaufgefäß, sondern auch die Abflußöffnungen *j* des Gefäßes nach der Schleudertrommel gleichmäßig gesteuert bzw. geregelt werden, so daß die Flüssigkeit keine Luft in die Trommel reißen kann. Zu diesem Zweck ist das durch das Zulaufgefäß unmittelbar in die Trommel eingeführte Zulaufrohr *c* durch eine Zwischenwand *k* u. dgl. unterbrochen und oberhalb und unterhalb der Zwischenwand mit Durchtrittsöffnungen *l* versehen, die durch den von dem Schwimmer bewegten Rohr-

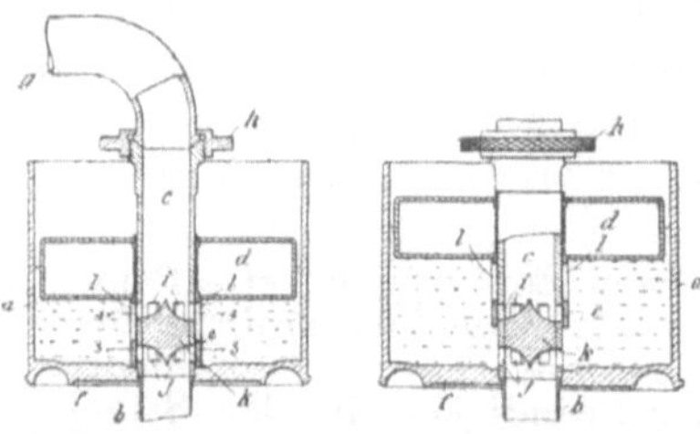
Abb. 82. Schwimmer zur Reglung der zufließenden Milchmenge.

schieber *e* so beeinflußt werden, daß der ansteigende Schwimmer die Zuflußöffnungen *i* allmählich schließt und die Abflußöffnungen *j* entsprechend öffnet, während der fallende Schwimmer die Zuflußöffnungen allmählich öffnet und die Abflußöffnungen entsprechend schließt. Auf der Zeichnung ist der Zuflußregler in verschiedenen Stellungen veranschaulicht. (D. R. P. 292 976. Kl. 45g. Separator Aktiebolaget in Stockholm, Schweden.)

Je langsamer und gleichmäßiger die Milch durch die sich drehende Trommel läuft, um so mehr Fett wird aus ihr, unter sonst gleichen Nebenumständen, in den Rahmen befördert. Da es erfahrungsgemäß nicht lohnt, die Entrahmung soweit zu treiben, daß der Fettgehalt der Magermilch unter 0,1% herabsinkt, so läßt man die Milch nicht länger in der Trommel, als es zur Erreichung dieser Grenze nötig ist. Wenige Sekunden genügen bei gutem Schleudern.

Wenn eine Trommel während des Ganges F l Milch faßt und in der Stunde Q_2 Liter durch die Trommel laufen, so füllt sich die Trommel in der Stunde $\frac{Q_2}{F}$ mal, wozu jedesmal i Sekunden nötig sein sollen. Die Zeit, während der die Milch in der Trommel bleibt und die Schleuderkraft auf sie wirkt, ist dann

$$i = 3600 \cdot \frac{F}{Q_2} \text{ Sekunden.} \tag{46}$$

Für $F = 4$ l und $Q_2 = 3200$ wird

$$i = 3600 \cdot \frac{4}{3200} = 4{,}5 \text{ Sekunden.}$$

3. Von der Wärme, bei der die Entrahmung vor sich geht. Je wärmer bis zu einem gewissen Grade die Milch ist, um so besser wird sie entrahmt (s. a. Abschnitt G).

Von 5 bis 25° aufwärts nimmt der Fettgehalt der Magermilch rasch ab, und von da an mit wachsender Wärme bis zum Siedepunkt der Milch immer langsamer. Man muß dafür sorgen, daß die in die Trommel einfließende Milch immer genau den richtigen Wärmegrad zeigt. Fleischmann und Sachtleben (s. Martiny, Die Schleuderentrahmung, Geschichte ihrer Entwicklung vom Ursprung bis zur Gegenwart, 1913, S. 144) stellten an einer dänischen Schälschleuder nach Abb. 63 mit frischer Magermilch in der Zeit vom 21. 3. bis 15. 7. 1882 Versuche an, um den Einfluß der Milchwärme festzustellen. In der Abb. 83 habe ich die Ergebnisse zeichnerisch eingetragen. Die Stundenleistung schwankte zwischen 370,4—394,9 kg. Die Menge des abgeschälten Rahmes schwankte in geringen Grenzen (zwischen 13,72 bis 17,09%), dagegen sank der Fettgehalt der Magermilch von

0,872 auf 0,224%, während die Temperatur von 5° auf 40° C stieg. Daß heute bei den Tellerschleudern an und für sich bessere Ergebnisse erzielt werden, ändert nichts an dem Bilde, welches uns den günstigen Einfluß der höheren Temperatur zeigt.

Da der Fettgehalt der Magermilch von dem Wärmegrade, bei dem die Entrahmung vor sich geht, stark beeinflußt wird, ist es ganz unzulässig, die Milch bei der von Tag zu Tag wechselnden Temperatur, die sie zufällig hat, zu entrahmen. Man muß vielmehr die Milch täglich bei derselben Temperatur schleudern. Am zweckmäßigsten ist es, wie die Erfahrung gezeigt hat, Wärmegrade zwischen 30 und 40°, im Mittel also 35° zu wählen, falls man nicht etwa zugleich pasteurisieren und dabei bei 70—80° entrahmen will.

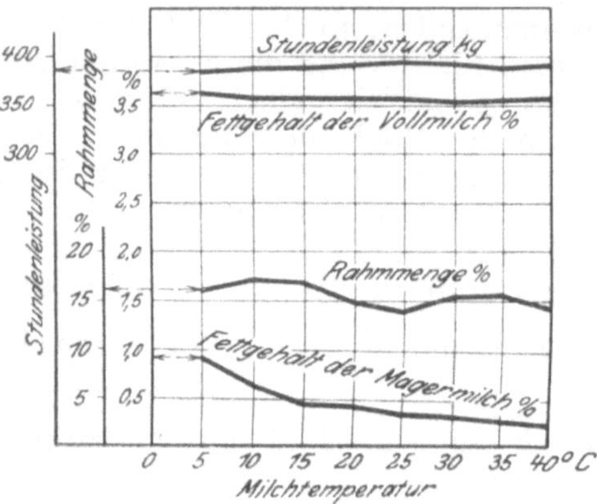

Abb. 83. Einfluß der Milchwärme auf die Schleuderung.

Hat man sich für eine bestimmte Temperatur entschieden, so muß man sie auch genau einhalten und häufig durch Thermometermessungen beobachten, damit sie sich während der Entrahmung möglichst wenig ändert.

Die Erwärmung der Milch erfolgt durch mit Dampf geheizte Vorwärmer. Je kürzere Zeit Rahm und Magermilch Wärmegraden über 25° ausgesetzt werden, um so günstiger ist es für ihre Beschaffenheit. Während des Vorwärmens ist jede stärkere Bewegung der Milch zu vermeiden, weil dadurch die Ausrahmung beeinträchtigt wird.

Versäumt man es im Sommer, die Milch vor dem Vorwärmen auf ihren Säuregrad zu prüfen, so kann es vorkommen, daß die Apparate verschlammen, sich das Gerinnsel ausscheidet und man das Arbeiten einstellen muß. Lästige Reinigung der Schleuder ist die Folge.

Nach dem Schleudern muß man natürlich Rahmen und Magermilch schnell wieder abkühlen. Dies geschieht am vorteilhaftesten durch Gegenstromkühler, indem die austretende Magermilch die Vollmilch vorwärmt.

Diese drei Umstände sind von ausschlaggebender Bedeutung. Da man sie in der Gewalt hat, so kann man sagen, daß das Ergebnis der Entrahmung von der Art der Bedienung der Schleuder abhängt. Indessen, es kommen noch weitere Einflüsse in Betracht, wie

4. die Beschaffenheit der Trommel, ob sie zweckmäßige Einsätze hat, ob der Milchring in der Trommel mehr

oder weniger stark ist, ob die Trommel ruhig läuft und ob die Bedienung einfach oder umständlich ist. Trommel und Vorgelege müssen in bester Ordnung sein, alle Schmierstellen reichlich mit gutem Öl versorgt sein.

5. Von der besonderen Beschaffenheit der Milch, von der Größe der Fettkügelchen und der Beschaffenheit des Serums.

Weniger gut entrahmt wird Milch mit verhältnismäßig kleinen Fettkügelchen, weither geförderte Milch, gekochte Milch, solche, die vor der Entrahmung durch Pump- oder Rührwerke bei etwa 35° C stark bewegt wurde. Diese, auf die Milch wirkenden Erschütterungen können eine weitere Zerteilung der Fettkügelchen bewirken, so daß sie weniger schnell aufsteigen. Künstlich erzeugt man solche weitergehende Verteilung der Fettkügelchen durch sog. Homogenisierung. Es werden hierzu Preßpumpen verwendet, die die Milch unter 100 Atm. Druck durch feine Düsen pressen, gegen Prellfläche schleudern und eine innige Zerstäubung der Fettkügelchen bewirken. Da die Fettkügelchen der gewöhnlichen Kuhmilch wesentlich größer sind als die der Frauenmilch, und die Verdauungsfähigkeit durch die Kleinheit der Teilchen durch deren Oberflächenvergrößerung erleichtert und beschleunigt wird, so wird durch diese Homogenisierung eine Verbesserung der Kuhmilch erreicht. Aber für unsere Zwecke ist die Milch so verändert, so hoch zerteilt und zähflüssiger geworden, daß sie sehr schwer aufgerahmt und durch Schleudern das Butterfett nicht mehr zur Abscheidung gebracht werden kann.

Das Aufrahmen, die Aufsteiggeschwindigkeit der Fettkügelchen in gewöhnlicher Milch, wird außer durch den Verteilungsgrad (Dispersitätsgrad) auch durch den Quellungszustand des Kaseins und somit der Zähigkeit des Milchserums sowie des Zustandes der anderen Bestandteile der Milch stark beeinflußt. Nach G. Wiegner (Ztschr. Unters. Nahrungs- u. Genußm. 1914, S. 425) treten in der Milch gleichzeitig alle drei Zerteilungsformen auf, die sich in der allgemeinen Kolloidchemie um die Kolloide als die Mittelform gruppieren. Da sind zunächst die größtenteils mikroskopischen Fetttröpfchen, kolloidchemisch gesprochen: eine grobdisperse Phase, ferner die Eiweißstoffe: Kasein, Laktalbumin usw. in typisch kolloider Zerteilung, und schließlich Milchzucker und Salze in maximaler, nämlich molekularer und iondisperser Zerteilung (s. a. die Zusammenstellung III, S. 56). Die grobdisperse Phase des Milchfettes liegt ferner in der ungequollenen, nicht solvatisierten Form, die kolloide Phase der Eiweißstoffe umgekehrt im gequollenen oder hydratisierten Zustande vor. Wie ersichtlich interessiert sich der Kolloidchemiker, der Schleudertechniker für ganz andere Eigenschaften der Milch als z. B. der analytische Chemiker, nämlich für Zerteilungsform, Zerteilungsgrad, Quellungsgrad und ähnliches.

6. Von der Gesamtdauer des Schleuderns.

Arbeitet man ununterbrochen in gleicher Weise weiter und fängt von Zeit zu Zeit Proben von Magermilch zur Untersuchung auf, so bemerkt man, daß anfangs die Entrahmung um eine Kleinigkeit vollkommener erfolgt als später. Es wird dies, wie es scheint, durch die fortschreitende Ablagerung von Schmutz und Schlamm bewirkt.

Das Fassungsvermögen der Trommel, besonders zwischen den Einsätzen, wird kleiner und die Milch muß schneller durchfließen.

Wenn sich die Geschwindigkeit des Milchzulaufes zur Trommel nicht ändert, übt es auf den Fettgehalt der Magermilch keinen Einfluß aus, ob man 15, 20, 25 oder noch mehr Prozent Rahm nimmt. Nur wenn man mit der Rahmmenge unter 10% vom Milchgewicht heruntergeht, hat man bei einigen Schleudern dadurch Verluste zu gewärtigen, daß der Rahm unvollständig austritt. Der Rahm wird um so dicker und fettreicher, je niedriger man seine Menge bemißt. Es empfiehlt sich nicht, weniger als 10% vom Milchgewichte zu nehmen und über 20% wird man nur hinausgehen, wenn die zu entrahmende Milch sehr fettreich ist, oder wenn man besondere Zwecke verfolgt. In der Regel wird man so arbeiten, daß bei einem Fettgehalt von 3,4% in der Milch, 15% Rahm vom Milchgewicht gewonnen wird.

Der Fettgehalt x des Rahmes ist dann wie folgt zu berechnen. Es sei

f der Fettgehalt der Milch in Prozent.
f_1 „ „ „ Magermilch,
R die aus 100 Gewichtsteilen Milch gewonnene Rahmmenge,

$$x = \frac{100\,(f - f_1)}{R} + f \quad \ldots\ldots\ldots\ldots (47)$$

Fettgehalt des Rahmens und die prozentische Rahmmenge, die man von der Milch nehmen muß, wenn der Fettgehalt des Rahms x% betragen soll, ist daraus

$$R = \frac{100\,(f - f_1)}{x - f_1} \quad \ldots\ldots\ldots\ldots (48)$$

Will man Rahm mit 17—18% Fett gewinnen, so muß man bei einem Fettgehalt der Milch von $f = 3{,}0 \quad 3{,}5 \quad 4{,}0 \quad 4{,}5\%$,
Proz. Rahm von der Milch nehmen $R = 16 \quad 19 \quad 22 \quad 25\%$.

Die außerordentliche Abkürzung der Aufrahmzeit durch die Schleuder zeigt ein Vergleich mit der eingangs genannten beim freien Aufrahmen. Die Aufrahmzeit ist in der Hauptsache abhängig von der Schichthöhe und der trennenden Kraft. Während in der Schüssel die Schichthöhe $h_3 = 100$ mm beträgt, ist die von jedem Teilchen in der Schleuder zu durcheilende Schichthöhe $h_1 = 0{,}4$ mm (radialer Zwischenraum zwischen den einzelnen Tellern). Die Trenngeschwindigkeitsvergrößerung in einer Schleuder, der noch im nächsten Abschnitt genannten Abmessungen, $S_1 = \frac{n}{30}\sqrt{r} = \infty$ 70 fach.

Wenn in der Schüssel 36 Stunden zum Aufrahmen notwendig sind, würden in solcher Schleuder

$$\frac{36 \cdot 60 \cdot 60 \cdot h_1}{S_1 \cdot h_3} = 129600 \cdot \frac{0{,}4}{70 \cdot 100} = \frac{129600}{17500} = 7 \text{ Sekunden}$$

genügen, weil eben ihre Wirkung 17 500 mal größer ist. Dazu kommt noch, daß man bei solcher kurzen Zeit, unbedenklich, ohne befürchten zu müssen, daß die Milch sauer wird, höhere Temperaturen anwenden kann. Diese erhöhen, wie schon angegeben, die Ausbeute an Butterfett. — Die früheren Versuche, in die Milchsatten ebenfalls Scheideteller einzusetzen, um die Schichthöhe zu vermindern, scheiterten an der Unmöglichkeit, den Rahm aus den engen Zwischenräumen, unvermischt mit Magermilch, zu gewinnen. —

Zur Überwachung der Ergebnisse sei auch auf die Fleischmannsche Formel hingewiesen, die er aus Versuchszahlen berechnete und die den Einfluß der stündlich in der betreffenden Schleuder verarbeiteten Milchmenge Q_L, der Entrahmungswärme t und der Umlaufzahl n auf den Fettgehalt f_1 der Magermilch erkennen läßt. Ist c ein Erfahrungswert, der von der Art der Schleuder abhängig ist, so ist

$$f_1 = c \frac{\sqrt{Q_L}}{n^3} \cdot 1{,}035^{40-t} \quad \text{. . . . . (49)}$$

Aus Versuchen, die Fleischmann 1879 zu Baden ausführte, geht hervor, daß nochmalige Ausschleuderung einer durch Schleuderung gewonnenen Magermilch mit 0,144% Fett (aus Vollmilch mit 3,08% Fett), eine Magermilch zweiter Ordnung mit 0,117% Fett ergab. Der Ausrahmungsgrad wurde nur um 0,8 erhöht, also unbedeutend, so daß sich die Nachschleuderung nicht lohnt, besonders da man jetzt mit den guten Tellerschleudern in einem Durchlauf schon eine weitgehende Entrahmung erreicht. Verdünnung mit Wasser vermindert wohl die Zähflüssigkeit, aber das spez. Gewicht des Milchserums gegenüber dem Fett wird in stärkerem Maße geringer und somit die trennende Kraft.

52. Die Störung durch Schaum.

Die frisch gemolkene Milch enthält stets Gase, von etwa 3,4—8,4 Raumprozent, bestehend im letzteren Falle aus 0,1% O, 0,2% N und 7,6% Kohlensäure. Die Gase entweichen teilweise beim Schleudern nach dem Inneren der Schleuder zu. Für ihre Austrittsmöglichkeit ist zu sorgen, weil sie sonst die geregelten Wege der Flüssigkeiten stören und zur Schaumbildung Veranlassung geben.

Außerdem entsteht eine starke Schaumbildung durch in die Auffangsstelle geschleuderte Magermilch und dem Rahmen, indem diese Luft mitreißen, wie schon bei den Abb. 68 u. 69 erwähnt.

Sehr lästig kann manchmal die hohe Schaumdecke werden, die sich auf der aus der Trommel ablaufenden Magermilch in deren Sammelgefäß bildet. Man hat daher besondere Apparate hergestellt, um die Luft aus der Magermilch auszutreiben und die Schaummenge rasch zu verringern, durch sog. Schaumverdichter (Milch-Zeitung **5**, 435 [1918]). Im allgemeinen enthält die Magermilch wie sie von der Schleuder abläuft, nicht unter 30% Luft, aber auch je nach der Art Schleuder bis 60%. Der Schaumgehalt nimmt im allgemeinen mit der zunehmenden Umlaufgeschwindigkeit der Trommel zu.

Um die Schaumbildung zu verhindern, werden zwischen dem Austritt der Flüssigkeit aus der Schleudertrommel und ihrem Abfluß aus dem die Trommel umgebenden Gehäuse eine oder mehrere wagerechte oder annähernd wagerechte Scheiben (Abb. 84) *d, e* eingeschaltet, die an der Drehung der Trommel nicht teilnehmen. Der Rand der Scheibe oder Scheiben ist zweckmäßig nach untenhin abgebogen. Diese Scheiben bilden mit dem Flüssigkeitsstrahl einen kleinen Winkel. Die die Schaumbildung verhindernde Wirkung der Scheiben dürfte darauf beruhen, daß die Flüssigkeitsströme durch sie in Schichten geteilt werden. — Kurze Wege zwischen dem Trommelauslauf und der Auffangschüssel, sowie Ausbreitung in Schleiern sind nützlich (D. R. P. 134152 und 134153). Bornemann in Bergedorf wollte den Schaum dadurch vermindern, daß er die Schleuder luftdicht abschließt und unter vermindertem Luftdruck arbeitete. Das Gegenteil wird er erreichen, weil dann die von der Milch aufgenommenen Gase frei werden. — Das Mitreißen von

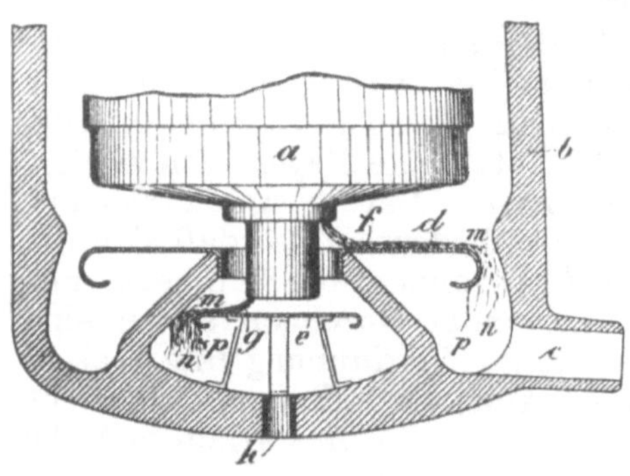

Abb. 84.
Einrichtung zur Schaumzerstörung.

Luft in die Trommel durch den einfallenden Strahl wirkt natürlich schaumbildend. Dies sucht schon das D. R. P. 152391/1902 A. B. Separator Stockholm zu verhindern und in neuerer Zeit wieder durch die Ausbildung des Schwimmers nach Abb. 82. — Der beim Schleudern der Milch entstehende Verlust, der wesentlich durch Wasserverdunstung hervorgerufen wird, beläuft sich im allgemeinen auf 0,5 bis 1% Milch (Kirchner).

53. Die Milch-Reinigungs-Schleuder.

Bei der Entrahmung der Milch scheidet sich aus derselben an der Innenseite der Trommel der sog. Separatorschlamm aus, der alle Unreinigkeiten der Milch, wie Haare, Futter, Futterrückstände, Kot, Staub, Hautschuppen, Bakterien, Pilze u. dgl. enthält und eine weißlichgraue Farbe hat. In der Entfernung dieser Stoffe liegt ein großer Vorteil der Schleudern, weil die Magermilch gleichzeitig gereinigt wird.

Nach Fleischmann ist die Schlammenge 0,02—0,10%, im Mittel 0,06% des Milchgewichtes. Er enthält 68,2% Wasser, 1,44% Fett, 25,34% Käsestoff, 1,8% andere Stoffe, 3,22% Asche. Die Proteinstoffe, welche 89% des Trockengehaltes des Schlammes bilden, besitzen dieselben Eigenschaften wie die ursprünglichen Proteinstoffe der Milch. Trotzdem sind sie als Futterstoffe unbrauchbar, sind schmierig und unappetitlich. Er ist manchmal so zähe, daß er sich in großen Stücken abziehen läßt. Seit 1911 besteht nach den Ausführungsbestimmungen des Reichs-Viehseuchengesetzes eine Verordnung, nach der Schleuderschlamm durch Verbrennen zu vernichten ist, weil er Tuberkelbazillen, Eiter u. dgl. enthält, worauf schon im Abschnitt 38 näher hingewiesen ist.

Siegfeld (Hildesheimer Molkereizeit. 1900, S. 725 und 746; 1908, S. 277) beobachtete, daß fettreiche Milch mehr Schlamm liefert, als fettarme und daß aus mehrfach mit Wasser gewaschenem und in Wasser wieder aufgeschlämmten Rahme beim Schleudern immer wieder Schlamm abgeschieden wird.

Danach könnte man vermuten, daß vielleicht ein Teil der Ultramikronen der Eiweißstoffe und Phosphate der Milch, welche an der sehr großen Gesamtoberfläche aller Fettkügelchen der Milch durch Flächenanziehung haften, durch die Schleuderkraft fortgerissen werde und zur Bildung des Schleuderschlammes beitrage. Der Hauptsache nach scheint aber die Schlammbildung in anderer Weise vor sich zu gehen. Sie zeigt nämlich deutlich eine gewisse Ähnlichkeit mit der Hautbildung auf der Milch. Nimmt man die Haut von der Oberfläche der heißen Milch fort, so bildet sich nach kurzer Zeit immer wieder eine neue Haut. Läßt man Milch durch eine kreisende Schleudertrommel gehen, reinigt sodann die Trommel, gießt Rahm und Magermilch zusammen, schleudert unter den gleichen Umständen abermals und wiederholt dies beliebig oft, so scheidet sich immer wieder Schlamm ab, auch dann, wenn man anstatt mit Milch mit Magermilch arbeitet. Der Schlamm, der sich beim erstmaligen Schleudern von der Milch abscheidet, ist am zähesten und wiegt am meisten. Die Vermutung liegt nahe, daß sich der Schlamm, wie die Haut, lediglich aus der Oberflächenschichte der Milch absondert, und zwar da, wo die Milch mit großer Kraft gegen eine feste Unterlage gepreßt wird.

Wo. Ostwald (Chem.-Ztg. 1919, S. 830) führt diese Hautbildung auf Adsorptionserscheinungen in der Milch zurück.

Adsorptionserscheinungen werden äußerlich gekennzeichnet durch die Anhäufung von Stoffen in Grenzflächen. Diese Anhäufung hat vielfach die Entstehung von Häutchen zur Folge. Die Hautbildung beim Erhitzen der Milch ist eine wohlbekannte Erscheinung. Auf gleiche Ursachen ist vermutlich auch das leichte Überkochen zurückzuführen. Aber nicht nur an äußeren, auch an inneren Oberflächen können solche Adsorptionserscheinungen stattfinden. Solche innere Grenzflächen haben wir an der Berührungsfläche der Fetttröpfchen mit der übrigen Milch. Das Auftreten von sog. „Adsorptionshüllen" um die Fetttröpfchen erscheint dem Kolloidchemiker um so natürlicher, als er aus anderen Untersuchungen weiß, daß man durch Schütteln, z. B. mit Mineralölen, Eiweißlösungen vollkommen durch Adsorption enteiweißen kann. Die in der Milchwissenschaft lange diskutierte Frage, ob die Adsorptionshüllen fest oder flüssig sind, erledigt sich für den Kolloidchemiker durch die Auffassung, daß diese Hüllen jedenfalls zur Klasse der Gallerten gehören, m. a. W. Eigenschaften sowohl fester als auch flüssiger Körper aufweisen. Diese Adsorptionshüllen spielen eine große Rolle beim Butterungsvorgang. Sie sind jedenfalls auch dafür verantwortlich, daß das Milchfett nur langsam und unvollständig mit Äther ausgeschüttelt werden kann, ganz entsprechend den Erfahrungen der Kolloidchemie, nach denen z. B. auch kolloides Gold nicht von Quecksilber amalgamiert wird.

Der in der Schleuder sich abscheidende Schlamm besteht demnach nicht allein aus Verunreinigungen, sondern auch aus wertvollen Bestandteilen der Milch, die mit dem Schlamm verloren gehen. Nach obiger Erkenntnis setzen sich diese hautbildenden Teile nur an freien Oberflächen an; also jeweils an den frisch gereinigten Innenwandungen der Trommel und den Scheideteller. Deshalb wird man in dieser Beziehung mit jener Schleuder die geringsten Schlammverluste erleiden, die bei geringster Gesamtinnenfläche die größte Menge Milch ohne Unterbrechung entrahmen kann. Dies erfordert hohe Leistungen der Schleuder bei kleinsten Abmessungen, also kleine Durchmesser und hohe Umlaufzahlen. Außerdem reichlich bemessene Sammelräume für den eigentlichen, als Verunreinigungen mit der Milch in die Schleuder eingeführten Schlamm.

Die Abb. 85 zeigt die „Alfa"-Trommel in allen Einzelheiten recht deutlich. Man sieht den großen Schlammraum, der als Ringraum von der Trommelinnenwandung und den Außendurchmessern der eng übereinander geschichteten Teller gebildet wird. Dieser gestattet die stundenlange Schleuderung von Milch, ohne zu Verschlammen. Bei einem inneren Trommeldurchm. von 275 mm und 5600 Umdrehungen minutlich können 2500—3000 l stündlich entrahmt werden. Man erkennt die Fortschritte, wenn man diese Leistungen mit denen der Schälschleuder nach Abb. 63 vergleicht. Diese ist kleiner und leistet das zehnfache.

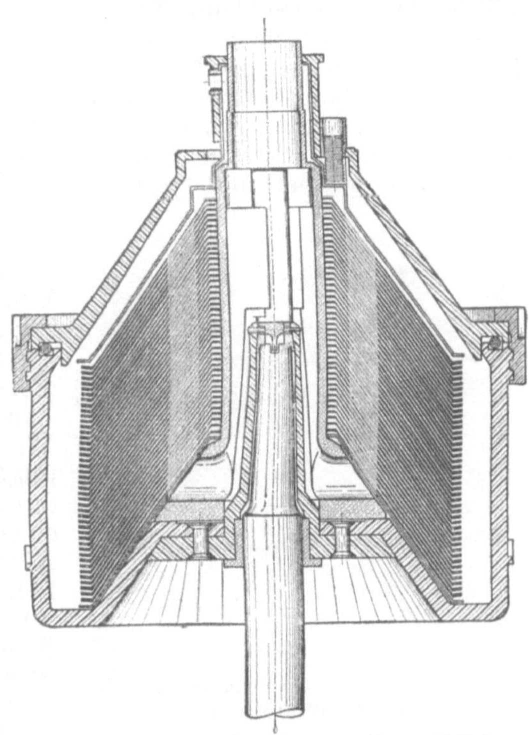

Abb. 85. Inneneinrichtung einer Milchschleuder mit Scheidetellern.

Es ist bei dieser Schleuder:

Der nutzbare Inhalt der Trommel, der um die Raumbeanspruchung der Teller vermindert wird, ist $F = 10 - 3 = 7\,l$, daraus die Aufenthaltszeit der Milch in der Trommel

$$i_1 = \frac{F}{Q_L} \cdot 3600 = \frac{7}{2750} \cdot 3600 = \backsim 9 \text{ sek.}$$

Die Trenngeschwindigkeitsvergrößerung ist

$$S_1 = \frac{n}{30}\sqrt{r} = \frac{5600}{30}\sqrt{0{,}138} = \backsim 70 \text{fach.}$$

Ich möchte auch auf die gut erkennbare Abdichtung des Deckels mit der Trommel hinweisen. An dieser Stelle wirkt der hohe Druck der Schleuderkraft nach Formel 33 mit

$$p_F = \frac{G_F \cdot r_F \cdot n^2}{900} = \frac{0{,}007 \cdot 0{,}09 \cdot 5600^2}{900} = 22 \text{ kg}$$

auf 1 qcm Mantelfläche, gleich 22 Atm. Innendruck, der den Schleuderkonstrukteuren früher viel Schwierigkeiten bereitete. Wie bei den Zuckerschleudern üblich, wurden die ersten Schleudern mit zylindrischem Mantel gebaut, auf den oben an den Flansch der Deckel mittels Flanschenschrauben aufgeschraubt wurde. Es gelang aber nicht, die beiden Teile genügend gegeneinander abzudichten. Zwischen den Flanschen nach Abb. 74 wurde die Milch herausgeschleudert. De Laval gelang es erst dadurch dem Übelstand abzuhelfen, daß er die Trommel aus einem Stück pressen ließ. Er kam so 1879 auf die Birnenform (ähnlich Abbild. 30), die lange Zeit für Milchschleudern tonangebend war. Aber diese Form erschwerte den Einbau der Scheideteller. — Wie die Abb. 85 zeigt, erfolgt jetzt die Dichtung durch einen in eine Nute so eingelegten Rundgummiring, daß die eigene Schleuderkraft und der auch von innen wirkende Flüssigkeitsdruck, den Ring gegen die Trennfuge festpressen.

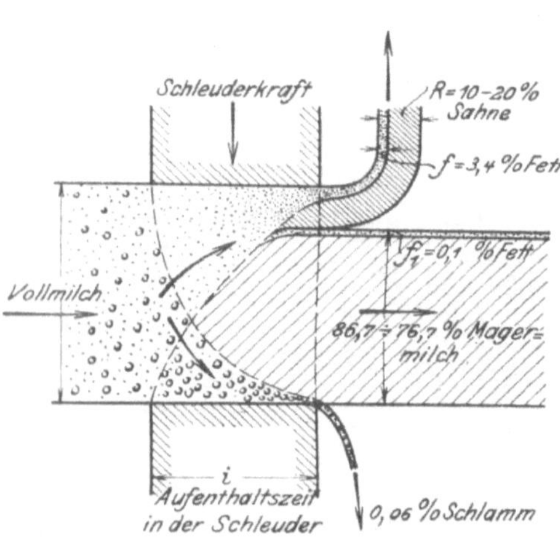

Abb. 86. Trennungsvorgänge bei der Milchschleuderung.

Durch die Schleuderung der Milch entsteht eine dreifache Teilung. Die Vorgänge werden noch deutlicher durch die schematische Darstellung nach Abb. 86. Wie beim natürlichen Absetzen unter dem Einfluß der Schwerkraft, wird hier der spezifisch schwerste Schlamm, kenntlich gemacht durch die dickeren Kreise, nach unten gegen die Schleudertrommel gedrückt. Das leichte Fett schwimmt, wird nach oben verdrängt und geht mit einem Teil des Milchserums als Sahne ab. In der Mitte bleibt die Magermilch, die noch geringe Spuren Schlamm und Fett mitnimmt, weil man aus den schon angeführten praktischen Gründen die Schleuderdauer nicht beliebig lange ausdehnen wird.

Ein Teil des in die Milch beim Melken hineingeratenden Schmutzes geht in Lösung, kann deshalb nicht durch Filtern oder Schleudern entfernt werden. Ein größerer Teil aber ist durch mechanische Reinigung trennbar. Filter sind nur von geringer Leistung und veranlassen leicht wieder andere schädliche Einwirkungen auf die Milch.

Bei der Entrahmung erzielt man somit gleichzeitig, ohne daß diese eigentlich beabsichtigt war auch eine Reinigung. Diese wäre auch bei der Milch, die als solche dem Verbraucher als Verkaufsmilch zugeführt würde, erwünscht.

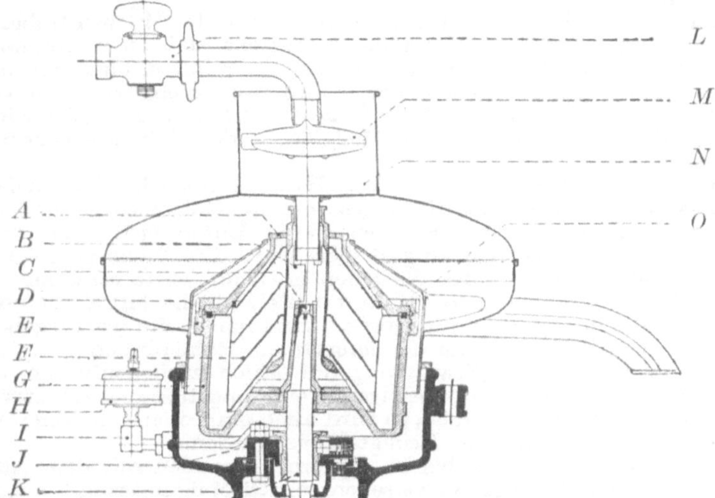

Abb. 87. Milchschleuder mit Reinigungseinsatz.

Durch die vorstehend beschriebenen Schleudern nach Abschnitt 51 darf man aber die Milch nicht schicken, weil dann auch eine teilweise Entrahmung stattfindet, die nicht wieder ausgeglichen werden kann, auch wenn man Rahm und Magermilch sofort wieder nach dem Austritt aus der Trommel vereinigt. Es findet eine sog. Überarbeitung (Homogenisierung) statt, so daß diese Milch später weniger Rahm abscheidet und den Eindruck einer fettarmen Milch macht. Um diesen Übelstand zu vermeiden, versieht man die Trommeln mit einem besonderen Reinigungseinsatz der Bergedorfer Eisenwerke nach Abb. 87. Während beim Entrahmungstellereinsatz nach Abb. 85 die Milch vom inneren Zuführungsrohr sofort über die Schlitze aller Teller verteilt wird, also gar nicht bis an den Trommelmantel als Frischmilch kommt, ist dies beim Reinigungseinsatz der Fall. Durch den untersten, geschlossenen Teller wird die Milch nach unten geführt, fließt auf dem Trommelboden entlang nach dem Trommelmantel in den freien Raum zwischen Trommel und äußerem Tellerdurchmesser. Dort wird der Schmutz abgelagert. Die Milch geht dann durch die weit voneinander abstehenden Teller, die wohl noch Schmutz (weil spez. schwerer) abfangen, aber keine merkliche Entrahmung bewirken können. Die Schicht zwischen den Tellern ist vierzigmal größer als bei dem Entrahmungseinsatz.

Bei den Kieler Versuchen von A. Höst (D. Milchwirtschaftliche Zeitung 1912, Nr. 12) wurde festgestellt, daß diese Trommel nach Abb. 87 die Milch bei 15° einwandfrei reinigte, ohne daß ein nennenswerter Unterschied in der Rahmabsonderung zwischen gereinigter und ungereinigter Milch festzustellen war. Zum Vergleich wurden gleiche Milchmengen in Meßgläsern der Rahmabsonderung überlassen.

Aus dem folgenden[1]) von Dr. Höst mitgeteilten Versuchsergebnis geht hervor, daß die angesammelte Rahmmenge, in Teilstrichen gemessen, nach 3 Stunden wenig Unterschied zeigte und nach 24 Stunden beinahe ausgeglichen war. Die Versuche zeigten aber ebenfalls, daß, je höher die Milch erwärmt, desto schwerer der Rahm' wieder ausgeschieden wurde, einerlei, ob die Milch vor oder nach der Reinigung erwärmt wurde. Hieraus dürfte hervorgehen, daß die eigentliche Ursache der langsamen Rahmabsonderung gereinigter Milch auf die Erwärmung der Milch zurückzuführen ist, und weil eine solche bei der jetzigen Reinigungstrommel-Konstruktion nicht mehr erforderlich ist, so wird auch ein Lösen von Schmutzteilen in der Milch vor der Reinigung vermieden.

Die Versuche vom 24. bis 26. November wurden mit dem Alfa-Separator Modell 1910 AVV, versehen mit „Reinigungsring", ausgeführt, alle anderen mit der Reinigungstrommel des Bergedorfer Eisenwerks. Die Versuche vom 9. bis 13. Dezember waren in der Weise angestellt, daß die Milch an einem Tage unmittelbar in die Reinigungstrommel, ohne Vorwärmung, lief und nach der Reinigung auf 80—85° erhitzt, darauf gekühlt wurde, während sie am folgenden Tage auf 37—42° vorgewärmt, gereinigt, dann hoch erhitzt und gekühlt wurde. Bei den Versuchen vom 14. bis 23. November lief die Milch mit gewöhnlicher Wärme (16—19°) durch die Reinigungstrommel.

Die Erwärmung der Milch vor der Reinigung ist jedenfalls schädlich, weil ein teilweises Auflösen des Schlammes zu befürchten ist. Zweckmäßig ist die Temperatur von 10—20°, weil bei höherer Temperatur mehr, bei niedriger wohl weniger, aber zäherer Schaum entsteht, der die Arbeit erschwert.

Da die Trommel ebenfalls eine lichte Weite von $D = 275$ mm besitzt, die Scheideteller einen äußeren Durchmesser von 215, so hat der Schlammraum eine Dicke von $\frac{275 - 215}{2} = 30$ mm Die Schlammraumhöhe selbst ist $H = 170$ mm und deshalb

[1]) S. 182, Zahlenreihe IX.

hat der Schlammraum einen Inhalt von 3,9 l bei einem Gesamtinhalt der Trommel von $F = 10$ l.

Die Leistung dieser Reinigungsschleuder, mit einer gleichgroßen, mit jener auswechselbaren Trommel wie sie die Entrahmungsschleuder nach Abb. 85 hat, ist auf $Q_L = 4000$ l stündlich gesteigert. Die Aufenthaltszeit in der Schleuder beträgt aber auch $i_2 = \frac{F}{Q_L} \cdot 3600 = \frac{10}{4000} \cdot 3600 = 9$ Sekunden, weil durch Fortfall der meisten Teller der nutzbare Inhalt um 3 l vergrößert wird. Die Umlaufzahl ist von 5600 auf 5000 vermindert, so daß die allein durch die Schleuderkraft im günstigsten Falle mögliche Trenngeschwindigkeitsvergrößerung nur noch $S_2 = \frac{5000}{30} \sqrt{0,138} = 62$fach ist. Die Verminderung der Scheidetelleranzahl auf 4 bedingt eine Vergrößerung der Schichthöhe auf $h_2 = 40$ mm. Die Wirkung der Schleuder ist also hier, wo es sich lediglich um die Abscheidung des spezifischen schweren Schlammes handelt sehr viel kleiner, als sie für eine gute Entrahmung notwendig ist. Dort sind die spezifischen Gewichtsunterschiede wesentlich geringer.

Das Verhältnis der Wirkung in der Entrahmungsschleuder zu der der Reinigungsschleuder ist, unter Berücksichtigung der bereits errechneten Zahlen

$$\frac{i_1}{i_2} \cdot \frac{S_1}{S_2} \cdot \frac{h_2}{h_1} = \frac{9}{9} \cdot \frac{70}{62} \cdot \frac{40}{0,4} = 1,00 \cdot 1,13 \cdot 100 = 113 \quad . \; . \; (50)$$

Somit ist für die Entrahmung eine etwa 113 mal größere Wirkung der Schleuder erforderlich, als für eine befriedigende Entschlammung.

Obige Formel zeigt wiederum die hierbei ausschlaggebende Wirkung der zu durchfallender Schichthöhe, deren Verhältnis $\frac{h_2}{h_1} = \frac{40}{0,4} = 100$ ist.

Weiter zeigt dieses Beispiel sehr deutlich die Möglichkeit, wie zu verfahren ist, um in der Schleuder auch verschiedenartige Stoffe voneinander zu trennen, wie es z. B. bei Anstrichfarben, Emailleschlämmen u. dgl. mitunter von Bedeutung ist. Die großen Beimengungen (s. Zahlenreihe III, S. 56), die nicht fein genug zermahlen wurden, werden ausgeschleudert, während durch die Wirkung der Schleuder beim Austritt aus den Auswurfdüsen eine innige Mischung der anderen Teile erreicht werden kann. Nur Versuche können hier das nützlichste finden lassen. Die Wahl der Trommelgröße, deren Form und Inneneinrichtung, sowie die Umlaufzahl sind natürlich von großer Bedeutung, so daß in echt amerikanischer Bescheidenheit im Bulletin Nr. 200/1919 die De Laval Separator-Gesellschaft New York schreibt:

„Die D. L. S. hat vierzigjährige Erfahrung im Schleudern, führt ständig Versuche aus und besitzt einen unübertroffenen Schatz an technischem Wissen auf diesem besonderen Felde. Die beiden Typen der Trommeln, die für Lackreinigung verwendet werden, sind so

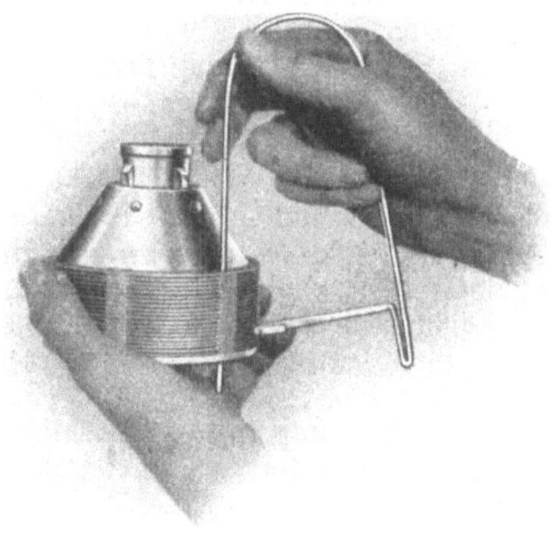

Abb. 88. Aufreihen der Scheideteller.

genau, als nur menschlicher Scharfsinn und Geschicklichkeit dieses hervorbringen kann und weit über alle Versuche stehend, die die Konkurrenz ausgibt" (s. a. Abschn. 42).

Sowohl bei den Milch-Entrahmungsschleudern, als auch bei den Milch-Reinigungsschleudern ist die Konstruktion so zu wählen, daß die Innenteile leicht zugänglich sind, eine leichte Reinigung möglich ist. Die Trommel soll ohne Schwierigkeiten auseinander- und die Teller sollen herausnehmbar sein, um ein gutes Auswaschen zu ermöglichen. Die Teller werden hierbei zweckmäßig auf Tragbügel nach Abb. 88 (Hollersche Carlshütte - Rendsburg) gereiht unter Benutzung der übereinanderliegenden Magermilch-Führungslöcher. Wie die Abb. 89 zeigt, ist dann das Ausspülen des Schlammes und die Reinigung der Teller gut möglich.

54. Blut- und Serumschleuder.

Hier anschließend soll gleich noch eine Sonderausbildung der Milchschleuder besprochen werden, für die Schleuderung von Blut.

Das Blut besteht in der Hauptsache aus einer Flüssigkeit, dem Blutserum und den darin schwebenden Blutkörperchen, die man für manche Zwecke zu trennen wünscht.

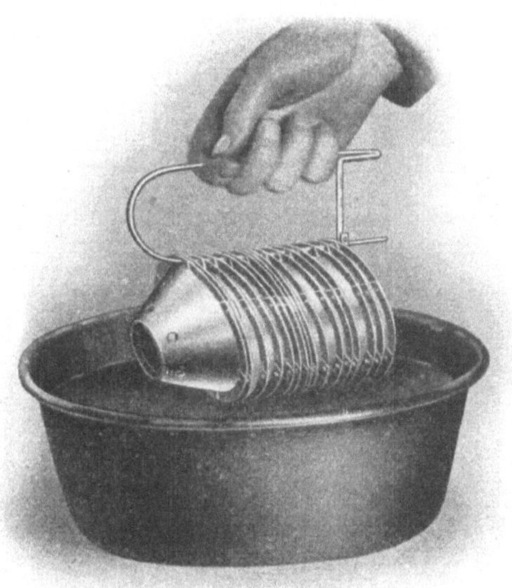

Abb. 89. Reinigung der Scheideteller.

Zwecks Darstellung von Hämatogen und anderen Blutpräparaten, die als Stärkungsmittel Anwendung finden, wird das frische Blut schon in den Schlachthäusern entfasert (defibriniert), die Blutkörperchen werden von dem Serum getrennt. Bei der Defibrinierung wird das frische Blut während des Gerinnens mit Stäbchen geschlagen, wobei sich das Fibrin als bandförmiges lockeres Gerinsel an den Stab hängt und für Futtermittel Verwendung findet. Die Blutkörperchen verbleiben im Serum, setzen sich aber zu langsam ab, so daß die Schleudern zwecks schneller Trennung auch hier Anwendung finden.

Das Blut wird vor dem Eintritt in die Schleuder mit einer geringen Menge Kochsalz vermischt, um etwaiges weiteres Gerinnen zu verhindern, und dann über ein feines Haarsieb

Zahlenreihe IX.

Datum	Milchmenge	Arbeitsdauer	Stundenleistung	Aufrahmversuche in Standzylindern Rahmschicht							Fettgehalt	
				Milchhöhe	nach 3 Stunden			nach 24 Stunden				
					ungereinigte Milch	gereinigte Milch		ungereinigte Milch	gereinigte Milch		ungereinigte Milch	gereinigte Milch
						nicht erhitzt	erhitzt		nicht erhitzt	erhitzt		
	kg	Min.	kg		cm	cm		cm	cm			
4. 10.	—	—	—	23	—	—	—	2,3	—	0,6	—	—
14. 10.	520	15	2080	16	2	1	Spur	2,1	1,5	0,3	—	—
16. 10.	630	18	2100	18	1,8	1	Spur	—	—	—	—	—
14. 11.	800	24	2000	19	1,2	1,0	—	1,7	1,5	—	—	—
15. 11.	768	24	1920	17	1,4	1,0	—	1,7	1,5	—	—	—
16. 11.	868	30	1736	15	1,1	0,8	—	1,3	1,0	—	—	—
17. 11.	865	30	1730	15	1,1	0,7	—	1,3	1,2	—	—	—
18. 11.	836	26	1930	13	1,2	0,8	—	1,3	1,1	—	3,58	3,53
23. 11.	722	24	1805	16	1,2	0,8	—	1,5	1,3	—	—	—
24. 11.	818	25	1963	—	—	—	—	—	—	—	—	—
25. 11.	832	25	1997	16	1,3	1,1	—	1,5	1,4	—	3,45	3,40
26. 11.	838	18	2793	16	1,3	1,0	—	1,5	1,3	—	3,30	3,28
				Krenometer	Teilstriche	Teilstriche	Teilstriche	Teilstriche	Teilstriche	Teilstriche		
9. 12.	—	—	—	„	7	5,5	1	8,5	7,5	2,5	3,30	3,35
10. 12.	—	—	—	„	7	5	0,5	9	8	2,5	3,30	3,30
11. 12.	—	—	—	„	7	5	—	10	9	—	3,50	3,50
12. 12.	—	—	—	„	7,5	5,5	1	9	8,5	5	3,35	3,40
13. 12.	—	—	—	„	6,5	4,5	0,5	7,5	7,0	2	3,35	3,38

Nr. 120 geleitet, um Fasern, Gerinsel zurückzuhalten, die die Schleudern sonst verstopfen würden. Zum Schleudern kann man die vorbeschriebenen Milchschleudern verwenden, aber auch nur mit dem grobstehenden Reinigungseinsatz z. B. nach Abb. 87, weil man die Blutkörperchen nicht im sogenannten Schlammraum (Abb. 85) ablagern will. Sondern dort, wo auch die spezifisch schwerere Magermilch austritt (Abb. 80, *b—F*), soll jetzt eine Mischung mit 35% Gehalt an Blutkörperchen austreten. Die roten Blutkörperchen sind spezifisch schwerer als die weißen, zu starke Wirkung der Scheideteller würde deshalb, ebenso wie bei der Milchreinigung, eine unerwünschte Entmischung und Anschleuderung der roten Blutkörperchen im Schlammraum bewirken.

Am sogenannten Rahmaustritt *a—E* (Abb. 80) entweicht das Blutwasser (Serum) mit einem Trockengehalt von 8—12%, es wird auf Albumin verarbeitet.

Nach dem D. R. P. 81 391 von Dr. Hommel, A.-G., Zürich, wird Hämoglobin entgast, durch Entfernung der von Blut vorher und beim Schleudern aufgewonnenen Luft und dann mit Wasser und Alkohol behandelt, um die Blutkörperchenmembran zu zerstören und eine dauerhafte Lösung der Blutkörperchen als sogenanntes Hämatogen zu erhalten.

Die Leistung einer Blutschleuder dürfte nur etwa $^1/_{10}$ bis $^1/_{20}$ der Leistung betragen, die diese Schleuder bei der Milchschleuderung besitzt.

Während es hier um die Gewinnung der Blutkörperchen handelt, erfolgt die Schleuderung des Blutes sehr häufig, um Serum in Instituten und Fabriken, aus dem Blute entsprechend behandelter Tiere, zu gewinnen. Dann wählt man Schleudern mit großem Schlammraum und nimmt Bedacht darauf, daß das ablaufende Serum möglichst frei von Blutkörperchen ist. Die Leistung einer Schleuder dürfte dann nur $^1/_5$ bis $^1/_{10}$ der bei der Milchschleuderung betragen.

Hier und in manchen Fällen muß auf steriles Arbeiten gesehen werden. Nach dem D. R. P. 165 628 z. B. wird die zu schleudernde Flüssigkeit durch eine als Flamme gebildete Wand in die Schleudertrommel geführt, um dadurch den Zutritt lebender Bakterien zu verhindern.

55. Die Gewinnung des Wollfettes aus den Waschwässern der Wollwäschereien durch Schleudern.

Die im Abschnitt 51 beschriebenen Milchschleudern werden auch zur Gewinnung des Wollfettes aus den Abwässern der Wollwäschereien verwendet, welches ein vorzügliches Neutralfett ist und aus dem das Lanolin für medizinische und andere Zwecke gewonnen wird. Das durch Schleudern gewonnene Wollfett hat eine hellere Farbe, milderen Geruch, geringen Säuregehalt und enthält keinen festen Schmutz, weil sich dieser in der Trommel ablagert. Die Abb. 90 zeigt eine Anlage der Separator A. B. zum Schleudern des Wollfettes. Eine Pumpe hebt das Waschwasser aus einem Sammelbehälter aus Holz oder Eisen, in dem es auf 55—60° durch Dampf erwärmt wird. Aus diesem Kessel läuft das Waschwasser in eine erste Lavalschleuder, welche das Wollfett in einer Emulsion verläßt, die ungefähr $^1/_3$ Fett und $^2/_3$ Wasser enthält. Diese verdichtete Mischung wird

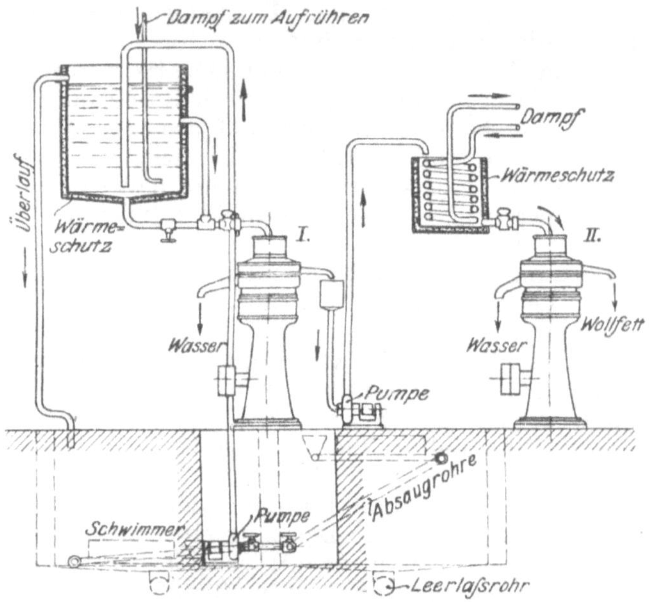

Abb. 90. Anlage zum Schleudern des Wollfettes.

durch eine andere Pumpe in einen zweiten Sammelbehälter gedrückt, dort auf 90—95° erhitzt, um die Trennung zu erleichtern und nun einer zweiten Schleuder zugeführt. Das diese verlassende Wollfett ist durchsichtig und von heller Farbe. — Das die erste Schleuder verlassende Wasser enthält Alkali und kann nochmals zurück in den Betrieb geleitet werden. Die Leistung beträgt etwa 2200—2500 l Waschwasser stündlich, so daß ein Mann in 8 Arbeitsstunden, einschließlich jeweiliger Reinigung der Trommel vom Schlamm ungefähr 10 000 l verarbeiten kann, wobei die Schleuder eine Grundfläche von 0,45 × 0,56 m und eine Höhe von 1,3 m einnimmt.

In gleicher Weise könnte man Rohöle, Erdöle vom Wasser befreien, aus Abwässern der Städte, Schlachthäuser u. dgl. das Fett gewinnen.

O. Die Schleudern für ununterbrochene Schlammabführung.

Während es keine großen Schwierigkeiten bereitet, Schleudern zu bauen, bei denen die getrennten Flüssigkeiten ununterbrochen abgeleitet werden, so beginnen sie sofort, wenn man auch den Schlamm dauernd aus der Schleudertrommel entfernen will.

Die erste gelungene Ausführung zeigt die Hefeschleuder, so daß ich die dabei eintretenden Verhältnisse eingehend erläutern möchte.

56. Die Hefeschleuder mit Auswurfdüsen.

Im Jahre 1860 wurde von Patrik Robertson das englische Patent 298 gewonnen, zum Abschleudern von Hefe aus Bier; er konnte aber in den Brauereien keine Wurzel fassen.

Über die Trennung der Hefe von der vergorenen Würze schreibt im Handbuch für Preßhefefabrikation Dr. W. Kiby (Braunschweig 1912, S. 593): „Entnimmt man der vergorenen Würze eine Probe, so sieht man, daß sich die Hefe bei ruhigem Stehen, wenn die Gärung gut verlaufen ist, langsam, gleichmäßig und deshalb dicht zu Boden setzt; die überstehende Flüssigkeit wird wohl hell, aber nicht blank sein. Sind sogenannte Schleier vorhanden, die die Würze verschieden durchsichtig erscheinen lassen, so sind fast immer unreife, kümmerlich gewachsene Zellen darin zu finden, die irgendeinem Fehler der Arbeit, besonders unreiner Säuerung oder mangelhafter Verzuckerung entstammen. Die am nächsten liegende Möglichkeit, die Hefe zu gewinnen, war nun die, ihr in geeigneten Gefäßen Zeit zum Absitzen zu gewähren und dann die überstehende Würze abzuziehen. Man wählte dazu flache eiserne sogenannte Schiffe, die wie die Kühlschiffe der Brauerei, rechteckig mit abgerundeten Ecken und Kanten, aber je nach dem verfügbaren Raum zwischen 0,4 bis 0,5 m hoch gewählt wurden. Der Boden ging abgerundet in die Wände über, deren eine ein Schauglas hatte, durch das die sich absetzende und abgesetzte Hefe beobachtet werden konnte. Mit Gefälle zu einem Eck gelegt, hatten diese

Schiffe eben dort ein Einlegerohr, mit dem man die Würze langsam bis zur Hefe so verlustlos als möglich abzog, um dann den dicken Hefenbrei durch besondere Leitung zu den Filterpressen zu fegen. Nun mußte aber, damit sich die Hefe rasch und vollständig absetzen konnte, die ganze Menge vergorener Würze auf mindestens 17,5—20° abgekühlt werden, eine Arbeit, die viel Wasser und Zeit beanspruchte, zumal die Temperaturdifferenz des Kühlwassers und der abzukühlenden Würze nicht groß war. Außerdem war man in der Fabrikation darauf angewiesen, eine Hefe zu züchten, die sich in kürzerer Zeit vollständig setzte, damit in 10 bis 12 Stunden ihre Trennung von der Würze vorgenommen werden konnte. Man vermochte also meist nicht so zu arbeiten, wie man gerne gewollt hätte, z. B. auf staubige Hefen hin, denn diese setzten sich erst nach vielen Stunden und dann so wenig dicht ab, daß ein genügendes Abziehen der Würze, ohne Verluste zu gewärtigen, kaum möglich war. Die Hefe mußte mit viel Würze zu den Pressen gebracht werden. Man wählte damals noch in der älteren Lüftungsmethode bei geringerer Säure höhere Temperaturen, bei denen eben die Hefe den gewünschten Charakter annahm, d. h. sich gut absetzte, ohne aber flockig zu sein. Um die Hefe auf den Absatzschiffen gut gewinnen zu können, mußte sie sich schon in etwa einer Viertel- bis einer halben Stunde in der Glaszylinderprobe schön gleichmäßig setzen; dann war zu erwarten, daß sie sich im Absatzschiff selbst in den 12—14 Stunden so völlig und so dicht abschied, daß ihre möglichst vollständige Trennung von der Würze erreichbar war. Alle Hefe aber zu gewinnen, war unmöglich; denn so lange konnte man besonders im Sommer die Hefe in der vergorenen Würze nicht stehen lassen, ohne ihr zu schaden. So nahm man die Verluste eben als etwas Unvermeidliches in Kauf, bis die Spezialfabriken für Zentrifugenbau sich der Sache zuwandten und durch langwierige Versuche dahin gelangten, Hefenzentrifugen zu konstruieren, die die völlige Trennung der Hefe von der Würze, die restlose „Enthefung“ der vergorenen Würze ermöglichten. Doch war es nichts weniger als leicht, die sonst verschiedentlich bewährten Schleudern auf die Gewinnung der Hefe umzubauen. Es war zuerst eine schwedische Fabrik, die die „Hefeseparatoren“ auf den Markt brachte und sie mit Dampfturbinen ausstattete, da die Trommel des Separators mindestens 4500 Touren pro Minute machen muß. Doch war die Leistung der ersten Apparate gering; sie verarbeiteten nur 1000 l Würze pro Stunde. Der Turbinenantrieb, obwohl theoretisch hier am Platz, bewährte sich nicht, die Abnutzung und der Dampfverbrauch waren groß und der Dampf als treibende Kraft war eine unangenehme Beigabe bei der Gewinnung der so wärmeempfindlichen Hefe. Eine Erwärmung des Raumes trat ein, die Schleuder selbst wurde sehr warm, zwei Unannehmlichkeiten, die eine Zeitlang der Hefenschleuder ihren verdienten Siegeszug in die Lufthefeindustrie erschwerte, trotzdem bald die Vorteile der Schleuder erkannt wurden. Man ersparte die Zeit des Absitzenlassens der Hefe; in der Zeit, während der man früher die vergorene Würze zum Absatzschiffe brachte, konnte die Hefe schon ausgeschleudert sein. Anstatt die ganze Menge vergorener Würze auf 17,5 bis 20° abzukühlen, was riesige Wassermengen erforderte, konnte die vergorene, 25° warme Würze nach der Ausreifung der Hefe sofort geschleudert werden, so daß nur die ausgeschleuderte dicke Hefe auf 15—17° abzukühlen war. Außerdem war man ganz unabhängig davon geworden, wie sich die Hefe setzte; im Gegenteil, die staubigen Amidhefen wurden am leichtesten restlos gewonnen, aber auch die grießigen, körnigen Hefen wurden völlig den Würzen entzogen[1]). Die Qualität der Hefe wurde besser, weil sie sofort nach dem Ausreifen zum Ausschleudern und Pressen kam und nicht wie früher 12—15 Stunden und noch länger in der Würze herumstehen mußte. Die Ausbeute aber hob sich bedeutend und zeigte erst, welche Verluste die Absatzschiffe bei sorgfältigster Arbeit mit sich brachten. Mehrausbeuten von mindestens 0,5% waren die Folge; teilweise betrugen sie ³/₄—1%, besonders da, wo wegen räumlicher Verhältnisse recht hohe Schiffe verwendet werden mußten. Der Vorteil der Absetzschiffe, daß sie keine Kraft brauchten und die Nachtarbeit gut umgehen ließen, weil gerade während der Nacht sich die Hefe absetzen konnte, war mehr als ausgeglichen durch den Platz, den man nach Entfernung der Absetzschiffe gewann.“

Die Hefeschleuder von Ramesohl & Schmidt A.-G., Oelde i. W., hat sich zum Trennen der Hefe von der Würze bestens bewährt. Die Abb. 91 zeigt einen Schnitt durch die Schleuder, die in der Hauptsache der Milchschleuder ähnlich sieht. Oben durch den Seihtrichter *A* wird die Hefe in die

[1]) Ausgewachsene Hefezellen haben eine Größe von 0,004 bis 0,0085 mm.

Mitte der Schleudertrommel geführt, die durch die Haube E leicht zugänglich verschlossen ist. Dem Sieb A, als auch einem Vorsieb im Hefewassersammelkasten, ist besondere Aufmerksamkeit zuzuwenden, um das Eintreten von Trebern oder Malzkeimen in die Trommel zu verhindern, die zu Verstopfungen Veranlassung geben würden. In der Trommel befinden sich die konischen Scheideteller C, die etwa 2 mm voneinander abstehen und die auf einer konischen Verschlußhaube ruhen. Unter dieser Haube wird die Hefeflüssigkeit nach außen in den untersten Trommelrand geleitet. Die abgeschleuderte Hefe (die spezifisch schwerer als die Würze ist) fliegt gegen den Trommelmantel, sammelt sich unten und tritt durch die Rohre K in die Auswerfdüsen L. Die von der Hefe befreite Würze wird durch die Scheideteller C hindurch nach innen und oben verdrängt, fliegt über den Trommelrand und sammelt sich in einem Würzefänger g an, um durch ein Sammelrohr abzulaufen.

Nachteilig ist, daß bei der Zuführung größerer Mengen Hefeflüssigkeit, durch den Trichter A, als die Schleuder verarbeiten kann, ungeklärte Hefeflüssigkeit unbemerkt überläuft und in den Würzefänger g gelangt. Verluste an Hefe sind die Folge. Die Lavalschleuder nach Abb. 52 vermeidet diese nachteilige Vermischung durch Anbringung eines besonderen Fängers $p\,q$ für die überschüssige Flüssigkeit.

Zu Anfang läßt man in die Hefeschleuder etwas Wasser einlaufen, bis die volle Umlaufzahl von 4500 in der Minute erreicht ist. Während die aus dem Würzefänger g ablaufende Würze in kleinen Proberöhrchen auf ihre Enthefung geprüft wird, öffnet man den Hefeschlammzulauf allmählich soweit, als von der Schleuder gewöhnlich entheft werden soll, d. s. 2500 l stündlich. Ist die Schleuder im guten Gange, dann trennt sie jedes Hefeteilchen aus der Würze, so daß man mit dem Mikroskop kaum noch Zellen in der entheften Würze feststellen kann. Ist die Enthefung nicht genügend scharf, so kann der Grund in zu starkem Zufluß der Würze, zu geringer Umdrehungszahl oder unruhigem Gang der Trommel zu suchen sein; auch können eine oder mehrere Auswurfdüsen verstopft sein. Im letzteren Falle wird sofort das Gleichgewicht der Trommel gestört. Die Hefe läuft gewöhnlich aus den Düsen L als ziemlich dicker Brei. Nimmt dieser Ablauf ab, oder ist die enthefte Würze trüb, so hat sich Hefe an der Trommel fest angelagert oder die Düsen sind verstopft. Im ersteren Fall ist der Hefeschlammzufluß

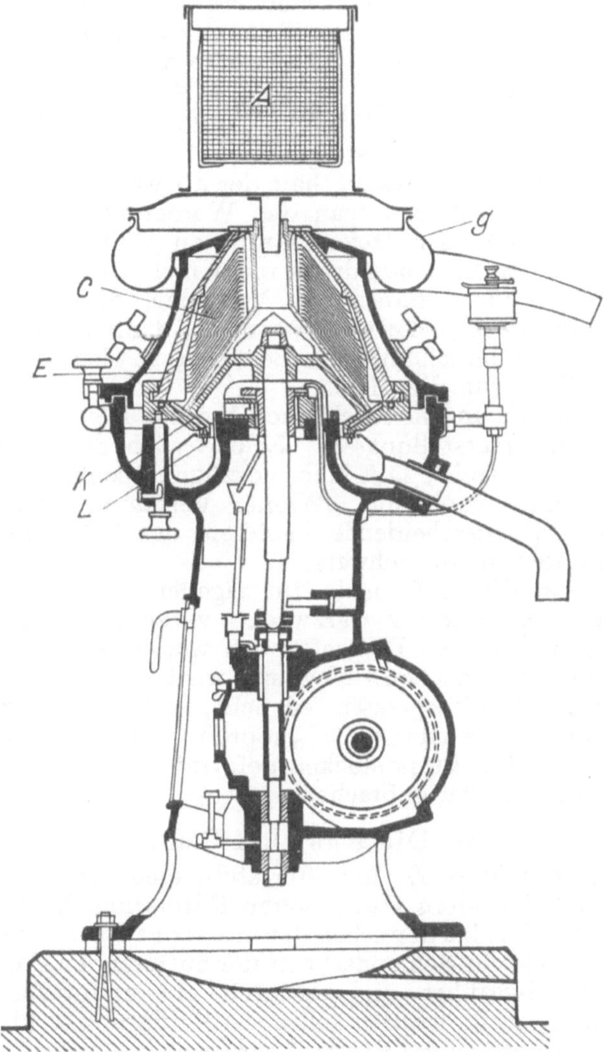

Abb. 91. Hefeschleuder.

auf kurze Zeit zu vermindern, wodurch die angelagerte Hefe meistens herausgetrieben wird.

Die Hefeschleuder nach Abb. 91 macht 4500 Umdrehungen in der Minute; der größte innere Trommeldurchmesser beträgt 305 mm. Der für das Schleudergut verbleibende Nutzinhalt ist, unter Abzug des Tellereinsatzes $F = 4\,l$. Da stündlich etwa $Q_2 = 2500\,l$ Hefewürze verarbeitet werden, so ist die Aufenthaltszeit $i = 3600 \cdot \frac{4}{2500} = 5{,}8$ sek.

Der Kraftverbrauch beträgt beim Leerlauf 0,9 PS, im Betrieb 1,5 PS. Der Wassergehalt der abgeschleuderten Hefe beträgt ∾ 80%. Würde man das Wasser noch mehr entziehen, so würde der Hefeschlamm zu zähflüssig und er würde durch den Schleuderdruck nicht mehr durch die Düsen getrieben. Deshalb haben die Versuche, diese Schleuder auch für andere Zwecke zu verwenden, dann keinen Erfolg gebracht, wenn die schlammigen Bestandteile nicht so glitschig flüssig bleiben wie die Hefe.

Unterschiede machen sich auch bei der Hefe bemerkbar, je nach ihrer Herstellungsart. Solche nach dem Lüftungsverfahren hergestellt, läßt sich vorzüglich schleudern. Dagegen bei Hefe nach dem „Wiener Verfahren" hergestellt, färbt die sich ausscheidende Pechhefe das Schleudergut in unerwünschter Weise schwarz.

Will man die Hefe nicht im eigenen Betriebe weiterverwenden, sondern für Gärzwecke verkaufen, dann muß man die geschleuderte Dickhefe noch weiter entwässern, um sie haltbarer zu machen. Meistens wird deshalb die Dickhefe noch durch Filterpressen gedrückt, dort zu festen Kuchen mit einem Wassergehalt von 25% gepreßt, in Teigteilmaschinen zu den bekannten Pfundstücken geformt und dann als Preßhefe in den Handel gebracht.

57. Die Auswurfdüsen.

Die Auswerfdüse L (Abb. 91) stellt eine verfeinerte Ausführungsart der alten Heineschen Filterschleuder (D. R. P. 64119/1892) dar, bei der schon der breiartige Rückstand durch den Überdruck der Schleuderkraft der zutretenden Flüssigkeit selbsttätig abgeführt und dadurch ein ununterbrochener Betrieb hergestellt werden sollte. Allerdings war hier noch ein breiter ringförmiger Überlauf vorgesehen, dessen Nachteile ich schon erwähnte. Ist die Austrittsdüse L richtig bemessen und vor allen Dingen im richtigen Abstand zwischen Trommelinnenwand und Achse angeordnet, dann tritt hier eine eigenartige Selbstreglung der Trennwirkung ein, die sich schon Wolff, Brühl (D. R. P. 75673/1893) an Ölschleudern zunutze machen wollte. — Wird ein flüssiges Gemenge aus Stoffen von verschiedenem spezifischen Gewicht, z. B. eine aus Öl und Wasser bestehende Emulsion in einer nicht gelochten konischen Trommel der Schleuderkraft ausgesetzt, so wird unter sonst gleichen Verhältnissen der Druck, den der Trommelinhalt an der weitesten Stelle der Trommel ausübt, um so größer, je weiter die Trennung von Öl und Wasser voranschreitet. Der Druck wächst, je mehr das schwere Wasser nach außen geht. Eine Öffnung am Trommelmantel, durch ein mitumlaufendes Gegengewicht verschlossen, wird sich erst bei einem entsprechenden Überdruck öffnen, einen Teil des am äußersten Umfang abgelagerten schweren Bestandteils austreten lassen. Dadurch geht der Überdruck wieder zurück und wächst erst wieder mit entsprechender Ansammlung des schweren Stoffes. Genau so wird die im Verbindungskanal *K* befindliche schwere Schlammsäule der in der Trommel befindlichen leichteren Geschicht das Gleichgewicht halten. Die Schlammsäule in dem Auslaufröhrchen und die Trommelfüllung bilden die zwei Schenkel einer kommunizierenden Röhre, die miteinander im Gleichgewicht stehen müssen, wenn einerseits Schlamm aus der Düse *L* und andererseits oben geklärter Saft aus den Auslauföffnungen fließen soll. Bei der Hefeschleuder nach Abb. 91 befinden sich beide Austrittsstellen in einem bestimmten, für Hefe erfahrungsgemäß festgestellten Abstand von der Drehachse der Trommel. Die ideellen Schenkel der kommunizierenden Rohre haben ebenfalls eine bestimmte Länge. Aus *L* und der oberen Öffnung findet deshalb nur dann ein gleichzeitiger Austritt statt, wenn die Schleuderdrücke, die beide Schenkelfüllungen ausüben, gleich sind. Anfangs beim Beginn der Arbeit werden beide Schenkel mit dünnem Schlammsaft aufgefüllt, der im kürzeren Schenkel *K* natürlich einen geringeren Druck ausübt und deshalb aus *L* allein Saft austritt. Mit der zunehmenden Abscheidung wird das Gewicht der Schlammasse in *K* immer größer und in *C* muß der Saft immer mehr steigen, bis er auch dort als Klarsaft überläuft. —

Verwendet man aber jetzt eine solche für Hefe eingestellte Schleuder für andere Stoffe, z. B. für Zuckerschlamm, der nach Zahlenreihe VI (S. 88) ein bedeutend höheres spezifisches Gewicht besitzt als Hefe, so wird der Schleuderdruck im Schlammschenkel *K* viel größer, schließlich so groß, daß überhaupt kein Saft durch die Düse *L* gedrückt werden kann. Dann läuft so lange oben Saft ab, bis sich die Trommel mit schwerem Schlammsaft so gefüllt hat, daß dieser dem Schenkel *K* das Gleichgewicht hält und schließlich größer wird. Sobald dieser Zustand erreicht ist, wird aus *L* auch wieder schwerer Schlamm ausfließen. Nun ist aber die Trommel selbst schon so weit mit Schlamm angefüllt, daß für den nach oben und innen verdrängten Saft nicht mehr genügend Klärraum, also genügende Klärzeit zur Verfügung steht, so daß auch oben unklarer Saft nun ständig abfließt. — Die für Hefe eingestellte Schleuder wird somit niemals die einwandfreie Trennung von Saft und Schlamm mit anderen spezifischen Gewichten gestatten. Um dies zu ermöglichen, muß der Abstand der Auslaufdüse *L* von der Drehachse einstellbar sein. Je spezifisch schwerer der Schlamm ist, um so kürzer muß der Schenkel *K* sein, um so weiter muß *L* von der Achse abstehen. — Da zum Durchpressen des Schlammes durch die Düse *L* ein gewisser Überdruck notwendig ist, der um so größer wird je kleiner die Düsenöffnung ist, so kann man in gewissen Grenzen auch eine Reglung der Schlammtrennung für verschiedene Arten erzielen durch entsprechende Wahl der Düsenöffnung. Bei den Milchschleudern erreicht man dies durch Einstellschräubchen, indem man z. B. die obere Austrittsöffnung für die Magermilch nach Abb. 77 mehr oder weniger verengt. Jahn, Arnswalde (D. R. P. 316 897/1914) sucht dies durch teleskopartig einstellbare Rohre zu erreichen, an Stelle der Auswurfschnecken *D* nach Abb. 105. Die Überlauföffnungen dieser Rohre *D* kann man während des Betriebes beliebig verkürzen und unter die Flüssigkeitslinie *a—b* (Abb. 105) zurückziehen, durch auf der Welle verschiebbare Muffenhebel, um solche Ausflußgeschwindigkeiten zu erhalten, daß sämtliche Feststoffe mit mehr oder weniger Flüssigkeit vermischt, hinausgedrückt werden. — Auf diese Einflüsse der verschiedenen spezifischen Gewichte ist wohl zu achten, wenn man zu befriedigenden Ergebnissen kommen will bei der ununterbrochenen Schlammabführung.

Versuche, diese Schleuder für Zuckerfabriken nutzbar zu machen, mißlangen, weil der Scheideschlamm nicht wie die Hefe flüssig blieb, sondern sich zwischen den Abscheidetellern *C* festsetzte und die weitere Arbeit unmöglich machte.

Nach der Abb. 91 bilden die Scheideteller *C*, auf denen die Schlammteilchen abgleiten müssen, einen Winkel von nur 35° gegen die Richtung der wirkenden Schleuderkraft. Dieser Neigungswinkel mag für die glitschige, nie unter den vorliegenden Verhältnissen austrocknende und somit nie fest werdende Hefezelle genügen (der natürliche innere Wassergehalt, der nicht durch Schleudern entfernbar ist, beträgt 73,7—76%), aber nicht für die Kalkteilchen, besonders wenn sie gut grießig ausgeschieden sind.

Man muß noch damit rechnen, daß die Bleche stellenweise rauh sind und Teilchen hängenbleiben, an diese häufen sich andere an, so lange, bis ihr Böschungswinkel erreicht ist. Erst dann ist eine weitere Ansammlung unmöglich, weil diese Körnchen keinen Halt finden und nach unten gleiten. Will man jede Ablagerung auf den Blechen vermeiden, und sie muß vermieden werden, dann müssen die Bleche steiler stehen als der im ungünstigsten Falle mögliche Böschungswinkel des an sich nicht einheitlichen Schlammes. Da dieser beim Anhaften an den Blechen schnell genügend ausgetrocknet wird, so kann er stark bergebauend wirken, wie wir uns an den Schlammbergen leicht überzeugen können. Auf wagerechten Scheideblechen wäre jede Ablagerung unmöglich, doch zieht man aus konstruktiven und betriebstechnischen Gründen trichterförmige vor, die man aber bei Schlammschleudern eben weniger steil formen darf.

Es bedeutet aber „das Kind mit dem Bade ausschütten", wenn man kurzerhand die Trichter entfernt und nun ohne solche arbeiten will. Es ist dann nach früherem nicht zu verwundern, wenn dann der ablaufende Saft während der ganzen Schleuderdauer sehr schlammhaltig war.

Für die Schlammschleuderung erscheint mir bei dieser Schleuder weiter nachteilig, daß der Schlamm vom mittleren Einlaufrohr durch die Deckhaube des Tellereinsatzes ganz nach unten in die äußerste Ecke der Trommel geführt wird, dorthin, wo durch die Röhrchen *K* der Schlamm nach den Auswurföffnungen *L* geführt wird. Es wird nicht zu vermeiden sein, daß sich an dieser Stelle schon abgeschleuderter Schlamm mit frisch zulaufendem Saft mischt und so das Ergebnis ungünstig beeinflußt. Außerdem ist für keinen geregelten Zulauf des Schlammsaftes nach allen Scheidetellern gesorgt; die untersten werden sicher mehr bekommen als die obersten. Dann wird hier eine große Steigegeschwindigkeit des klarwerdenden Saftes nach innen eintreten, die größer sein wird, als die Sinkgeschwindigkeit der kleinsten Schlammteilchen. Diese werden mitgerissen, besonders dadurch, daß sie der Saftabströmung sich senkrecht entgegenbewegen müssen. Hier scheint eine Zuführungsart für den Schlammsaft in der Mitte der Scheideteller, sei es durch Schlitze nach Abb. 76, oder durch Verteilungsröhrchen, die gleichzeitig als Führungsstangen für die wagerechten Teller dienen könnten, beachtenswert. Dann entstände kein Kampf zwischen den nach außen tretenden Schlammteilchen und den nach innen gehenden Flüssigkeitsteilchen.

Es dürfte meiner Ansicht nach keine großen Schwierigkeiten bereiten, unter Berücksichtigung der vorbeschriebenen Vorgänge durch sorgfältige Versuche die richtige Form der Teller und die zweckmäßige Saftzuführung zu finden. Ob es aber möglich ist, aus einer derartig geformten Schleuder auch den Schlamm ununterbrochen abzuführen, das kann nur die Erfahrung lehren. Ohne Zweifel wird dieser Weg gefunden werden können.

58. Die Form der Trommeln unter Berücksichtigung des Böschungs- und des Reibungswinkels.

Schon bei der Besprechung der Scheideteller in der Hefeschleuder nach Abb. 91 wies ich darauf hin, daß die Scheideteller nur wenig gegen die Richtung der Schleuderkraft geneigt sein dürfen. Sind die Teller nicht steil genug, dann bleibt der Schlamm auf den Tellern liegen. So ist es auch in der Scheidetrommel selbst der Fall. Unter dem Einfluß der Schleuderkraft wird der Schlamm in der zylindrischen Trommel in gleichmäßiger Schicht verteilt, wie dies die Abb. 24 (S. 79) und 49 (S. 112) zeigen. Treten dazu noch Flüssigkeitsströmungen, so wird der Schlamm wohl teilweise zusammengeschoben, sich aber ungleichmäßig in der Trommel ablagernd, wie in Abb. 50 (S. 112) dargestellt. Aber auch diese Strömungen genügen allein nicht für die Bewegung des Schlammes nach einer bestimmten Stelle, wenn sie nicht so groß sein sollen, daß sie aufwirbelnd auf den schon abgeschiedenen Schlamm wirken. Man muß deshalb eine geeignete Form der Schleuder suchen oder mechanische Hilfsmittel anwenden.

Die Trommel der Hefeschleuder (Abb. 91) ist schon etwas konisch, damit der Hefeschlamm der nach innen ansteigenden Auswurfdüse besser zugeführt wird. Es ist aber schon gezeigt worden, daß diese Form wohl für den glitschigen Hefeschlamm genügt, nicht aber für solche grießiger Form. Die schräg ansteigenden Rohre *K* (Abb. 91) müssen vermieden werden. Die Trommel wird sich jedenfalls im unteren

Teil bald verstopfen, die festen Stoffe werden sich dort festsetzen und nicht weiter nach den Schleuderdüsen wandern können. Die Trommel muß von der Stelle an, auf der überhaupt eine Ablagerung fester Teilchen möglich ist, so abgeschrägt sein, daß durch die Schleuderkraft ein Festpressen unmöglich ist. Auch hier haben wir wieder die gleichen Verhältnisse zu beachten wie beim Absetzen in der Ruhe. In beiden Fällen lagern sich die festen Körperchen, wenn sie nicht durch andere Kräfte (Flüssigkeitsströmungen, Erschütterungen u. dgl.) gestört werden, nach dem Böschungswinkel ab.

Der Böschungswinkel β ist die Neigung, die der Stoff außen bei seiner losen Schüttung auf einer wagerechten Ebene annehmen würde nach Abb. 92. Auch auf einer schiefen Ebene nach Abb. 93 wird der Stoff so lange liegenbleiben, bis sein Reibungswinkel γ kleiner ist als die Neigung α, dann wird der Stoff auf seiner Unterlage gleiten. Bei ganz glatten Unterlagen gleitet der Stoff schon, bevor der Böschungswinkel erreicht ist. Würde man also den Mantel der Schleuder so

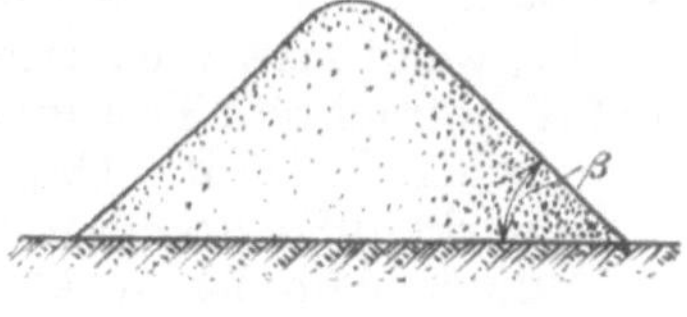

Abb. 92. Böschung auf wagerechter Unterlage.

Abb. 93. Böschung mit Reibungswinkel auf schiefer Unterlage.

steil ausführen, daß der Stoff nach unten zur Abführungsöffnung gleitet, so würde man eine Zuführung aller Teilchen erreichen, solange der Mantel nicht rauher wird. Schließlich ist aber damit zu rechnen, daß der Trommelmantel rauher und das Gleiten schwerer wird. Dann wird sich auch wieder so lange Schlamm ansammeln, bis der Böschungswinkel β entstanden ist nach Abb. 92 bzw. 93. Erst dann ist eine weitere Ansammlung unmöglich, weil diese Körnchen keinen Halt finden und nach unten, über die anderen hinweg, gleiten. Will man jede Ablagerung vermeiden, die notwendig ist, so muß man dem Mantel eine Neigung α geben, die gleich oder besser noch größer als der Böschungswinkel β des betreffenden Stoffes ist, $\alpha \geqq \beta$. Dies schon deshalb, weil meistens der Reibungswinkel γ zwischen dem Mantel (Eisenblech od. dgl.) kleiner ist als der Böschungswinkel. So ist z. B. der Reibungswinkel (der Neigungswinkel), bei dem der betreffende Stoff auf seiner Unterlage, hier Eisenglanzblech, gleitet

	Reibungswinkel γ	Boschungswinkel β
bei alter trockener Knochenkohle	22—26°	35—42°
bei neuer trockener Knochenkohle	32—37°	35—42°

Das heißt, wenn in einer Schleuder, die Knochenkohleschlamm aus den Abwässern einer Knochenkohlewäsche gewinnen soll, an irgendeiner Stelle die Kohle auf dem Eisenmantel hängenbleibt, dann wird sich erst so viel ablagern, bis der Böschungswinkel β von 35—42° erreicht ist. Erst dann wird ein unbehindertes Abgleiten erfolgen. Für neuartige Fälle sollte man deshalb immer den Böschungswinkel erst bestimmen. Bei trockenen Materialien hat die Versuchsanstellung in der Weise zu erfolgen, daß man erst einen Haufen aufschüttet, und dann langsam mit einem Holz von unten nach oben streicht. Da aber bei vielen Stoffen sich ein Unterschied im feuchten oder trockenen Zustande bemerkbar machen wird, so ist es unbedingt nützlich, den Versuch in der Flüssigkeit selbst vorzunehmen. Dabei muß man natürlich recht vorsichtig zu Werke gehen, damit nicht etwa starke Wirbel und Strömungen die Versuchsergebnisse ungünstig beeinflussen.

Zahlenreihe X.

Böschungswinkel β für einige Stoffe.

Flüssigkeiten	0°	Schrotkörner	25°
Erde	26°	Knochenkohle, alt, trocken	35—42°
Feiner Quarzsand	22—23°	Knochenkohle, neue, trocken	35—42°
Feuchter Quellsand	24—10°	Lehm, trocken	45—40°
Trockner Sand	32°	Lehm, naß	25—20°
Getreide	30°	Kochsalz	60—35°
Steinkohle	38°		

Diese Verhältnisse ändern sich nicht, wenn man wiederum die bisher als stillstehendes Absatzgefäß betrachtete Trommel umlaufen läßt. Dann wirkt auf den Schlamm nach Abb. 94 wieder die gegenüber der Schwerkraft größere Schleuderkraft, die aber, wie schon bei der Abb. 50 (S. 112) auseinandergesetzt, an den Lagerungsverhältnissen nichts ändert. Und doch könnte man fast glauben, daß eine große Schleuderkraft den Schlammhaufen zusammendrücken und auf der zu wenig geneigten Trommel nach der Auswurföffnung drücken könnte. In Wirklichkeit ist dies nicht der Fall, und ich will dies noch an einem Beispiel erläutern, weil viele auf diese Kräfte ihre Hoffnung setzen und deshalb die Trommelmäntel nicht genügend steil formen.

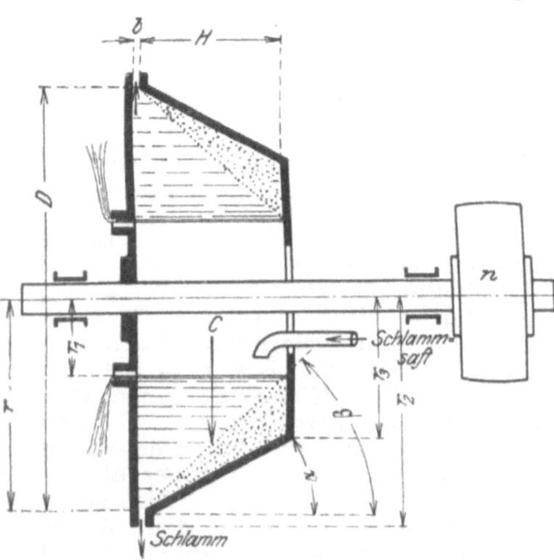

Abb. 94. Schlammablagerung nach dem Böschungswinkel in einer wagerechten Schleudertrommel.

Die Abb. 95 stellt ein Gefäß dar, welches mit feinem, rieselnden Sand angefüllt ist und drei verschiedene Seitenöffnungen besitzt. Die Öffnung *A* hat eine derartig lange Grundfläche, daß sich der Sand dort nach dem Böschungswinkel β ablagern kann. Die Öffnung *B* hat eine verkürzte Grundfläche, der Sand kann den Böschungswinkel nicht erreichen, sondern rieselt fortwährend ab. Durch die Öffnung *C* kann auch kein Sand herausrießeln, so lange der Neigungswinkel α kleiner als der Böschungswinkel β oder als der Reibungswinkel γ ist. Daran ändert auch der größte Druck *P* nichts, den ich auf den Sand von oben wirken lasse. Auch dann nicht, wenn sich die ganze Vorrichtung unter ruhendem oder mit geringer Strömung laufendem Wasser befindet. Hier haben wir dann ganz ähnliche Verhältnisse wie am sandigen Ufer der Seen. Soweit die durch den Wind beunruhigten Wellen wirken, haben wir einen seichten Strand, der dann ganz plötzlich steil nach dem Böschungswinkel abfällt, weil hier auch der größte Sanddruck wirkungslos ist.

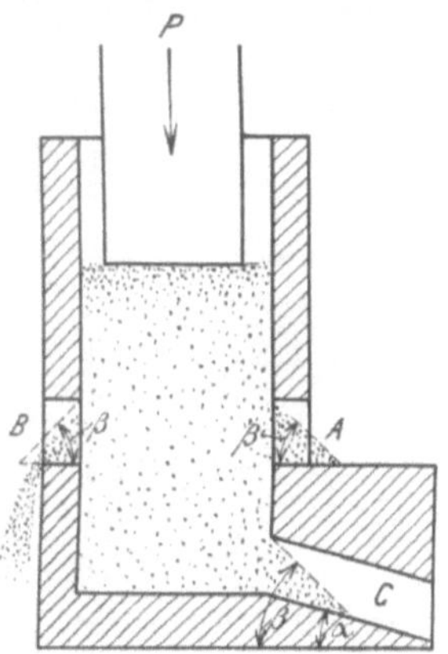

Abb. 95. Böschungswinkel bei Druckbelastung.

Würde man von oben in das Gefäß nach Abb. 95 so langsam Wasser einfließen lassen, daß der Sand nicht aufgewirbelt wird, dann würde der Lagerungszustand von den Öffnungen *A*, *B* und *C* nicht geändert. Genau so, wie man dies an sogenannten Sandsäulenfiltern beobachten kann (siehe Bühler, Filtern und Pressen, S. 19). Der Ruhezustand wird aber sofort gestört, wenn die Flüssigkeitsströmung so groß wird, daß die abgelagerten Teile wieder mit aufgerissen werden. Dann wird der schon abgeschiedene Schlamm wieder aufgewirbelt, also die in der Schleuder schon geleistete Arbeit wieder zerstört, so daß solche Geschwindigkeiten vermieden werden müssen.

Um bei solchen Geschwindigkeiten doch eine Abscheidung gröberer, schwerer Teilchen zu erreichen, rauht man häufig die Betten auf (s. Aufbereitung von Goldblättchen). Nach dem D. R. P. 111 848/1899 soll die Trommelwand aufgerauht werden; ist aber nachteilig, weil nur Verstopfungen veranlassend.

Ist aber die Trommel unter Berücksichtigung des Böschungswinkels geformt, dann wird man auch einen gleichmäßigen, ungestörten Ablauf zu den Auswurfstellen erreichen. Hierauf will ich noch näher eingehen an Hand einiger ausgeführter Schleudern.

An dem allgemeinen Zustand wird auch nichts geändert, wenn die Drehachse senkrecht gestellt wird nach Abb. 96 (unter Benutzung der Abb. 94). Auch hier wird der Schlamm sich erst nach dem $\sphericalangle \beta$ ablagern müssen, bis der weiter durch das Schlammsaftrohr zuzudrückende Schlamm darauf aufwärts gleiten kann. Bei dieser Lage der nach oben trichterartig sich erweiternden Trommel wird allerdings der Böschungswinkel β noch etwas erhöht durch die Neigung der Mittelkraft R (aus der Schleuderkraft C und dem Eigengewicht G nach Abb. 17). Je größer aber C gegenüber G, um so geringer ist der Unterschied; der im allgemeinen so groß sein wird, daß er außer acht zu lassen ist.

Hier sei darauf hingewiesen, daß sich die Parabel b der spezifisch schwersten Schicht nach Abb. 17 nur so lange wirklich ausbilden kann, als „Sch“ genügend dünnflüssig ist. Sowie der Schlamm seine fließende, glitschige Form durch die Entwässerung unter der Schleuderwirkung verliert und in die grießige, rieselnde übergeht, wird nun nicht mehr die Parabel entstehen, sondern die Ablagerung sich viel steiler abböschen nach Abb. 96. Deshalb werden sich auch die zylindrisch parallelen Schichten der Abb. 18 nur bei einmaliger Füllung einstellen. Bei dauerndem Zufluß wird die Schichtenablagerung vom Einlauf aus sich nach der Böschung ablagern.

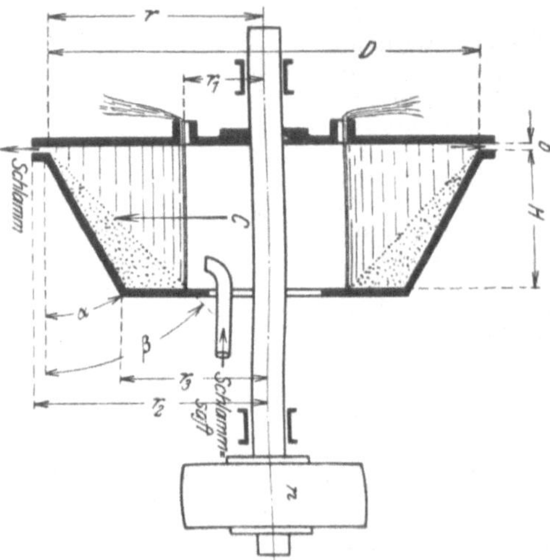

Abb. 96. Einfluß der trichterförmig nach oben erweiterten Trommel.

Auch bei der schnellkreisenden, nach unten trichterförmig erweiterten Trommel ändert sich an den Gleichgewichtszuständen nichts, wie die umgekehrte Abb. 97 zeigt. Hier wird durch das Eigewicht G, die Mittelkraft R (Abb. 18) die Böschungsneigung vermindert, so daß bei geringer Schleuderkraft C, der Schlamm schon gleiten würde, bevor β erreicht wird. Würde sogar C kleiner als G, dann würde der Schlamm abfallen. Die Gleichgewichtslage des Schlammes nach Abb. 97 ist demnach im Gegensatz zu Abb. 96 in bezug auf den Schlamm labil und nur bei der genügend schnelllaufenden Trommel stabil. Der angeschleuderte Schlamm wird sofort nach unten sinken, wenn die Trommel zu langsam läuft (s. a. Abb. 21 und die ähnliche Wirkung bei der wagerecht gelagerten Trommel) oder gar ganz zum Stillstand kommt.

59. Schlammschleudern mit am Trommelumfang angebrachten Auswurföffnungen.

Bei den bisher beschriebenen Schlammschleudern nach Abschnitt J (S. 109) lief die geklärte Flüssigkeit über den Trommelrand, während sich der Schlamm am Trommelmantel anschleuderte und von Hand entfernt werden mußte. Aus der Schälschleuder nach Abb. 63 wird auch nur dann der Schlamm durch das Schälrohr gut abgeführt, wenn er sehr dünnflüssig bleibt. Anderenfalls wird er sich unten fest anlagern.

Dasselbe wird auch bei einer Schleuder mit halbkugelförmig nach oben offener schalenartiger Trommel der Fall sein, wie sie Staver in Harley (V. St. A.) im D. R. P. 57 877/1890 vorsieht. Dieser will noch die Trennung beschleunigen, indem er der Trommel außer einer kreisenden auch noch eine axial auf- und abwärtsgehende Bewegung erteilt, wie dies bei den „Setzmaschinen" der Bergwerke üblich ist. Wird dann die halbkuglige Schale in Drehung versetzt, so wird das Wasser mit den leichteren erdigen Verunreinigungen über den oberen Rand der Schale fließen, während die gewaschenen Erze sich auf der Trommel ablagern und zeitweise entfernt werden können. Selbsttätig tritt der Erzschlamm aber nicht aus.

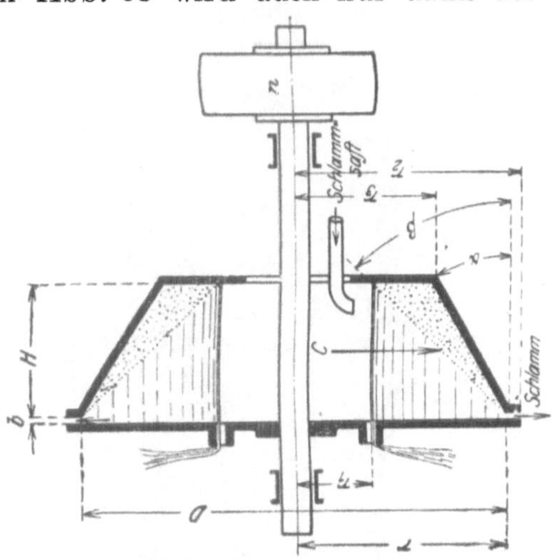

Abb. 97. Einfluß der nach unten trichterförmig erweiterten Trommel.

Dies dürfte auch bei der Schleuder von Fr. Willich, Dortmund (D. R. P. 62 864/1891) der Fall sein, denn die dort vorgesehenen engen, einzelnen, rohrartigen Kanäle, statt einer geschlossenen Trommel, dürften sich durch ungleichmäßige Ablagerungen bald verstopfen.

Man versuchte deshalb der Trommel eine solche Form zu geben, daß der Schlamm selbsttätig nach einer Stelle rutscht und herausgeschleudert werden kann. Es bedingt dies eine parabolisch sich erweiternde Trommel, wenn man davon ausgeht, daß der sich abscheidende Schlamm immer mehr seine leichtflüssige Beschaffenheit verliert, der Reibungswinkel γ immer größer wird.

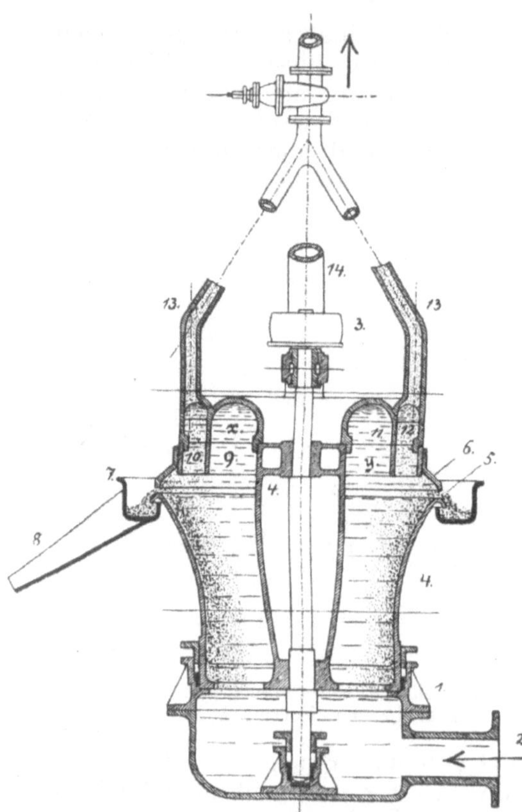

Abb. 98. Stehende Schleuder für Bergwerks-„Trübe".

Die Abb. 98 zeigt eine Schleuder von O. Hoppe, Clausthal (D. R. P. 187094), die zum Klären der sogen. „Trübe" in Bergwerksbetrieben dienen sollte, um das Wasser möglichst von der Kohle, dem Erz u. dgl. zu trennen. Hierzu verwendet man häufig an Stelle der raumbeanspruchenden Absatzteiche Filterpressen, die wohl kristallklares Wasser (besonders bei Kohleschlamm) und gut durchtrockneten Kohlenstaub geben, aber viel Handarbeit und teure Tücher beanspruchen.

Die Schleuder von Hoppe besteht aus dem feststehenden Gehäuse *1*, in welches die „Trübe" durch das Rohr *2* eingeführt wird. Von hier aus tritt die Trübe in die durch die Riemscheibe *3* bewegte Schleudertrommel *4*. Die schwereren Körper werden durch die Schleuderkraft nach außen getrieben und sollen sich längs des Mantels in die Höhe bewegen, um bei *5* durch einen mittels einstellbaren Ringes *6* gebildeten Spalt oder Ringschlitz auszutreten. Von dieser Stelle werden sie durch das Rundgerinne *7* und den Ausguß *8* fortgeleitet. An dem oberen Teil der Schleuder *4* befinden sich zwei konzentrische Schaufelkränze *9* und *10*. Die Schaufeln *9* haben den

Zweck, das in der Nähe der Drehachse befindliche, geklärte Wasser hochzudrücken, während die Schaufeln *10* das Mittelgut heben. Die Schaufeln sind, wie aus der Abb. 99 hervorgeht, nach den bekannten Regeln fur Schleuderpumpen (Zentrifugalpumpen) gekrümmt, um das Wasser stoßfrei in die feststehenden Leitungen *11* und *12* abzuführen. Aus den oberen Räumen der Leitschaufelvorrichtung werden die Zwischenerzeugnisse und das Wasser durch die Rohre *13* und *14* abgeführt.

Durch die Anwendung der Leitschaufeln nach Art der Schleuderpumpen wird erreicht, daß ein Teil der in dem austretenden Wasser vorhandenen lebenden Kraft in nutzbare Druckhöhe umgesetzt wird. Man kann dann die sonst verlorengehende Kraft zum Heben des Wassers verwenden, wenn dies die örtlichen Verhältnisse gestatten und erfordern. Jede einzelne Schaufel übt dann eine ähnliche Wirkung aus wie die Schälrohre nach Abb. 63, deren Mundstücke als Einzelschaufel zu betrachten sind.

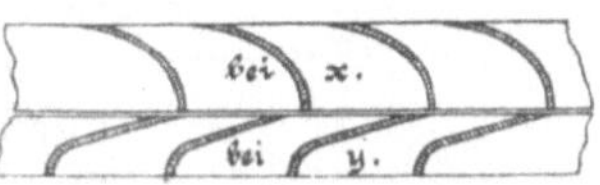

Abb. 99. Schaufeln zur stehenden Schleuder.

Die große Stopfbüchse am Eintrittsgehäuse *1* ist kraftverzehrend und betriebsunsicher. Sie könnte durch geeignete Form der Schleudertrommel vermieden werden. Betriebsergebnisse sind mit den Schleudern nicht bekannt geworden. Auch nicht von dem späteren Hoppeschen Patent Nr. 198535, 1907, bei dem der Außenmantel *4* stillsteht und im Innern ein Flügelrad sich dreht. Dann sind aber auch die ganzen Bewegungsverhältnisse andere, worauf an dieser Stelle nicht weiter eingegangen werden soll.

An der Schlammaustrittsstelle *5* Abb. 98 ist der Schleuderdruck am größten, somit die Kraft des Schlammdurchtrittes ebenfalls. Da auch der Umfang, also die Länge des Ringschlitzes *6* nach Abb. 98 hier am größten ist, so müßte der Schlitz sehr enge und fein eingestellt sein, um einen zu schnellen Austritt des Schlammes zu verhindern. Dann wird sich aber der Ringschlitz leicht verstopfen. Feska bringt deshalb an der ringförmigen Stoßfuge der beiden konischen Trommelteile (einer Schleuder zur Scheidung der Rohstärke vom Fruchtwasser) einstellbare Spritzlöcher an. Diese sind mit verhältnismäßig großer Auswurfdüse versehen, so daß ein Verstopfen durch Stärkeschlamm nicht eintritt.

Zwischen den in einem gewissen Abstand voneinander am Trommelumfang verteilten Spritzlöchern wird sich dann auf dem Trommelmantel Schlamm festsetzen und störend wirken. Schon im D. R. P. 86520/1895 nach Abb. 100 soll die

Möglichkeit von Ablagerungen und Verstopfung durch Zuwachsen der Auswurföffnungen, vermieden werden. Deshalb sind Leitwangen *a* von Sterngestalt in die Trommel *e* so eingebaut, daß die Bildung weithalsiger Auslaufkanäle, bei verhältnismäßig bedeutender Verjüngung des Gesamtauslauf-Querschnittes $b \times c$ erzielt wird. Man erkennt dann aber auch eine bedeutende Raumverringerung der Schleudertrommel. Diese bedingt geringere Aufenthaltszeiten, und somit eine Verminderung der Trennung der festen von den flüssigen Bestandteilen.

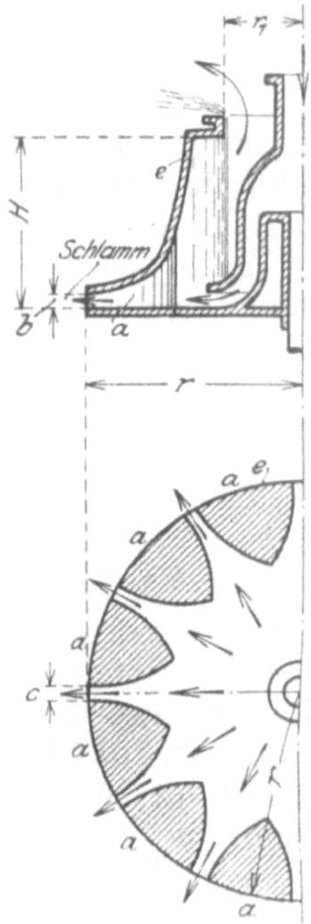

Abb. 100. Die Schlammablagerung erschwerende Trommelform.

Den Inhalt der Trommel kann man verdoppeln, wenn man nicht wie in Abb. 94 angedeutet, nur eine, sondern zwei Kegeltrommeln nebeneinander doppelkegelförmig anordnet nach dem D. R. P. 155 562/1903 von Kaehl, Berlin. Dort sind auch im Anspruch 2 Einrichtungen geschützt, die gestatten, während des Betriebes die Auswurföffnungen von Hand zu öffnen und zu schließen.

Im D. R. P. 127 095/1900 sind dagegen die Austrittsöffnungen durch eingebaute Federn und Schrauben regulierbar. Federbelastete Ventilsitze und im Betriebe durch Hebel einstellbare Schlamm-Ablaßventile zeigt auch das D. R. P. 323 825/1918 von Ernst Mields, Negrepp.

60. Ringschlitzschleuder zur Rückgewinnung des Papierstoffes.

Auf eine Ringschlitzschleuder, zur Rückgewinnung des Papierstoffes aus den Siebwässern der Papiermaschinen erhielt Johannes Kropf in Rosenthal (Reuß) das D. R. P. 274 945/1913.

Die Zurückgewinnung des im Siebwasser der Papier-, Pappen- und ähnlichen Maschinen enthaltenen „Stoffes" geschieht bisher dadurch, daß das Siebwasser ganz oder zum Teil dem von der Stoffbütte der Papiermaschine zufließenden Stoff zugeteilt wird. In den meisten Fällen kann nur ein Teil des Siebwassers auf diese Weise unmittelbar in den Stofflauf der Papiermaschine übergeführt werden, der andere Teil geht über Filtrier- und Absatzbehälter, Stoffänger u. dgl., wo Stoffe und Wasser wiedergewonnen, die Stoffe aber nur unter Verlusten weiterverwandt werden können. Es ist auch bekannt, das ganze Stoffwasser in Stoffängern in Stoff und Wasser zu scheiden, den Stoff unmittelbar in den Stofflauf der Papiermaschine überzuführen, das Wasser aber in den Holländern usw. zu verwenden. Da sich das Absetzen und Eindicken des Stoffes in den Stoffängern nur bei einer gewissen, geringen Wassergeschwindigkeit vollzieht, so erfordern große Siebwassermengen entsprechend große Stoffänger, die aber bei einem Stoffwechsel, wenn andere Papiersorten verarbeitet werden sollen, gegebenenfalls abgelassen werden müssen, wobei viel Stoff verlorengeht bzw. viel Zeit erfordert wird, bis der ordnungsmäßige Lauf der neuen Papiersorte gesichert ist.

Diese verschiedenen Verfahren bereiten häufig Schwierigkeiten und ergeben Stoffverluste, weil der Papiermacher es nicht in der Hand hat, das Scheiden des Stoffwassers in Stoff und Wasser der Zeit nach zwangläufig zu regeln.

Dabei ist auch hier das im Abschnitt G, betreffs der Beschwerung der schwebenden Faserteilchen Gesagte zu beachten. Alle Papierstoffe, die an sich spezifisch schwer oder künstlich durch China-Clay, Kaolin oder Erdfarben beschwert sind, setzen sich im Stoffänger schnell ab, während reine Hader- oder Zellstoffpapiere Schwierigkeiten bereiten oder ganz versagen, z. B. Pergamynpapierstoff. Dort muß durch Zusatz von schwefelsaurer Tonerde die Fällung erleichtert werden.

Durch Schleudern will Kropf das Stoffwasser sofort in Stoff und Wasser scheiden. Der gesamte im Siebwasser befindliche Stoff wird dann unmittelbar dem der Papiermaschine zufließenden frischen Stoff in solcher Stoffdicke zugeteilt, daß er gerade die richtige Verdünnung erhält. Die Wirkung des Schleuderns beginnt sofort, sobald eine neue Papiersorte über das Sieb läuft, und hört auf, wenn der letzte Meter Papier über die Maschine gegangen ist, ohne daß Reste von Stoff und Wasser vom Siebwasser übrig wären. Die Wiederverwendung aller im Siebwasser befindlichen Stoffe ist eine sofortige ohne den Umweg über Stoffänger und Holländer, die Stoffverluste sind auf das äußerste beschränkt, die Stoffübergänge bieten keine Schwierigkeiten mehr, das Papier fällt so aus, wie es durch die Arbeit des Holländers beabsichtigt war.

Die Abb. 101 zeigt die Schleuder in Verbindung mit der Papiermaschine in Draufsicht, Abb. 102 zeigt den Längsschnitt, Abb. 103 die Seitenansicht der Schleudertrommel.

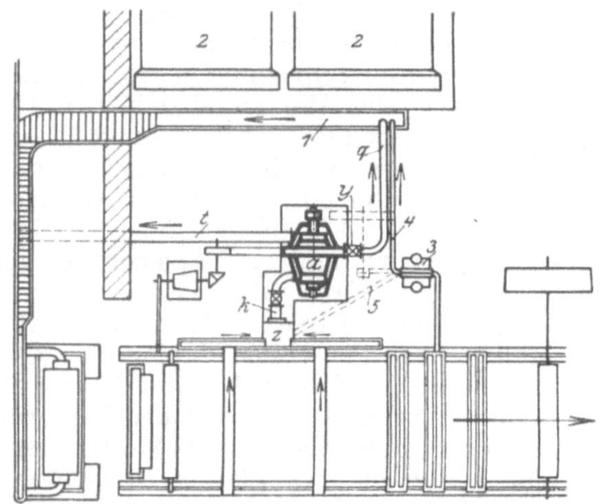

Abb. 101. Stoffschleuder an einer Papiermaschine.

In dem Gehäuse *a* (Abb. 102) läuft die doppeltkegelförmige Trommel *b*, die mit der Welle *c* fest verbunden ist. Die Welle *c* tritt beiderseits durch das Gehäuse *a* hindurch und ist an den Durchschnitts-

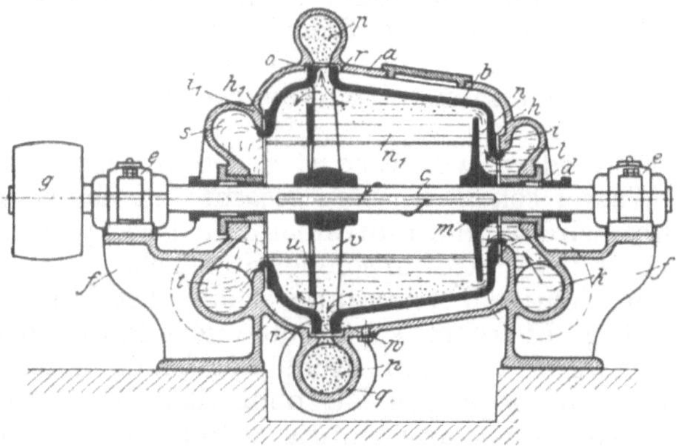

Abb. 102. Längsschnitt einer Stoffschleuder.

stellen mittels Stopfbüchsen *d* abgedichtet. Zwei Lager *e*, die auf den mit dem Gehäuse *a* verbundenen Lagerböcken *f* sitzen, tragen die Welle *c*, welche mittels der Riemenscheibe *g* angetrieben wird. Die Trommel *b* hat an beiden Stirnseiten runde, zentrische Öffnungen, welche mit gleichartigen Öffnungen in Gehäuse *a* übereinstimmen.

Die diese Öffnungen umgebenden Ränder *h*, *i* bzw. h^1, i^1 schließen so dicht aneinander, daß sich die Trommel *b* gerade noch leicht drehen kann. Auf der einen Seite (Abb. 102 rechts) strömt durch das Rohr *k* und den ringförmigen Hohlraum *l* das Siebwasser in die Trommel *b*; vor der Eintrittsöffnung ist in der Trommel *b* eine Verteilungsscheibe *m* angeordnet, um das einströmende Siebwasser sofort nach außen nach der kegeligen Trommelwand zu führen. Die Scheibe *m* kann auch mit der Trommelstirnwand ein Schleuderrad ähnlich dem einer Schleuderpumpe bilden, indem Schaufeln *n* zwischen Schleuderrad und Trommelstirnwand angeordnet werden; da die Trommel sich in diesem Falle das Siebwasser selbst ansaugt, kann die Vorrichtung hochstehen, anderenfalls müßte sie etwas im Boden vertieft stehen, damit ihr das Siebwasser von selbst zufließt.

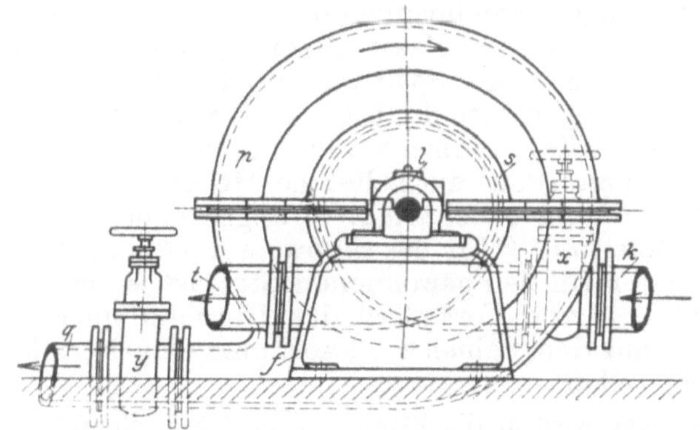

Abb. 103. Seitenansicht einer Stoffschleuder.

Das von rechts in die Trommel *b* gelangende Siebwasser drängt sich in der mit hoher Umdrehungszahl umlaufenden Trommel *b* sofort nach außen und bildet einen Flüssigkeitsring n^1 wobei die im Siebwasser enthaltenen Fasern, Leim, Erden u. dgl. infolge der Schleuderkraft nach dem Trommelmantel hinstreben, und da derselbe kegelig geformt ist, werden diese Stoffteile sich nach dem größten Durchmesser ziehen. Die Trommel nach Abb. 102 ist aber auch noch nicht steil genug, um ein Festsetzen des Schlammes zu verhindern. Im größten Durchmesser der Trommel *b* ist ein ringsherum laufender Schlitz *o* vorgesehen, durch den der eingedickte Stoff in den im Gehäuse *a* angeordneten ringförmigen Kanal *p* gedrückt und nun dort durch das Rohr *q* weiterbefördert wird. Der Trommelrand *r*, in dem der Austrittsschlitz *o* sich befindet, schließt gegen die Gehäusewand so dicht ab, daß die Trommel *b* gerade noch leicht umlaufen kann. Das geklärte Wasser des Flüssigkeitsringes n^1, d. h. die innerste Schicht desselben, fließt in dem links am Gehäuse *a* befindlichen ringförmigen Raum *s* (Abb.102) und von dort durch das Rohr *t* ab. Ehe das geklärte Wasser in den Raum *s* treten kann, wird es erst noch einmal durch die ringförmige Tauchwand *u*, die an dem Armkreuz *v* der Trommel *b* befestigt ist, nach außen geführt. Damit wird erreicht, daß alles durchströmende Wasser auch wirklich unter den Einfluß der angewendeten höchsten Schleuderkraft gerät, die entsprechend dem Durchmesser der Trommel erzielt werden soll, und die letzte Spur von Stoff abgeschleudert. Schon das D. R. P. 177 052/1905 zeigt diese Einrichtung, welches durch eine Scheidewand gekennzeichnet ist, die mit dem Trommelmantel einen Spalt bildet, durch den die spezifisch schwerere Masse fließt, während die leichtere auf der anderen Seite des Spaltes zum Abfluß kommt.

Damit der eingedickte Stoff aus dem Kanal *p* nicht durch den Schlitz *o* in die Trommel *b* wieder zurücktreten und man den gewonnenen Stoff auf beliebige Höhen drücken kann, sind in dem Schlitz *o* Schaufeln *w* angeordnet.

In der Zuleitung *k* für das Siebwasser (Abb. 103) und in der Ableitung *q* für den gewonnenen Stoff ist je ein Schieberorgan *x* bzw. *y* zum Verändern des Durchflußquerschnittes vorgesehen; mit dem Schieber *y* kann man den Grad der Eindickung einstellen.

Die Schleuder wird in die Papiermaschine ähnlich wie die Siebwasserpumpe eingebaut (Abb. 101). An den Sammelkasten *z* für das Siebwasser schließt die Zuleitung *k* mit dem Schieber *x* an; die Ableitung *q*, in welche der Schieber *y* eingeschaltet ist, mündet in der Stoffbüttenrinne *1* und führt hier den gewonnenen Stoff ein, der sich mit dem von den Bütten *2* kommenden Stoff mischt und nach der Papiermaschine fließt. Das von der Luftpumpe *3* kommende Wasser kann in dem Rohr *4* auch in die Rinne *1* geführt werden, oder es wird durch das punktiert angedeutete Rohr *5* mit in den Sammelkasten *z* gefördert. Das durch das Rohr *t* aus der Eindicktrommel *b* abfließende, geklärte Wasser kann entweder zur weiteren Klärung in einen Absitztrichter od. dgl. gefördert oder sonst verwendet werden.

Außer dem Siebwasser und dem Abwasser der Sauger können auch alle anderen stoffhaltigen Abwässer der Papiermaschine, wie die der Gautsche, der Pressen, der Randspritzer usw., mit in die Schleudervorrichtung geführt werden, andererseits ist es möglich, wo es z. B. auf große Reinheit des Papieres ankommt usw., einzelne oder Gruppen dieser Abwässer für sich in einer besonderen Schleudervorrichtung einzudicken und außerhalb der Papiermaschine weiter zu verwenden.

Durch Veränderung der Umdrehungszahl der Trommel *b* kann deren Ausscheidewirkung beeinflußt werden.

Die erste Ausführung dieser Kropfschen Schleuder hatte einen Trommeldurchmesser von 1700 mm und leistete bei 700 Umdrehungen 6500 l in der Minute. Aber der Kraftverbrauch war verhältnismäßig zu groß. Jetzt soll diese Schleuder deshalb nach Art der Schleuderpumpen mit kleinstem Durchmesser bei entsprechend großer Umlaufszahl gebaut werden. Der Ablauf am Umfang der Schleudertrommel, der sich bei den Papierabwässern schwerlich vermeiden läßt, bedingt einen bedeutenden Kraftverlust.

61. Schleudern mit Schnecken zur Austragung der festen Stoffe, besonders für Stärke.

Wie aus der Abb. 94 ersichtlich, muß die Schleudertrommel einen steilen kegelförmigen Mantel erhalten, wenn der Schlamm allein unter dem Einfluß der Schleuderkraft zur Auswurföffnung rutschen soll. Daraus ergeben sich verhältnismäßig kurze Trommeln, die Trommellänge *H* wird klein. Dementsprechend auch die Aufenthaltszeit, wie schon früher erläutert. Will man die Schleuderkraft länger wirken lassen (damit die Körperchen die genügende Zeit finden, um die Schichthöhe zu durchlaufen) und zu dem Zwecke die Trommel verlängern, dann muß man mechanische Hilfsmittel anwenden, die den Schlamm von den zu flachen Trommeln abschaben und weiter bewegen. Schon frühzeitig sind bei den Schleudern mit Siebtrommeln Schnecken angewendet, die entsprechend angetrieben werden.

W. Holzer, Nieder-Ramstadt (D. R. P. 193 997/1904) bringt um die Drehachse der senkrecht stehenden, nach oben sich erweiterten kegelförmigen Trommel eine Förderschnecke an, deren Ganghöhe sich nach oben hin vermindert, um den Schlammring von unten nach oben hin gleich dick zu halten. Bei gleicher Ganghöhe würde infolge der Kegelform der Schlammring in seiner Dicke beim Fortbewegen nach oben hin immer mehr abnehmen. Ferner sind zwischen den Gängen der Förderschnecke fingerartige, drehbare Schaber befestigt, um das Schleudergut zu lockern, sehr wenig an der Wandung abzuheben und am Mantel Raum für neuen Schlamm zu schaffen.

Um das angeschleuderte Gut abwechselnd zu lockern und umzustechen, sollen die Schneckenschaber nach dem D. R. P. 206 513/1907 nicht nur eine um die Achse drehende, radiale Bewegung ausführen, sondern auch gleichzeitig eine absatzweise hin- und hergehende Bewegung. Die Einrichtung wird wenig Vorteile bringen, dagegen hohen Kraftaufwand fordern.

Eine gelungene Ausführung an einer sieblosen Trennschleuder stellt die von Jahn & Co., Arnswalde, dar. Diese Trennschleuder ist ursprünglich dazu gebaut, um die Rohstärke vom Fruchtwasser zu trennen.

Nach der Abb. 104 besteht diese Schleuder aus einer äußeren konischen Trommel, die, an Stirnwänden befestigt, auf Hohlzapfen in Kugellagern läuft. Von der rechts sichtbaren mittleren Riemenscheibe (330 mm Durchmesser, 350 mm breit) wird die konische Außentrommel mit 900 Umdrehungen bewegt. Auf der inneren Welle sitzen 2 Armkreuze, auf welchen sich eine geschlossene Innentrommel befindet, die vor dem rechten Armkreuz Durchbohrungen besitzt. Deren Antriebsscheibe hat einen Durchmesser von 350 mm und erteilt der Innentrommel 850 Umdrehungen. Auf der Innentrommel ist eine Transportschnecke befestigt, deren Flügel der konischen Außentrommel angepaßt sind.

Die Rohstärkemilch tritt rechts durch den Einlauf ein, wird durch einen Innenzylinder bis zu den Durchbohrungen der Innentrommel geleitet und gelangt in die eigentliche Schleudertrommel. In dieser äußeren Trommel stellt sich die Rohmilch durch die Schleuderkraft derart ein, daß der innere Durchmesser der Rohmilch durch die Lage der auf der linken Seite befindlichen Überlauföffnung bedingt wird. Die spezifisch schwereren Stärkekörnchen werden gegen die Trommelwand geschleudert und würden nach links, zum größten Durchmesser der kegelförmigen Trommel wandern wollen. Hieran werden sie aber durch die Schnecke gehindert. Da diese um 50 Umdrehungen langsamer läuft als die Trommel, so schiebt sie die Stärke nach rechts, entgegen dem natürlichen Lauf, zur rechten Auswurföffnung. Die obere Öffnung ist nach dem D. R. P. 213 861/1907 so gewählt, daß der zylindrische Flüssigkeitsspiegel nicht an sie heranreicht. Zu dem Zwecke ist die dem „Einlauf“ gegenüberliegende, als Überlauf für das Fruchtwasser dienende Überlauföffnung in einem größeren Abstande von der Trommelachse angebracht, als der Auswurf für die festen Stoffe (Stärke). Durch diesen Unterschied im radialen Abstand entsteht vor der Auswurföffnung ein trockener Rand, über den die spezifisch schwereren Bestandteile durch die Schnecke aus der Wasserfläche herausgehoben werden. Durch die Größe der Radienunterschiede wird die Länge des Randes bestimmt, welcher auf die Dauer der hier folgenden Vertrocknung von Einfluß ist. Im all-

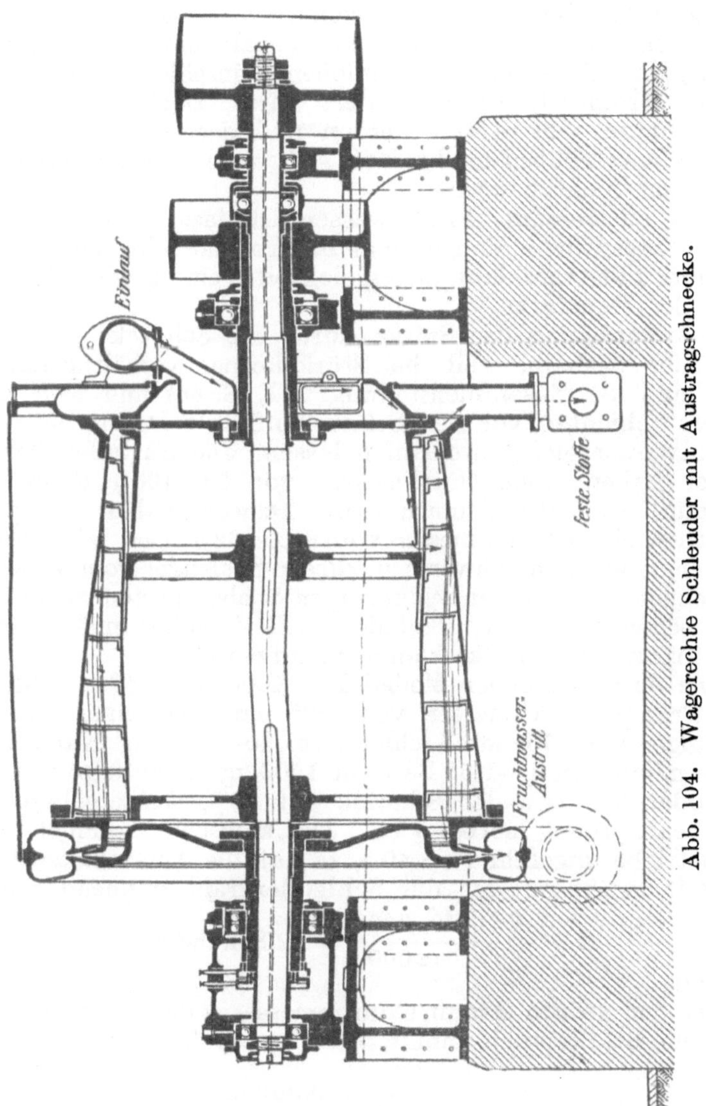

Abb. 104. Wagerechte Schleuder mit Austragschnecke.

gemeinen hat die aus der Trommel austretende Stärke nur noch einen Wassergehalt von ungefähr 55%. Diese Rohstärke wird meistens unmittelbar nach ihrem Austritt durch Wasser wieder verrührt, damit sie zu den Wäschern gepumpt werden kann.

Die Schleudern sind auch schon dazu benutzt, um die Stärke mit nur 35—40% Wassergehalt herauszunehmen, soweit, wie sie in der gewöhnlichen Feinschleuder (mit gelochter Trommel) abgeschleudert wird. Doch mußte die Drehzahl zu sehr erhöht werden und der Kraftverbrauch stieg so unverhältnismäßig, daß sich diese Arbeitsweise auf die Dauer nicht bewährte.

Das austretende Fruchtwasser ist fast stärkefrei; es nimmt wesentliche Mengen von Fasern und schwimmendem Schmutz mit, veranlaßt also gleichzeitig eine gewisse Reinigung der Rohstärke.

Die Bewegung der Stärke durch die Schnecke bewährt sich hier deshalb, weil die Stärkekörner verhältnismäßig groß sind (s. Zusammenstellung III, S. 56) und sich als lockere Schichten vor den Schneckenflügeln lagern, die das Fruchtwasser leicht durchlaufen lassen. Die Kartoffelstärkekörner haben einen Durchmesser von 50—100 μ (0,05 bis 0,10 mm), sind also ziemlich groß. Dagegen haben die Maiskörnchen einen Durchmesser von 8 bis 32 μ, sind wesentlich kleiner, also auch schwerer in dieser Schleuder vom Wasser zu trennen. Bei anderen feinkörnigen Schlammarten wird dies noch schwieriger sein. Trotzdem soll sie schon mit Vorteil zum Trennen von Kalkschlamm benutzt werden.

Die Trennschleuder Modell I mit einem größten, inneren Trommeldurchmesser von 725 mm und einer Trommellänge von 700 mm schleudert 10—12 cbm Kartoffelstärkemilch von 1—1,5° Bé (von 1500 kg Kartoffeln) stündlich oder 3,33 l in der Sekunde auf 55% Wassergehalt ab und beansprucht hierbei 7 PS. Die konische Trommel faßt im Betriebe ungefähr $F = 40$ l, so daß die Aufenthaltszeit i, die Zeit, während der die Schleuderkraft trennend wirkt

$$i = \frac{F}{Q_L} = \frac{40 \cdot 3600}{12\,000} = 12 \text{ Sekunden}$$

beträgt.

Da der größte Trommeldurchmesser, den die innen befindliche Stärkemilch anfüllt, 725 mm beträgt, so ist

$$r = \frac{725}{1000 \cdot 2} = 0{,}362 \text{ m.}$$

Bei einer Umlaufzahl von 900 in der Minute ist die Umfangsgeschwindigkeit (S. 28)

$$v_1 = \frac{2 \cdot r \cdot \pi \cdot n}{60} = \frac{2 \cdot 0{,}362 \cdot 3{,}14 \cdot 900}{60} = 36 \text{ m/sek.}$$

Nach Formel 13 (S. 28) ist die Trenngeschwindigkeit

$$S = \frac{n}{30}\sqrt{r} = \frac{900}{30}\sqrt{0,362} = 18 \text{ mal größer}$$

als beim Absetzen.

Dementsprechend nimmt die Zeit, während der das Fruchtwasser schädigend mit der Stärke zusammen bleibt, ab; besonders natürlich auch dadurch, daß die Trennung in wesentlich dünneren Schichten erfolgt, als in den Absatzgruben oder „Fluten".

Die größere Schleuder Modell II wollen Jahn & Co. nicht mehr bauen, weil diese nicht so wirtschaftlich arbeiten soll wie die kleinere. Bei doppelter Einlaufmenge an Stärkemilch braucht jene ungefähr die dreifache Betriebskraft. Es wird dies wohl daran liegen, daß ihre Überläufe nicht zweckentsprechend bemessen sind.

Nach dem D. R. P. 291 930/1914 beabsichtigen Jahn & Co. die Arbeit dadurch zu verbessern, daß sie im Innern erst eine einfache Siebtrommel vor dem Einlauf anbringen. In dieser wird der Hauptbestandteil der festen Stoffe von der Flüssigkeit getrennt und erst die die Siebtrommel verlassende Flüssigkeit, welche noch die feineren festen Bestandteile enthält, kommt in der kegelförmigen Trommel zur Abscheidung.

Bei einer besonderen Ausführungsform sind in dem inneren Siebzylinder noch radial freibewegte Walzen angebracht. Diese werden durch die Schleuderkraft gegen die Innenwand der Siebtrommel gedrückt. Dadurch sollen die auf der Siebtrommel abgelagerten festen Stoffe gleichzeitig ausgepreßt werden. Die einzelnen Walzen haben eine Länge gleich der Ganghöhe zwischen den Schneckenflügeln nach Abb. 104. Eine gewisse weitere Abpressung solcher Stoffe wie die Stärke wird man wohl erreichen können. Bei feinschlammigen Stoffen dürften die Walzen wirkungslos sein.

Jahn brachte früher an der Schleuder nach Abb. 104 eine Signalvorrichtung an, welche läutete, sobald die Schnecke und die Trommel mit gleicher Drehzahl laufen. In diesem Fall hört die relative Drehung zueinander auf und somit jede Förderung der Stärke, so daß eine schnelle Verstopfung eintritt. Da die Vorrichtung aber gewöhnlich nicht in Ordnung gehalten wird, also auch ihre Wirkung unsicher ist, wird sie meistens nicht mehr mitgeliefert.

Um die Reibungsarbeit zu vermeiden und den Bau zu vereinfachen, soll die Schleuder nach Abb. 104 nicht mit einer inneren großen Schnecke, sondern kleinen Einzelschnecken nach Abb.105 versehen werden. Dem Kegelmantel wird wiederum die Schlammflüssigkeit durch einen mittleren Trichter in der Nähe des Kegelbodens zugeführt. Der Schlamm wird im fortlaufenden Betriebe durch die Förderrohre *D* mit den Schnecken *E* herausgeführt. Das Wasser tritt bei *G* frei aus, den Zylindermantel *a*—*b* bildend. Das wesentliche besteht darin, daß die Rohre *D* in der Schlammsammelecke *C* unmittelbar durch den Kegelboden *B* schräg aus dem Schleudergehäuse heraus gegen die Achse *M* geführt sind (D. R. P. 290 219/1913 Jahn). Es besteht hier wieder die Gefahr, daß der in der kegelförmigen Trommel sich ablagernde Schlamm nicht allein zu den Auswurfschnekken läuft.

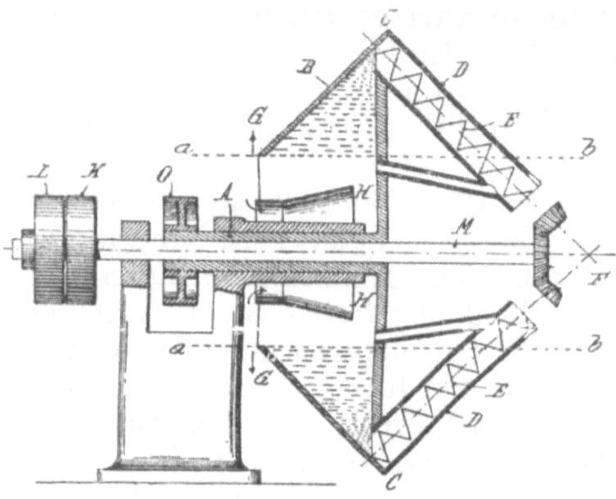

Abb. 105. Schleuder mit Einzelschnecken für die Schlammaustragung.

W. H. Uhland, G. m. b. H. (Leipzig-Gohlis) D. R. P. 306 670/1916 sieht deshalb in der Schleuder mit vollwandigem Kegelmantel, den Schnekken-Kegeleinsatz, sowie einen Sammelringraum vor, aus dem besondere Förderschnekken die abgeschleuderten festen Stoffe austragen. Das Wesentliche ist die Anordnung der Austragschnecke nicht radial, sondern tangential, wodurch sich folgende Vorteile ergeben sollen: das voreilende Ende des Schneckengehäuses kann als Schneide ausgebildet werden, welche die abgeschiedenen Teile von der Wand abhebt und der Auftragschnecke zuführt. Durch die scharfe Schneide wird der Widerstand gegenüber dem Gut vermindert. Ferner wird erreicht, daß das ausgeschleuderte und durch die Schneide der Schnecke zugeführte Gut in ausreichender Weise durch die Schleuderkraft an das Schneckengehäuse bzw. dessen Boden gedrückt wird, so daß es gegenüber den Schneckengängen den zur sicheren Förderung notwendigen Widerstand bildet, ohne den die Gänge einfach in dem Gut umlaufen würden, ohne es zu fördern. — Den Hauptteil der Schleuder nach Abb. 106 bildet die vollwandige Schleudertrommel *a*, die an ihrem einen Ende einen ringförmigen Ansatz *c* besitzt, der halbkreisförmigen Querschnitt aufweist. Der Ansatz *c* ist wiederum mit einem Abschlußboden *d* verbunden, der in eine Büchse *e* ausläuft, auf welcher die Antriebsscheibe *f* sitzt. Durch deren Drehung wird also die ganze äußere Trommel mitgenommen. Auf der vollen Achse *g* ist ein in der Trommel befindlicher kegelförmiger Drehkörper *h* angeordnet, der mit Durchbrechungen *i* für den Durchtritt der Flüssigkeit versehen ist. Er wird von der Welle *g* aus durch die Riemenscheibe *k* in Umdrehung versetzt, und zwar so, daß er der äußeren Trommel mehr oder weniger vorauseilt, wobei die Umdrehungsrichtung beider dem in der unteren Abbildung angegebenen Pfeile entspricht. Der Körper *h* trägt an seinem hinteren Ende die tangential angeordnete Schnecke *l*, die in einem Gehäuse *m* gelagert ist. Dieses Gehäuse schließt sich in seiner Gestalt unmittelbar dem halbkreisförmigen Ring *c* an, und ist an seinem Ende als Schneide *n* ausgebildet. Der Antrieb der Schnecke erfolgt durch das auf ihm sitzende Schneckenrad *o*, welches in ein auf der Büchse *e* befestigtes Schneckenrad *p* eingreift. Der Eintritt der zu behandelnden Flüssigkeit erfolgt durch einen an der vorderen Gehäusewand *q* festsitzenden Verteilungsring *r*, von dem aus sie zunächst in den Einsatz *h* und von da durch die Öffnungen in die eigentliche Trommel *a* gelangt. In der Trommel *a* stellt sie sich durch die Einwirkung der Fliehkraft mit ihrer inneren Oberfläche parallel zur Achse ein, so daß bei weiterem Zutritt von Flüssigkeit diese über die Überlaufkante *s* tritt und in den ringförmigen ausgebildeten Teil *t* des Gehäuses entweicht, aus dem sie durch einen Stutzen abfließen kann. Die in der Flüssigkeit enthaltenen festen Teile werden nun durch die Schleuderkraft an die Wand der Trommel, und zwar an dem weitesten Ende, angeschleudert, sammeln sich also hauptsächlich in dem halbkreisförmigen Ringteil *c*. Hier werden sie nun fortlaufend durch das umlaufende Schneckengehäuse und dessen als Schneide ausgebildeten Teil *n* abgehoben, von der Schnecke erfaßt und von dieser in der Richtung des Pfeiles nach innen befördert, wobei sie durch die Schleuderkraft an die innere Wand des Schneckengehäuses angedrückt werden. Sie gelangen schließlich an die in der Abschlußwand *d* befindlichen Öffnungen *u*, die schräg nach außen gehen, und entweichen durch diese unter der Einwirkung der Schleuderkraft in den feststehenden Ringkanal *v*, aus dem sie durch einen Stutzen abgeführt werden.

Infolge des Krieges hat sich die Ausführung dieser Schleuder verzögert, so daß Erfahrungswerte noch nicht vorliegen.

62. Kegelförmige Schleudern mit anderen Hilfsmitteln zur Austragung.

Eine eigenartige Verbindung der Schleuderwirkung, die sich in der kegelförmigen Schleudertrommel bemerkbar macht und im stillstehenden oder mit geringer Umlaufzahl kreisenden Gefäß nach Abb. 10, zeigen die D.-R.-Patente 286 397/1913 und 286 398/1914.

Die Trommel (Abb. 107) besitzt zwei vollwandige Kegelmäntel und wird durch eine Zwischenwand *a* in zwei Kammern *b* und *c* geteilt. Durch das Rohr *e* gelangt die zu scheidende Flüssigkeit in die Zuführungstrommel *f* und aus dieser zunächst in die Kammer *b*. Hier setzen sich die schwereren Bestandteile am Mantel ab und sammeln sich in den Ecken *g* an, während die leichteren über den Rand *h* der Trommel nach außen geschleudert werden. Bei gleicher Geschwindigkeit der Scheiben *d* und der Kegelmäntel würden sich die Flüssigkeiten in beiden Kammern gleich weit von der Achse einspiegeln. Drehen sich aber die Scheiben *d* langsamer als die Trommel, so nähert sich infolge des Überschlagens der Flüssigkeitsteile der Spiegel der in der Kammer *c* befindlichen schwereren Flüssigkeit der Schleuderachse und erreicht den Rand *i* der Trommel. Je langsamer die Scheiben *d* bei gleichbleibender Umdrehungszahl der Trommel umlaufen, um so größer ist die Wirkung des Scheidens.

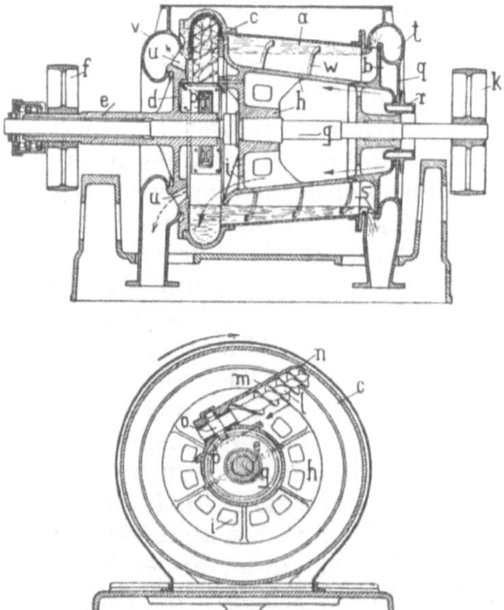

Abb. 106. Schleuder mit tangential angeordneter Austragschnecke.

Zwei langsamer als die Schleuder (Abb. 108) umlaufende Scheiben *f*, *g* reichen in die Sammelecke hinein, die parallel gegeneinander verstellbar sind und von denen die eine in ein mittleres Ableitungsrohr *i*, *o* übergeht.

Beide Formen haben bisher keine praktisch brauchbaren Ergebnisse gezeitigt. Der Kraftverbrauch durch die viel langsamer laufenden oder gar stillstehenden Scheiben wird außerordentlich erhöht. Außerdem werden sie zu störenden Wirbeln und Strömungen Veranlassung geben, so daß eine geregelte Abtrennung nicht zu erreichen sein wird.

An Stelle der festen schrägen Schleudertrommel sieht D. R. P. 302 801/1914 von K. und A. Wård in Stockholm

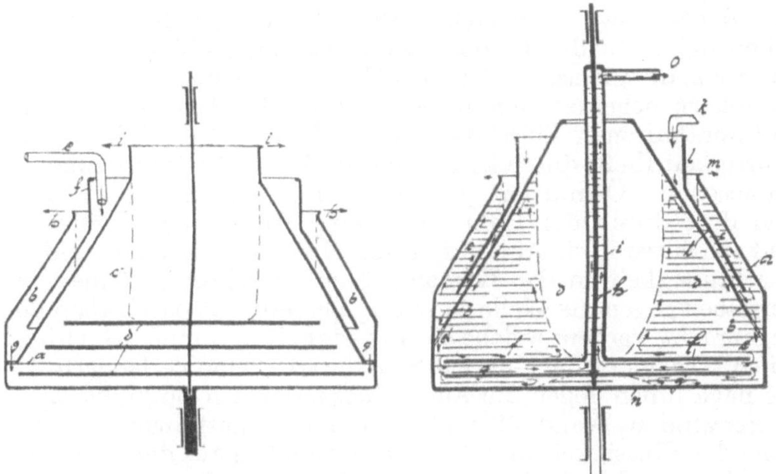

Abb. 107. Kegelförmige Schleuder mit kreisenden Scheiben.

Abb. 108.

endlose Bänder vor. Der Trockner ist so angeordnet, daß ein großer Teil der Flüssigkeit bereits bei Beginn des Vorganges in besonderen Kammern entfernt wird, während das Entfernen der zurückgebliebenen Flüssigkeit aus dem auf den Bändern befindlichen Gut (das Nachtrocknen) dann allmählich während der fortgesetzten Bewegung jener Bänder erfolgt. Abb. 109 zeigt einen Längsschnitt des Schleudertrockners, Abb. 110 (links) einen Querschnitt nach *A*-*B* im oberen Teil und nach *C*-*D* im unteren Teil von Abb. 109, Abb. 110 (rechts) einen Querschnitt nach *E*-*F* in Abb. 109. Auf einer umlaufenden Welle 14 ist eine Trommel 20 angebracht, an deren einem Stirnende die zu trocknende Masse durch ein Zufuhrrohr 66 in den Trockner eingeführt wird, um durch in den Boden nach außen laufende Kanäle 1 nach einer oder vorzugsweise mehreren, um die Welle angeordneten länglichen Wasserabscheidekammern 2 geschleudert zu werden. Diese Kammern sind nach innen von einer gelochten, auf der Welle 14 befestigten kegligen Wand 10, nach außen von den Bändern 3 und seitlich von den Wänden 4 begrenzt, die gegen die Bänder abgedichtet sind. Diese die Außenwand der Kammer 2 bildenden endlosen Bänder laufen in der Längsrichtung der Trommel über nahe an ihren Stirnwänden gelagerte Führungsrollen 6, 17 und sind gemäß der Erfindung aus flüssigkeitsundurchlässigem Stoff, wie Leder, Gummi, Eisenblech usw., hergestellt. Das Band wird durch Stützrollen näher an die Trommelachse 14 herangeführt, um sich dann von der Achse wieder zu entfernen. In den so gebildeten Kammern scheidet sich bereits ein großer Teil der in dem Gute enthaltenen Flüssigkeit ab, und die spezifisch leichtere Flüssigkeit fließt durch in der inneren Wand 10 der Kammer 2 vorgesehene Öffnungen 9 in eine innere Kammer 11 und von dort durch ein Rohr 12 in eine ringförmige Rinne 13 und aus dieser in ein Ablaufrohr 82. Um ein solches Abscheiden der Flüssigkeit in der Kammer 2 zu erleichtern, können in derselben gegen die Welle 14 schräg gestellte Blechscheiben 60 angebracht werden, welche die Flüssigkeit in dünne Schichten teilen. Die erste oder hinterste Scheibe trägt eine Verlängerung, die nach innen gegen die Außenfläche der den Zuflußkanal 1 begrenzenden Wand 62 ragt, um den unmittelbaren Übergang der Flüssigkeit und der festen Teilchen aus den Kanälen zwischen den Blechscheiben in die Öffnungen 9 zu verhindern. Um das Entfernen der Flüssigkeit von dem auf den undurchlässigen Bändern liegenden Gut hinter der Stützrolle zu erleichtern, sind die Bänder derart angeordnet, daß ein größerer oder kleinerer Teil des inneren Trummes derselben gegen den Trommelumfang seitlich geneigt werden kann, damit die an dem Gut haftende Flüssigkeit durch die Schleuderkraft seitwärts hinausgepreßt wird, während das schwerere feste Gut gegen das Band gepreßt und infolge der größeren Reibung auf diesem festgehalten wird, so daß es mit dem Band weitergeführt werden kann. Die seitliche Neigung darf nicht größer sein, als es die Größe der Reibung zuläßt. Um diese seitliche Neigung der Bänder zu ermöglichen, sind die Rollen 17 schief gestellt, so daß ihre Achsen einen Winkel β mit dem Umfang der Trommel bilden (Abb. 110 [rechts]). Hierdurch wächst der Neigungswinkel des inneren Bandtrummes von $0°$ bis zu $\beta°$

an der Rolle 17. Um die seitliche Neigung des Bandtrummes regeln zu können, kann jede Rolle 17 in einem in dem Trommelboden 40 drehbar befestigten Halter 39 angebracht werden.

Bei dieser an und für sich recht geschickten Ausführung dürfte es aber schwer sein, das Band sowohl vorn an der Eintrittsstelle über der Rolle 6 und seitlich an den Bänderrändern auf den Führungen 2 so zu dichten, daß die Flüssigkeit unter dem hohen Schleuderdruck nicht seitlich entweicht. Das Band will ebenfalls unter dem Einfluß der Schleuderkraft sich von dieser Dichtungsstelle fortbewegen, dazu kommt die Belastung durch den Schlamm, so daß eine große Gegenpressung und somit außerordentlich hohe Belastung durch Bänder 3 notwendig wäre, um die Kanäle 2 seitlich zu dichten.

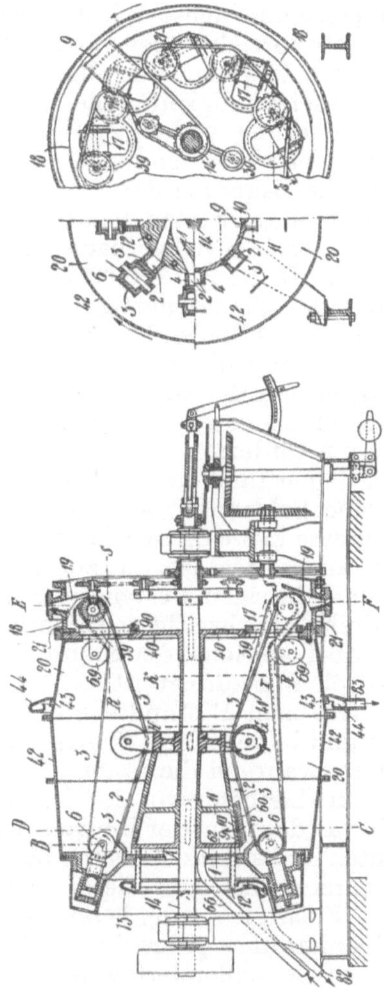

Abb. 110.

Abb. 109. Schleuder mit endlosen Bändern für die Schlammaustragung.

63. Schleudern mit Planetenbewegung.

Die Planetenbewegung zur Erreichung eines ununterbrochenen Betriebes sah zuerst C. G. Haubold (D. R. P. 1417/1877) vor. Er will diesen Betrieb dadurch erreichen, daß das Schleudergut durch die von der Hauptachse ausgehende Schleuderkraft an einem Teil der Trommel andrückt und durch dieselbe Schleuderkraft während des Ganges auch wieder von jenem Teil abgelöst wird, indem dieser Teil, außer der Drehung um die Hauptachse, gleichzeitig noch eine ganz eigene Bewegung ausführt. Im D. R. P. 13882 sieht Haubold noch eine Verbesserung vor, darin bestehend, daß das Wenden und Fortbewegen der Stoffe unabhängig von der Umgangszahl der Schleudertrommelachse selbst bewirkt werden kann, so daß die Antriebsvorrichtungen für die Planetenbewegung stets in Betrieb sein können. Vor allen Dingen kann dann ihre Bewegungsgeschwindigkeit beliebig eingestellt werden, wie es die Schleuderung verlangt.

Berrigan-New York (D. R. P. 131 735/1901) sieht eine exzentrische Lagerung der Trommel auf der Hauptachse vor, um welche sie sich planetenartig dreht und bei welcher der Schlamm durch Schaber nach der Hauptachse zu gefördert wird. Im D. R. P. 156 982/1903 will Seger-Stockholm Schaufelräder planetenartig um die Hauptachse anordnen, die vom durchfließenden Fördergut angetrieben werden. Gleichzeitig sind die Schaufelenden nach außen kratzenartig umgebogen, um die an der Gehäusewand abgelagerten festen Bestandteile zu einem nahe der Schleuderachse angeordneten Spalt zu befördern.

Den Gegenstand des D. R. P. 139 547/1901 von Berrigan bildet eine Schleuder, bei welcher in einem sich drehenden Behälter eine kleinere umgekehrte kegelstumpfförmige Trennkammer angeordnet ist, die, zur Aufnahme der zu trennenden festen und flüssigen Bestandteile dienend, sich mit dem Behälter dreht, gleichzeitig sich aber um ihre eigene Achse drehen kann, wobei die Achse der Kammer zu der Achse des Behälters exzentrisch angeordnet ist.

Die flüssigen Bestandteile entweichen hierbei durch Öffnungen und bilden einen Flüssigkeitsring an der Wandung des Behälters, während die festen Bestandteile in der Trennkammer zurückbleiben, wo sie sich infolge der Schleuderkraft zunächst an dem von der Drehachse des Behälters am weitesten entfernten Teil absetzen, dann aber infolge der eignen Drehung der Trennkammer von dieser Wandung hinweg und damit aus dem Flüssigkeitsring heraus auf die andere trockene Seite der Trennkammer gebracht werden, wo sie durch eine Öffnung herausgeschleudert werden.

Auf einem Ständer *3* nach Abb. 111 ist ein Behälter *4* angeordnet, in welchem sich eine Trommel *5* befindet. Letztere sitzt am Ende einer hohlen Welle *6*, welche von irgendeiner Kraftquelle ihre Drehung erhält. In der Trommel *5* befindet sich eine Trennkammer *8*, welche die Form eines umgekehrten Kegelstumpfs hat. Beide sind durch einen auf der Trommel *5* aufgeschraubten Deckel *9* oben abgeschlossen. Durch einen in der Mitte dieses Deckels sitzenden Pfropfen *10* geht ein Speiserohr *11*, das in eine mit Längsrinnen *13* versehene Platte *12* mündet. Die durch *11* eintretenden festen und flüssigen Bestandteile werden infolge der Schleuderkraft durch diese Rinnen *13* gegen die innere Wandung der Trennkammer *8* geschleudert. Die flüssigen Bestandteile entweichen durch die Öffnungen *14* in der Wandung der Kammer *8* nach der Trommel *5*, von

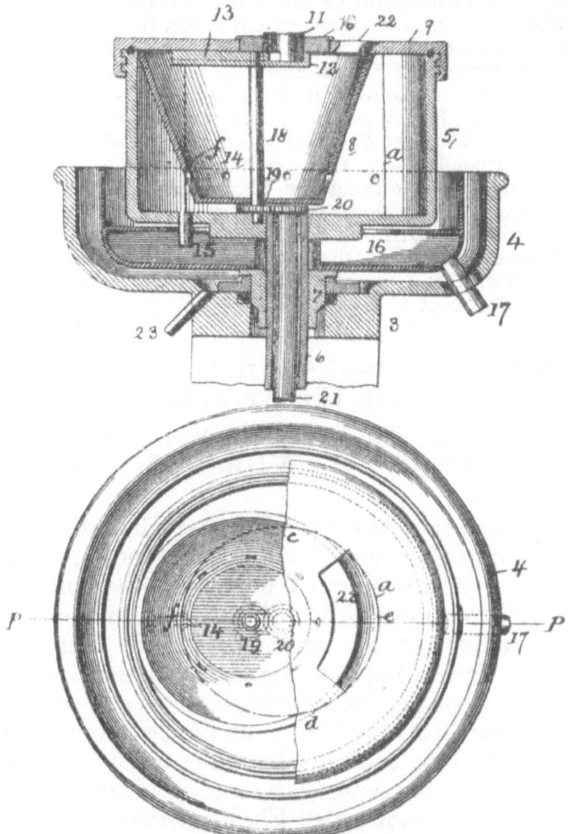

Abb. 111. Schleuder, deren Trommel durch Planetenbewegung entleert wird.

wo sie durch Rohr *15* und weiter durch Abflußrohr *17* in einen geeigneten Behälter abfließen. Die Trennkammer *8* sitzt an einer in der Zuführungsrinne *12* und in Trommel *5* gelagerten Welle, auf welcher an ihrem unteren Ende ein Zahnrad *19* sitzt, in das ein am oberen Ende einer Welle *21* sitzendes Zahnrad *20* eingreift. Welle *21* geht durch die erwähnte hohle Welle *6* und wird unabhängig von derselben angetrieben. Infolge der Zahnradübertragung erhält

Kammer *8* eine zur Trommel *5* entgegengesetzte Drehrichtung. — In dem Deckel *9* befindet sich eine Öffnung *22*, aus welcher die festen Bestandteile herausgeschleudert werden. Behälter *4* ist mit einem Abzugsstutzen *23* versehen, für etwaige in den Behälter *4* gelangende Flüssigkeit. Die Wirkungsweise ist folgende:

Nachdem die festen und flüssigen Bestandteile gegen die innere Wandung der Kammer *8* geschleudert sind, entweicht der flüssige Körper durch die Öffnungen *14* nach der Trommel *5*, wo er infolge der Schleuderkraft einen an den inneren Umfang der Trommel anliegenden Ring bildet. Wenn nun der flüssige Bestandteil durch die Öffnungen *14* in Trommel *5* entweicht, so läßt er den festen Bestandteil als Niederschlag an dem Teil der inneren Kammerwandung zurück, welcher durch den Bogen *c*, *f*, *d* bezeichnet ist. Aber durch die Eigendrehung der Kammer *8* wird der feste Bestandteil aus dem Flüssigkeitsring herausgebracht, und zwar unter die Öffnung *22* des Deckels *9*. Infolge der Neigung der Kammerwandung wird der feste Bestandteil durch die Schleuderkraft nach oben geführt, so daß er, wenn er gegenüber der Öffnung *22* kommt, aus dieser herausgeschleudert wird. Unmöglich ist es, die Kegeltrommel *8* oben so gegen den Deckel zu dichten, daß nicht die Flüssigkeit unmittelbar in die Außentrommel *5* dringt.

64. Schleuder mit zwei planetenartig kreisenden Trommeln für Erzschlamm.

Eine Ausführung, die diesen Übelstand vermeidet, zeigt das D. R. P. 322 189/1913 von Wilhelm Mauß in Johannisburg (Transvaal).

Die Erfindung betrifft eine Schleuder, die namentlich zum Trennen der beim Cyanverfahren entstehenden, goldhaltigen Extraktionslaugen vom festen Rückstande bestimmt ist. Die Trommel kreist mit hoher Geschwindigkeit um eine äußere, mit der Trommelachse nicht zusammenfallende Achse (Revolution), um die Scheidung der Lauge von dem Erze herbeizuführen, und überdies mit geringerer Geschwindigkeit um ihre eigene Achse (Rotation), um die zurückbleibenden festen, schweren Teile an eine Stelle zu bringen, wo sie der Fliehkraftwirkung gewissermaßen entzogen sind, und von der Trommelwandung, an der sie unter der Fliehkraftwirkung haften, abfallen können. Gewöhnlich stattet man die Maschine mit zwei oder mehreren Trommeln in symmetrischer Anordnung um die Hauptachse aus. Dann wird die einseitige, exzentrische Belastung der Welle nach Abb. 111, die unruhigen, nudelnden Lauf bedingt, vermieden.

Die Neuerungen haben den Zweck, die Schleuder zum Scheiden gepochter oder gemahlener, unsortierter Erze, die viel Schlamm enthalten, benutzen zu können.

Die Abb. 112 ist eine Seitenansicht der Schleuder zum Teil im Schnitt.

Abb. 113 ein Schnitt nach Linie A-B der Abb. 112.

Die senkrechte, hohle Maschinenwelle *1* erhält ihren Antrieb durch den Riementrieb *3, 4*. Die auf die Welle aufgekeilte Wiege *5* trägt im dargestellten Ausführungsbeispiel zwei Scheidetrommeln *6*, die bei laufender Maschine sich um die Hauptwellenachse *2* drehen und einen offenen Boden *8* haben, und so gestaltet sind, daß beim Anhalten der Maschine ihr ganzer Inhalt infolge des fehlenden Bodens herausfällt. Die Trommelwandung ist oben zu einem Auslauf *9* zusammengezogen und nach unten zu konisch gestaltet, die Trommelachse *7* steht schräg zur Wellenachse *2*, so daß der äußere Teil *10* der Wandung mit dem Auslaufkragen *9* einen Scheideraum *11* bildet, während die dem Wandteil *10* diametral gegenüberstehende Wandung *12* in nächster Nähe parallel zur Wellenachse *2* steht.

Die Trommeln ruhen um ihre Eigenachse *7* in der Wiege *5*. Diese eigene Drehbewegung wird durch ein Zahnradgetriebe *13*, Innenwelle *14* in der Welle *1*, Zahntrieb *15* und Zahnkranz *16* auf der Außenwand der Trommel von der Hohlwelle 1 abgeleitet. Die Speisung der Trommeln erfolgt durch Rohre *18* aus einer mit der Welle *1* mitgehenden Zuführwanne *19*.

Der Arbeitsgang ist folgender: Das durch die Rohre 18 in die Trommeln fallende Gut (beispielsweise Erzbrei und goldhaltige Cyanidlauge) bildet eine Wand *20, 21* im Raume *11*, die Lauge sondert sich als innere Schicht *20* ab und fließt über den Auslauf *9* in den kranzförmigen Behälter *22*, während der Erzbrei *21* fest an der Trommelwand hängen bleibt und infolge der Kreisung der Trommel in Richtung des Pfeiles Abb. 113 mit der Wand allmählich der Welle *1* näher rückt, wobei die Wirkung der Schleuderkraft auf den Erzbrei *21* dementsprechend sich allmählich verringert und schließlich ganz aufhört, d. h. eine entgegengesetzte Richtung einnehmen will, wenn die Wandstelle über den Punkt *33* geht, wo sie parallel zur Achse *2* steht.

Bei dieser Schleuder kann die Erscheinung, daß an der Wandstelle *12* die Schleuderkraftwirkung umkehrt, dazu dienen, den festen Erzbrei *21* von der Trommel abfallen zu lassen und zur weiteren Bearbeitung aus der Schleuder zu entfernen. Dies ist jedoch bei der Verarbeitung von Erzen nicht zweckdienlich. Schlammige Erzpulver haften sehr fest an der Trommelwand und lassen sich nur unter Aufwand erheblicher Kraft davon trennen. Daher löst sich bei einer Schleudertrommel die Masse nur in unregelmäßigen Klumpen von der Wandung ab, die nicht immer niederfallen, sondern (von der Wandstelle *12*) an die gegenüberliegende Wandstelle *10* geschleudert werden und hier wieder hängen bleiben. Hinzu kommt, daß das Loslösen der Masse von der Wandstelle *12* nicht stets mit Sicherheit erfolgt; in jedem Falle wird der erforderliche ausgeglichene Zustand der Trommel schädlich beeinflußt.

Bei der neuen Einrichtung der Maschine wird die Loslösung der Breimasse von der Trommelwand durch Fliehkraftwirkung vermieden, indem die Masse in eine bezüglich der Schleuderkraft neutrale Zone gebracht und hier auf mechanischem Wege von der Trommelwand entfernt wird. Zu dem Zwecke ist an der Schleuder ein in die Trommel von unten hineinragender Schaber *23* angeordnet, der die Erzmasse an einer Stelle der Trommelwand, die der Welle *1* möglichst nahekommt, nämlich zwischen den neutralen Punkten *33*, wo die Trommelwand radial zur Achse *2* steht, abhebt. Zwischen diesen Punkten *33* ist die Wirkung der Fliehkraft auf die Masse gleich Null, und daher läßt sich die Masse hier von dem Schaber so leicht abnehmen, als ob die Trommel angehalten wäre.

Der Schaber ist feststehend angeordnet und kann jede beliebige, dem Zweck und der besonderen Eigenart des Schleudergutes entsprechende Form erhalten. Er kann aus einer einfachen Klinge, aber auch aus mehreren Klingen, Scheiben o. dgl. bestehen. Da die Wandstelle *12* der Trommel senkrecht gerichtet ist, so fällt auch der abgelöste Erzbrei glatt in den Trichter *24*. Dadurch, daß die sich absondernde Breimasse auf der Trommelwandung bis zu einer bestimmten Stelle belassen und hier dann vollkommen ohne Rückstand entfernt wird, wird der Ausgleich in der Maschine wesentlich erhöht.

Schaber sind bei Schleudern mit kreisenden Trommeln bekannt. Für die Verarbeitung von sich festsackendem, schlammigem Gut, wie Erzbrei, ist es aber ganz unmöglich, den Schaber gleichzeitig mit dem Scheidevorgang in Tätigkeit zu setzen. Man muß daher die Trommel zeitweise anhalten und dann, wenn die angesetzte Masse nicht weiter infolge der Fliehkraftwirkung undurchdringlich gemacht wird, die Masse abstechen. Bei dieser Schleuder soll die Entfernung der festsitzenden Masse jederzeit so bequem und sicher vor sich gehen, als ob die Maschine stillstände, ohne daß aber ein Anhalten oder Unterbrechen der Drehbewegung der Trommel nötig ist. Der Patentanspruch lautet:

Schleudertrommel, bei der die bodenlosen Scheidetrommeln um die Maschinenachse (Revolution) und um die eigene Achse (Rotation) gedreht werden, dadurch gekennzeichnet, daß die Loslösung des auf die innere Trommelwandung niedergeschlagenen Scheidegutes auf mechanischem Wege (Schaber o. dgl.) dort erfolgt, wo die Trommelwandung dicht an und parallel zu der Hauptachse (*2*) steht.

Diese Schleuder von Mauß scheint in ihren Einzelheiten gut durchgebildet zu sein. Immerhin ist die Raum- und Konstruktionsausnutzung durch die Anbringung von

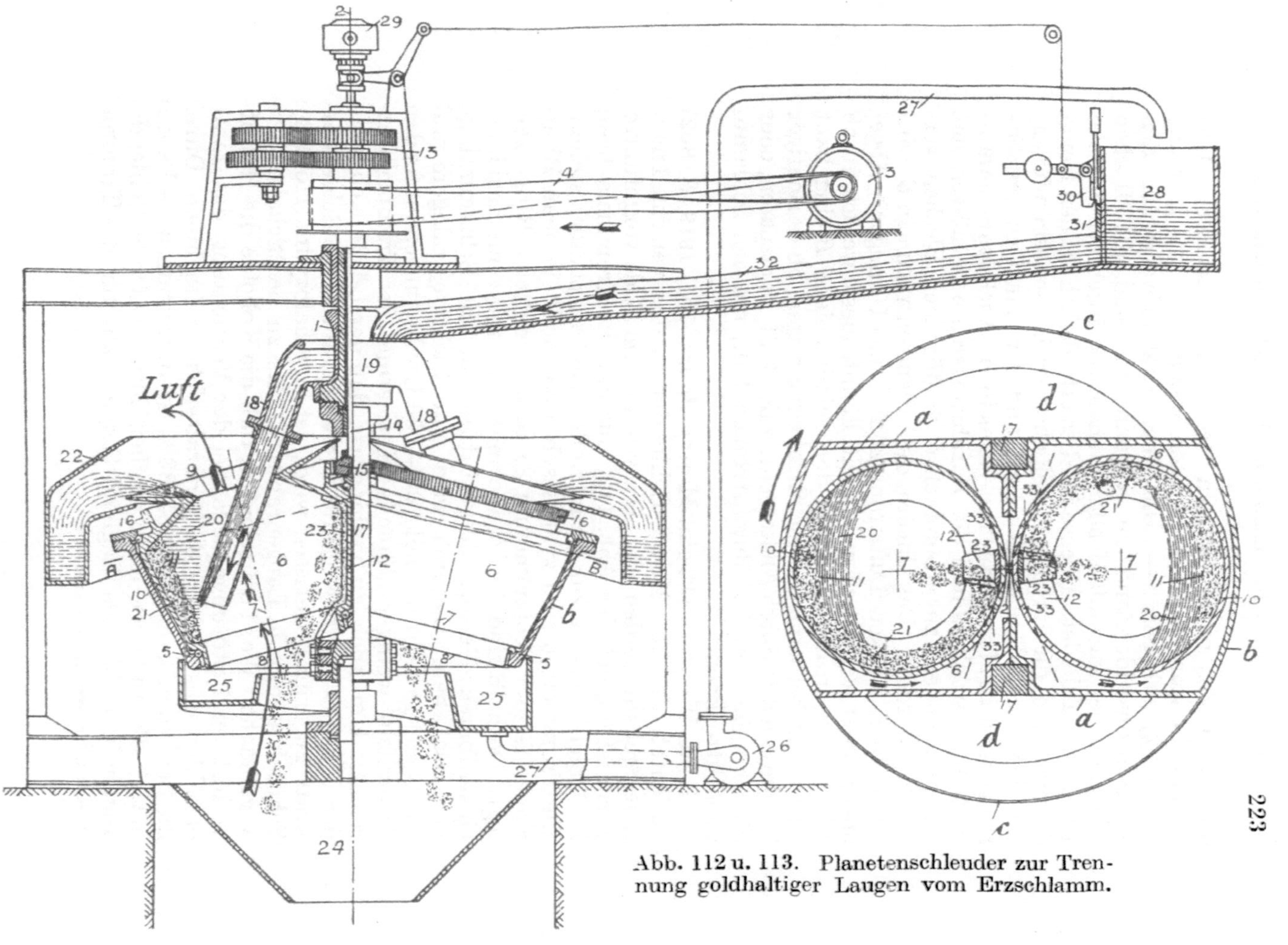

Abb. 112 u. 113. Planetenschleuder zur Trennung goldhaltiger Laugen vom Erzschlamm.

nur zwei Schleudertrommeln wenig wirtschaftlich. Drei Trommeln würden die Baukosten wenig, aber die Leistung um 50% erhöhen. — Um den Kraftaufwand für den Ventilationswiderstand zu vermindern, sind die flachen Wände *a* des mitumlaufenden Gehäuses *b* durch zylindrische Bleche *c* verkleidet. Ebenso ist dies erforderlich bei den freien Segmenten *d*, die durch Bodenbleche verschlossen sein müssen, um den freien Umlauf der Luft und den damit zusammenhängenden Kraftverbrauch zu vermeiden. Auch das Schlammverteilungsstück *19* und die Zuführungsrohre *18* müssen mit entsprechenden, zur Hauptachse ringförmigen Blechen verkleidet werden. Das Innere der Planetentrommeln *6* wird auch einen starken Luftstrom zum Umlauf bringen. Abgesperrt, oder wenigstens gedrosselt, könnte dieser werden durch Bleche, die in der Richtung der Schnittlinie *A*-*B* eingebaut wären. Dabei kann nur die Erfahrung zeigen, ob es richtiger ist, diese Kraft durch Abdrosselung der Luft zu ersparen, oder ob man die Luft frei durchströmen läßt, um den Schlamm nachzutrocknen.

E. M. Weston (Engin. Mining Journ. 107, *1919*, S. *862*) berichtet, daß die Mauß-Schleuder in drei verschiedenen Arten gebaut werden soll. Die von ihm im Bilde vorgeführte Form ist ähnlich der Abb. 112, nur daß die Trommelachsen *7*—*7* nicht geneigt zur Hauptwelle, sondern parallel stehen. Die Trommeln *6* sind zylindrisch und durch je neun Ringrippen ist der Schlammraum *21* in zehn einzelne Ringe zerlegt. Deshalb sind die Schabermesser *23* mit zehn einzelnen, einstellbaren Messern ausgestattet, die die Schlammringe herausschaben. Dadurch wird eine leichtere, ruhigere und das Gleichgewicht der mit 700—800 Umdrehungen laufenden Trommeln weniger störende Entleerung der Trommeln erreicht. Um auch zu verhindern, daß der bei *21* sich nach der Mittelachse bewegende Schlamm durch die Schleuderkraft zu früh abgerissen wird, ist eine halbzylinderförmige Schutzhaube von Laugenraum *11* bis zu den Schaben hin angebracht. Weston schreibt, daß die Kolloide die Hauptverlust- und Störungsquelle bei der Verdichtung des Zinnerzschlammes sind, da sie Mineralteilchen mitnehmen. Durch die Schleuder kann man 66—88% wiedergewinnen. — Es war nötig, die in einer afrikanischen Mine laufende Schleuder anzuhalten, bis aus England Sonderstahl für die Trommel beschafft werden konnte.

65. Ausräumevorrichtung mit Planetenantrieb.

Nach Art des Planetengetriebes wirkende Ausräumevorrichtung für den Schlamm sind von der Aktiebolaget Separator in Stockholm in den D. R. P. 167 330/1905, 182 199/1905 und 200 319/1906 vorgesehen.

Um die sich auf der Innenseite der Trommelwand ablagernden festen Bestandteile sicherer oder schneller dem Boden oder den Schöpf- bzw. Schaufelrädern zuzuführen, hat man, sich relativ zu der Trommel bewegende, Schaber angeordnet, die an einer gelochten, innerhalb dieser angeordneten zweiten Trommel befestigt sind. Es ist jedoch festgestellt worden, daß diese gelochte Trommel, wenn sie sich in der Flüssigkeit bewegt, die festen Bestandteile während ihrer Bewegung durch die Löcher aufrührt und demzufolge die Wirkung der Schleudertrommel beeinträchtigt. Dies hat sich namentlich bei solchen herausgestellt, die mit kegelförmigen oder gekrümmten Scheidewänden versehen sind und bei denen die zu scheidende Flüssigkeit am vorteilhaftesten von außen in die durch die Scheidewände gebildeten Abscheideräume eingeführt wird. Die festen Bestandteile, welche aus den Abscheideräumen nach außen wandern und die von außen nach innen einströmende Flüssigkeit durchkreuzen müssen, werden durch die die Schaber tragende gelochte Trommel immer wieder aufgerührt und von der frisch zugeführten Flüssigkeit in die Abscheideräume zurückgeführt. Dasselbe gilt auch hinsichtlich der auf oder im Trommelboden angeordneten Schöpf- oder Schaufelräder, soweit sie mit der zugeführten frischen Flüssigkeit in Berührung kommen.

Diese Übelstände zu beseitigen, wird dadurch erreicht, daß die festen Bestandteile von einer besonderen, nicht durchlochten, im Innern der Schleudertrommel selbst drehbar angeordneten Trommel aufgefangen werden. Diese zweite Innentrommel erhält entweder eine kegelige Form, so daß besonders Schaber zum Hinunterbefördern der festen Bestandteile nicht notwendig sind, oder eine zylindrische Form, in welchem Falle aber die bekannten, schräg oder schraubenförmig verlaufenden, in bezug auf die Schleudertrommel und die darin enthaltene Flüssigkeit feststehenden Schaber zur Anwendung gelangen müssen, um diese gegen die Innentrommel arbeiten zu lassen. Ist ein Einsatz vorhanden, dann ist es zweckmäßig, die Schaber an diesem zu befestigen. Die durch die Schaber von der Innentrommel abgeschabten und gegen den Trommelboden beförderten festen Bestandteile werden durch auf oder im Trommelboden angeordnete Schöpf- oder Schaufelräder o. dgl. aufgefangen und abgeführt.

Die Abb. 114 bis 116 veranschaulichen zwei Ausführungsbeispiele einer derartigen Schleudertrommel im Längsschnitt und in der Oberansicht, und zwar ist Abb. 114 ein Schnitt nach *2-2* der Abb. 115.

Bei beiden Ausführungsbeispielen ist *a* der Trommelmantel, *b* der Trommelboden.

In der hohlen Trommelspindel *d* ist eine zweite Spindel *e* gelagert, die an ihrem oberen Ende mit einem Zahnrad *f* versehen ist. Letzteres steht mit den Zahnrädern *g* der auf dem Trommelboden um Zapfen *i* drehbaren Schöpf- oder Schaufelräder *h* in Eingriff. Ferner ist auf dem oberen Ende der Spindel *e* eine Nabe *k* befestigt, die mittels des Armkreuzes *l* die Innentrommel *m* trägt. Diese kann sich, wie in Abb. 114 durch punktierte Linien angegeben ist, bis zu dem oberen Ende der Außentrommel *a* erstrecken, doch ist dies nicht notwendig, wenn die Außentrommel Kegelgestalt besitzt. Die Innentrommel ist unten mit einem Flansch *n* versehen, so daß ein ringförmiger Raum gebildet wird, in welchem sich die festen Bestandteile ansammeln können. Die Schaufelräder *h* reichen bis beinahe an die Innenwand der Innentrommel heran. Die Wirkung dieser Einrichtung ist die folgende:

Die beiden Spindeln *d, e* können mit verschiedener Geschwindigkeit gedreht werden, wobei die beiden Trommeln sich relativ zueinander bewegen. Die Schöpfräder *h* drehen sich hierbei, wie dies in Abb. 115 durch die Pfeile *1* angedeutet ist, und die Innentrommel m beispielsweise in Richtung der Pfeile 2. Die an der Innenfläche der Außentrommel abwärts gleitenden festen Bestandteile werden von der Innentrommel aufgenommen und durch die sich in diesem Falle entgegengesetzt drehenden Schöpf- oder Schaufelräder *h* nach der Mitte, den Fangblechen *o* und Austrittsöffnungen *p* zugeführt, von wo sie nach außen gelangen. Ist die Außentrommel nicht konisch, sondern gemäß Abb. 116 zylindrisch gestaltet, dann wird auch die Innentrommel zylindrisch gemacht. Ein die Schaufelräder untergreifender, nach innen gerichteter Flansch *n* ist bei dieser Ausführungsform nicht vorhanden, da die Schöpfräder eine Planetenbewegung vollführen. Es ist aber selbstverständlich, daß nichtsdestoweniger das untere Ende der Trommel ebenso gestaltet sein kann, wie bei dem Ausführungsbeispiel der Abb. 114 und 115. Das obere Ende der Spindel *e* ist gemäß Abb. 116 mit einer Scheibe *r* verbunden, auf welcher die Innentrommel *m* befestigt ist. Diese ist zwischen dem Einsatz *s* und der Außentrommel angeordnet und an ihrem unteren Ende mit Auslaßöffnungen m^1 für den Durchgang der festen Bestandteile versehen. Der Einsatz ist in bekannter Weise mit Schabern *t* verbunden. Die Scheibe *r* trägt die Achsen der Schöpfräder *h*, deren Drehung durch mit denselben verbundene, sich in dem Ring *v* des Trommelbodens abwälzende Reibräder *u* herbeigeführt wird. Für den Fall, daß sich in dem Raum zwischen der Außen- und der Innentrommel ebenfalls feste Bestandteile ansammeln, kann die Innentrommel auf ihrer Außenfläche ebenfalls mit Schabern *z* versehen werden.

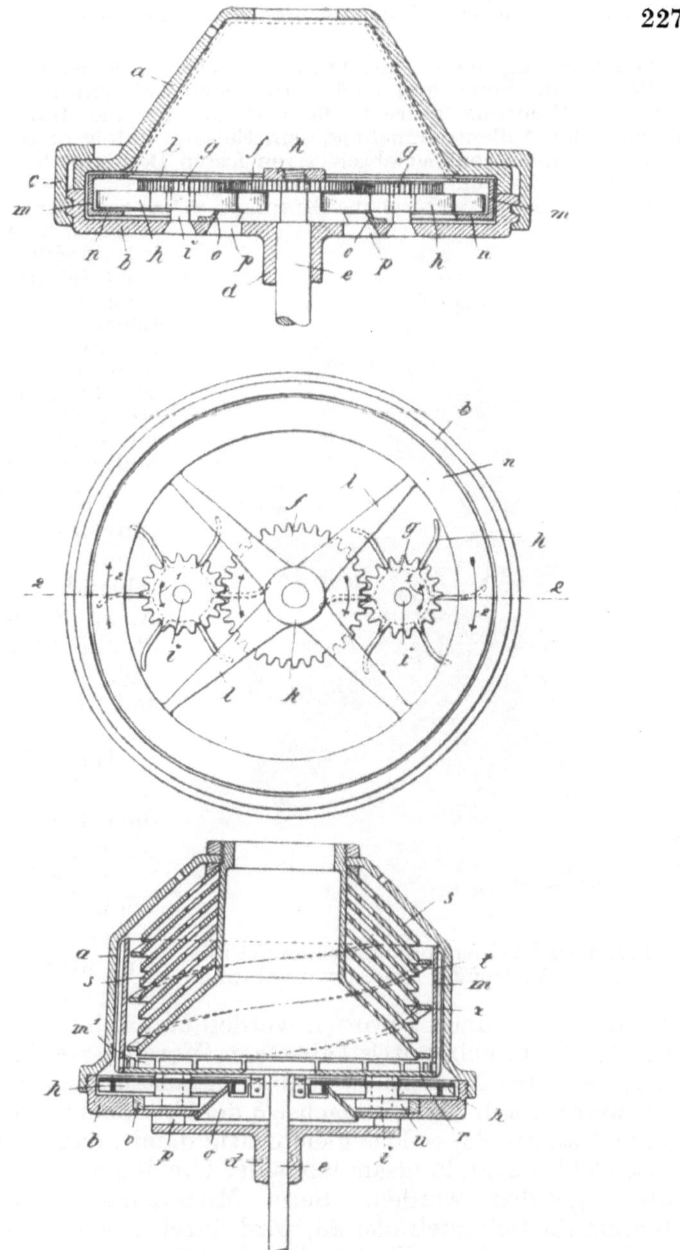

Abb. 114—116. Schleudertrommeln mit planetenartig kreisenden Schlammschaufeln.

Die Wirkung dieser Ausführungsform ist die folgende:

Werden die Spindeln *d*, *e* mit verschiedenen Geschwindigkeiten in derselben Richtung gedreht, dann dreht sich die Innentrommel zwischen der Außentrommel und dem Einsatz. Infolgedessen werden die in der Innentrommel abgelagerten festen Bestandteile durch die Schaber *t* — die sich relativ zur Innentrommel drehen — nach unten befördert, von wo sie durch die Öffnungen m^1 zu dem Trommelboden gelangen können. Die in Umdrehung versetzten Schöpfräder sammeln die ihnen zugeführten festen Bestandteile und befördern sie hinter das Fangblech *o*, von wo sie in bekannter Weise durch Löcher *p* nach außen gelangen.

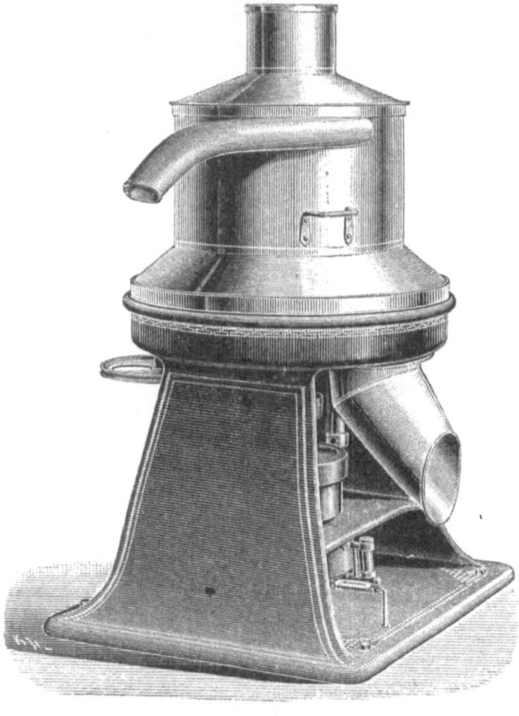

Abb. 117. Ansicht einer Schlammschleuder mit planetenartig kreisender Austragvorrichtung.

Die Ausführungsform einer solchen Schlammschleuder E II der A. B. Separator Stockholm zeigt die Abb. 117 in Ansicht und die Abb. 118 im Schnitt.

Die Schlammflüssigkeit wird in die schnellkreisende Trommel geleitet, woselbst die Schlammteilchen, welche schwerer sind als die Flüssigkeit, von der Schleuderkraft nach außen geworfen werden und sich an der Innenwand des Trommelmantels *1* absetzen. Von dort werden sie von schräggestellten Messern *20* nach dem Schlammraum geführt, dann weiter nach der Mittelachse *8* der Trommel mit Hilfe von Schaufelrädern *23*, welche gleichzeitig damit, daß sie um ihre Achsen *21* kreisen, langsam längs des Umfanges des Schlammraumes geführt werden. Beim Mittelpunkt verläßt der Schlamm die Schaufelräder *23*, wird durch eine auf der Trommelachse befindliche Förderschnecke *29* abwärts geführt und entweicht aus der Trommel durch einen Schlitz am Boden derselben. Die geklärte Flüssigkeit wird aus der Trommel durch Löcher *26* im Oberteil fortgeleitet.

Im Trommelboden ist eine ausgedrehte Rille vorhanden, in welcher ein gehärteter und geschliffener Stahlring, die untere Rollbahn, angebracht ist. Die Antriebswelle *8* ist, unter Belassung eines Schlitzes *28* für den Austritt des Schlammes, durch Nieten mit dem Trommelboden vereinigt. Sie hat mit ihrem oberen Teil Führung in dem federnden Halslager *5* und paßt mit dem unteren, konischen Ende in den Deckel des Rädergehäuses. An demselben ist sie befestigt mittels der Wellenmutter, welche mit Rechts- und Linksgewinde beide Teile zusammenhält. Die Antriebswelle ist in vertikaler Richtung durchbohrt und sowohl oben wie unten mit eingetriebenen, konischen Metallbüchsen versehen. Am oberen Ende ist die vorstehend erwähnte Förderschnecke befestigt. Der Einsatz besteht aus dem Mittelrohr *9* und den Einsatztellern *11*. Der kegelförmige Fuß *12* des Mittelrohres ist am Kranz durchbohrt zwecks Ausleitung der Flüssigkeit aus dem Rohr. An ihm ist mit einer aufgeschraubten Platte gleichfalls ein gehärteter und geschliffener Stahlring *13*, die sog. obere Rollbahn, befestigt.

Jeder zweite Scheideteller *11* hat zwei Ausschnitte an der inneren Kante, um ein solches Einlegen der Teller zu ermöglichen, daß die Klammern der verschiedenen Teller, entweder übereinander oder

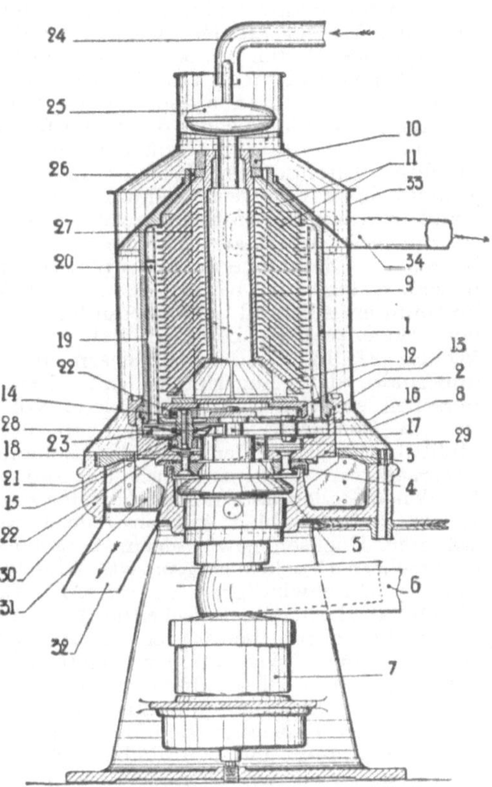

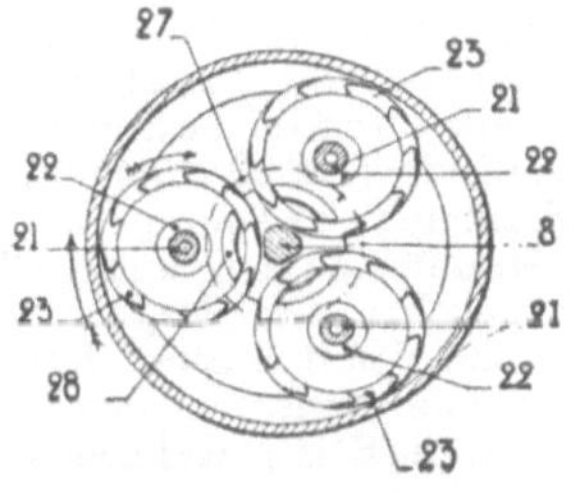

Abb. 118. Ununterbrochen arbeitende Schlammschleuder mit planetenartig kreisender Austragvorrichtung.

nebeneinander kommen, wodurch verschiedene Tellerzwischenräume erzielt werden. In den Tellern befinden sich außerdem teils nahe dem Zentrum und teils (mit Ausnahme des obersten Tellers) nahe der äußeren Kante runde Löcher, welche mitten unter bzw. mitten über die Löcher an der Oberkante des Trommelmantels und dem Umfang des Mittelrohrbodens zu stehen kommen.

Die Einrichtung für die Schlammbeförderung aus der Trommel besteht aus dem Schabzylinder *19*, der oberen und der unteren Bodenplatte sowie den Schaufelrädern *23*. Der Schabzylinder ist ein zwischen dem Tellereinsatz und der Mantelwand angebrachter durchbohrter Zylinder *19*, an dessen Außenseite schräg gestellte Messer *20* festgeschraubt sind, welche den an der Mantelwand angesammelten Schlamm nach unten führen. Dieser Zylinder ist mit Schrauben an der äußeren Kante der oberen Bodenplatte befestigt. Dieser oberen Bodenplatte ist mittels dreier Schraubenbolzen, welche an beiden Enden mit Muttern versehen sind, ein bestimmter Abstand von der unteren Platte gegeben. Zwischen den Bodenplatten befinden sich die drei Schaufelräder, deren Wellen *21* in Weißmetallbüchsen in den Platten gelagert und außerhalb der Lagerungen mit festgekeilten Reibungsrollen *22* versehen sind. Die Rollen, welche von Stellscheiben festgehalten werden, arbeiten gegen die oben erwähnte obere bzw. untere Rollbahn, welche den von der Schleuderkraft der Schaufelräder verursachten radialen Druck aufnehmen. Die miteinander verbundenen Bodenplatten ruhen auf der sog. inneren Welle, welche sich innerhalb der hohlen Antriebswelle bewegt und in deren oben erwähnten Büchsen sowie einem Kugellager, für die Aufnahme des senkrechten Druckes, gelagert ist. Diese innere Welle kreist mit einer anderen Geschwindigkeit als die Antriebswelle; hierdurch entsteht eine Relativbewegung zwischen der Trommel *1* und den Bodenplatten *13* nebst den daran befestigten Teilen, dem Schabzylinder und den Schaufelrädern. Die auf dem Schabzylinder befestigten Messer befördern, durch diese Relativbewegung gegenüber dem Trommelmantel, den Schlamm hinunter. Die Bewegung der Schaufelräderachse im Verhältnis zu den Rollbahnen bringt infolge der Reibung zwischen diesen und den Reibungsrollen ein Kreisen der Schaufelräder um die eigenen Achsen zustande. Diese doppelte Bewegung der Schaufelräder, teils längs des Umfanges des Schlammraumes und teils um die eigenen Achsen, bewirkt, daß der Schlamm in den verschiedenen Teilen des Schlammraumes aufgesammelt und nach der Mitte hin geführt wird. Hier wird er an drei, an der unteren Bodenplatte festgeschraubten, schräg gestellten Schirmen zu der Förderschnecke *29* hinuntergeleitet und tritt dann unter dem Trommelboden *3* und *5* heraus. Um zu verhindern, daß die Schaufeln sich leeren, bevor der Schlamm bei den Schirmen angelangt ist, befindet sich für jedes der Räder, längs der Innenseite des Schaufelkranzes, eine an der unteren Bodenplatte festgeschraubte Leitschiene. Bei der Verarbeitung gewisser Stoffe müssen auch äußere Leitschienen verwendet werden. Diese letzteren werden zwischen den Bodenplatten in den Nuten eingepaßt und mit einem Stift, welcher durch die untere Bodenplatte geht, festgehalten.

Eine weitere Verbesserung dieser Schleuder betrifft das D. R. P. 221 833/1908,

Bisher verwendete man Schaufelräder, weil sie das einfachste Hilfsmittel darstellen, um den Schlamm weiter zu fördern. Da aber die sich ablagernde Schlammasse von dem ganzen Trommelinhalt die größte Entfernung von der Achse einnimmt und ihr spezifisches Gewicht auch größer als der übrige Trommelinhalt ist, so wird sie auch mit wesentlich größerer Kraft nach außen gedrückt. Die Masse bildet infolgedessen eine so feste Schicht, daß ihr radial nach innen erfolgendes Anwachsen schließlich ein Festklemmen der Schaufelräder, ganz besonders aber der Schaufelkränze, zur Folge haben muß. Hieran vermögen selbst die arbeitenden Schaufeln des Rades nichts zu ändern, und es ist aus diesem Grunde die gewerbliche Verwertbarkeit der Schlammschleuder mit solchen Schaufelrädern in Frage gestellt. Die Schaufeln vermögen die feste Masse deshalb nicht zu lockern, weil sie dieselbe mit ihrem äußersten Umfang, also mit ihrem längsten Hebel und auf dem ganzen Umfang zu gleicher Zeit bearbeiten müssen. Um solche Schlammschleudern für den praktischen Gebrauch verwendbar zu machen, werden daher einzelne Schaufeln durch aufgesetzte, über die Radkränze vorstehende Stücke zu Aufkratzern ausgebildet, die den zu fest angesetzten Schlamm auflockern, so daß ihn die anderen Schaufeln, ohne beschädigt zu werden, befördern können. Dadurch, daß diese Aufkratzer nur an einer oder einigen Stellen gleichzeitig wirken und die Radkränze an dem Schlamm nicht zu gleiten brauchen, wird der Betrieb nicht gestört, und er kann ununterbrochen fortgesetzt werden. Sind die aufgesetzten Aufkratzerstücke abgenutzt, dann werden sie durch neue ersetzt.

Die Abb. 119 veranschaulicht ein Schaufelrad mit solchen aufgesetzten Aufkratzern teils in der Ansicht, teils in verschiedenen Schnitten.

a sind hierbei die Förderschaufeln, *b* der Schaufelkranz und *c* die Nabe. Das als Aufkratzer zur Wirkung gelangende, auswechselbare Stück *d* ist mit der betreffenden Förderschaufel *a* durch einen drehbaren Niet mit rechteckigem Kopf *e* verbunden. Der letztere ist in ein entsprechendes Langloch *f* der Förderschaufel eingepaßt und hintergreift dieselbe. Das Aufkratzerstück ist somit leicht auswechselbar.

Das Räderwerk, welches zur Aufgabe hat, der inneren Welle deren Relativbewegung beizubringen, wird von dem Rädergehäuse *7* umschlossen. Dieses hat zylindrische Form und endigt unten zu mit einem gleichfalls zylindrischen, hohlen Zapfen, welcher im Spurlager ruht. Oben ist das Gehäuse mit einem Deckel versehen, welcher gleichzeitig als Riemenscheibe für den Antrieb *6* der Zentrifuge dient. Dieser ist mit einem Gewindering am Gehäuse befestigt; die Abdichtung geschieht durch einen Gummiring. Der Deckel steht außerdem, wie oben erwähnt, mit dem unteren Ende der Antriebswelle in Verbindung.

Der Trieb des unteren Getriebes, welcher in einer Bronzebüchse im unteren Teil des Rädergehäuses Führung hat, ist nach unten verlängert, so daß er unterhalb der Büchse hinausreicht. Diese Welle steht entweder still oder kreist mit einer anderen Geschwindigkeit als das Gehäuse. In jedem Fall entsteht also eine Relativbewegung zwischen dem Trieb und dem Gehäuse.

Die in diesen Trieb eingreifenden, um dasselbe herum gelagerten unteren Getriebräder sind nach beiden Seiten hin mit kurzen Achsen von verhältnismäßig großem Durchmesser versehen; diese Achsen stützen sich gegen eine obere und eine untere Rollbahn, welche die

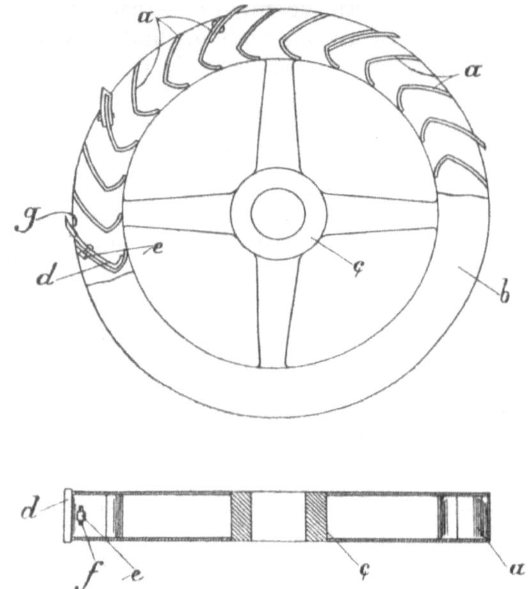

Abb. 119. Schaufelrad mit angesetzten Aufkratzern.

Zentrifugalkraft aufnehmen. Infolge der Bewegung des Triebes relativ dem Gehäuse werden die Getrieberäder in Drehung um ihre eigenen Achsen gebracht und diese, da die von der Schleuderkraft bewirkte Reibung ein Gleiten zwischen den Achsen und den Rollbahnen verhindert, gezwungen, auf den letzteren zu rollen, so daß die Räderachsen um die Mittelachse des Rädergehäuses kreisen. Diese Achsen sind in einem Gehäuse dem unteren Mitnehmerstück eingreifend gelagert, so daß dieser Bewegung der Räderachsen auf den im Mitnehmerstücke befestigten Trieb übertragen wird.

Das obere Getriebe ist in seiner Wirkung dem unteren ähnlich, unterscheidet sich jedoch von diesem insofern, daß die herumgruppierten Räder, die oberen Getriebsräder, mit Bronzebüchsen versehen und fest an Zapfen gelagert sind, die sich an einer von der inneren Welle getragenen Platte, dem oberen Mitnehmerstück, befinden. Von außen hin greifen die Räder in einen am Gehäuse angebrachten inneren Zahnkranz. Rollbahnen fehlen hier also, und es wird die Schleuderkraft der Räder von den Zapfen aufgenommen, an denen sie gelagert sind, wo anstatt der Reibung ein wirklicher Zahneingriff vorhanden ist. Auch hier kreisen indessen die Getrieberäder, sowohl um die eigenen Achsen, wie um die des Gehäuses. Diese letztere Bewegung wird durch das obere Mitnehmerstück auf die innere Welle übertragen.

Das Übersetzungsverhältnis ist so gewählt worden, daß, wenn der untere Trieb stillgehalten wird, die innere Welle eine Umlaufsgeschwindigkeit relativ dem Rädergehäuse und somit auch relativ der Trommel erhält, welche sich auf $^1/_{250}$ der Umdrehungszahl der letztgenannten beläuft.

Läßt man den unteren Trieb in gleicher Richtung wie das Rädergehäuse kreisen, jedoch mit geringerer Geschwindigkeit, so wird die relative Rotationsgeschwindigkeit der inneren Welle in entsprechendem Maße vermindert. Es ist in dieser Beziehung so angeordnet, daß man außer der Relativgeschwindigkeit $^1/_{250}$, auch solche in der Größe von $^1/_{350}$ und $^1/_{700}$ erhalten kann. Wenn die größte Relativgeschwindigkeit gewünscht und somit der untere Trieb festgehalten werden soll, ist dessen Welle am Boden eines unterhalb des Rädergehäuses angebrachten Ölbehälters befestigt, welcher seinerseits durch eine Schnur, deren Spannung von einer Federwage angezeigt ist, verhindert wird, an dem Umlauf teilzunehmen. Wird eine geringere Relativgeschwindigkeit gewünscht, versieht man die Welle des unteren Triebes oberhalb des Ölbehälters mit einer Schnurscheibe, welche von dem V o r g e l e g e der Schleuder mit der erforderlichen Geschwindigkeit getrieben wird.

Die Entfernung des Schlammes aus dem Gestell *30* geschieht mittels vier, der Form der Gestellschale angepaßter, senkrecht gestellter Scharren *31*; dieselben sind mit Muttern an dem sog. Scharrenring, welcher auf Kugeln gelagert ist, befestigt. Der mit Zähnen versehene Scharrenring wird von einem Triebe in Bewegung gesetzt, dessen Welle in einer Bronzebüchse in der Kante der Gestellschale gelagert ist und mit einer Schnur vom Vorgelege aus in Umlauf gebracht wird. Die Kugeln der Scharrenringlagerung befinden sich mit Röhren als Zwischenlagen in einem Ring, welcher an der oberen Kante der Gestellschale eingepaßt wird.

Oben an der Außenseite der Gestellschale befindet sich eine rings herumgehende Abdrehung, über welche das Abflußgefäß *33* gepaßt wird. Das A b f l u ß g e f ä ß ist mit einer Abflußröhre *34* für die Fortleitung der geschiedenen Flüssigkeit ausgerüstet. Auf die Oberkante desselben wird das Zuflußgefäß gesetzt, welches mit einem Zuflußtrichter und einem Stutzen für das Hineinleiten der Schlammflüssigkeit in das Mittelrohr versehen ist.

Das V o r g e l e g e besteht aus einer Fundamentplatte mit zwei mittels Schrauben verschiebbaren Lagerböcken für die obere Vorgelegewelle. An dieser Welle sind eine Riemenscheibe angebracht für die Überführung der Kraft zur Schleuder, zwei Riemenscheiben — eine feste und eine lose — für die Zuführung der Kraft von der Hauptkraftwelle, sowie eine Schnurscheibe für die Inbetriebsetzung der Scharren in der Gestellschale. Für die Anordnung zur Erzielung geringerer Relativgeschwindigkeiten für die Schlammbeförderung aus der Trommel ist eine untere Vorgelegewelle vorhanden, welche mit einer Schnurscheibe versehen und von der oberen Vorgelegewelle aus mittels Ketten getrieben wird.

Die Riemenscheibe der Triebwerkswelle muß eine Breite von mindestens 275 mm haben. Ihr Durchmeser muß so groß sein, daß das Vorgelege, dessen entsprechende Riemenscheiben einen Durchmesser von 300 mm haben, die erforderliche Geschwindigkeit, 900 Umdrehungen per Minute, erhält.

Vor dem Schleudern muß die Schlammflüssigkeit, falls geringster Grund zur Annahme vorliegt, daß diese gröbere Bestandteile enthält, sorgfältig geseiht werden. Die Inbetriebsetzung geschieht durch das Überführen des Triebwerksriemens von der losen zur festen Scheibe des Vorgeleges mit Hilfe des Ausrückers. Der Riemen wird erst zur Hälfte auf die Scheibe gebracht und dann, nachdem halbe Geschwindigkeit erreicht ist, und man sich vergewissert hat, daß die Ölzirkulation für die Schmierung in vollem Gang ist, gänzlich.

Die Geschwindigkeit wird durch den Umlaufzähler ermittelt, dessen Zeiger jede hundertste Umdrehung der Schleuder anzeigt. Die Geschwindigkeit der Schleuder soll 3500 Umdrehungen in der Minute betragen und darf 4000 Umdrehungen nicht übersteigen.

Um bei der Anordnung für die Schlammbeförderung aus der Trommel zu verhindern, daß Warmlauf oder eine zu große Reibung infolge des von einer vorhergehenden Schleuderung verbliebenen Schlammes entsteht, wird während des Inbetriebsetzens — doch nicht eher als bis halbe Geschwindigkeit erreicht worden ist — Wasser oder, falls der Schlamm nicht von der Beschaffenheit ist, daß er sich fest zusammenbackt, Schlammflüssigkeit hineingeleitet, bis die Trommel damit gefüllt wird. Wenn volle Geschwindigkeit erreicht ist, wird die Schlammflüssigkeit in so großer Menge, wie es der vollen Leistung entspricht, zugeführt.

Die Größe der Leistung, welche sowohl von der Güte wie von der Menge der Schlammflüssigkeit abhängig ist, wird in der Weise bestimmt, daß man mit einer sehr kleinen Leistung beginnt und diese nach und nach erhöht, wobei nach jeder solchen Erhöhung aus der geschleuderten Flüssigkeit Proben genommen werden, und man zugleich genau auf die Federwage acht gibt, deren Belastung niemals 3,5 kg übersteigen darf. Wenn die Wage nicht zuvor diese Belastung erreicht hat, kann die Leistung so weit erhöht werden, als dies angängig ist, ohne daß die geschleuderte Flüssigkeit aufhört hinreichend von Schlammpartikeln befreit zu sein. Wenn so die Grenze für eine gute Trennung erreicht wird, beruht dies darauf, daß entweder das Aufnahmevermögen des Tellereinsatzes oder das der Anordnung für die Schlammbeförderung aus der Trommel voll ausgenützt ist. Sollte sich das Trennvermögen der Schleuder nach einiger Zeit verschlechtern, ist dies darauf zurückzuführen, daß der Tellereinsatz teilweise zugeschlammt worden ist, in welchem Falle derselbe auseinanderzunehmen und zu reinigen ist.

Wenn die Schleuderung aufhören soll, wird der Zufluß *24* der Schlammflüssigkeit abgestellt und der Treibriemen auf die lose Riemenscheibe des Vorgeleges gebracht, worauf die Schleuder von selbst zum Stillstand kommen muß.

Das Auseinandernehmen und Reinigen muß nach einer jeden Schleuderung geschehen, falls der Schlamm von solcher Beschaffenheit ist, daß er sich zusammenbackt und beim Trocknen erhärtet (z. B. Kalk). Ist dies nicht der Fall, so ist doch eine Reinigung nach jedem Betrieb für die gute Bedienung der Schleuder nicht erforderlich, jedoch darf diese niemals so lange ungereinigt stehen bleiben, daß der Schlamm in derselben vollständig trocknet.

Sollte der Tellereinsatz mit den kleineren Zwischenräumen Neigung haben, sich zuzuschlammen, müssen die größeren Zwischenräume verwendet werden, wobei jedoch die Zahl der Teller um eine durch zwei teilbare Anzahl zu verringern ist. Der Tellereinsatz muß indessen immer so hoch sein, daß er beim Anziehen der Trommelmutter *10* etwas zusammengepreßt wird. Sollte dies nicht der Fall sein, müssen einige besondere Teller *11* unter den Oberteller gelegt werden.

Für die Trennung verschiedener Schlammsorten verwendet man Schaufelräder *23* mit Schaufeln von sehr verschiedener Form. Diese Formen verändern sich von fast geraden, radial gestellten bis zu stark gebogenen, welche nahezu becherförmige Aushöhlungen bilden, deren größte Tiefe sich ungefähr mitten zwischen dem äußeren und inneren Umfang des Schaufelradringes befindet. Die Form wird durch Angabe der Größe des äußeren und des inneren Schaufelwinkels bezeichnet, d. h. jener Winkel, welche die Schaufel an ihrer äußeren bzw. inneren Kante mit dem Radius nach diesen Punkten hin bildet. Welche Form die geeignetste ist, beruht auf den Eigenschaften des Schlammes, welcher ausgeschieden werden soll. In dieser Beziehung teilt die A. B.-Separator die verschiedenen Schlammarten in drei Hauptgruppen ein:

1. Kalk- und Lehmschlamm, ebenso wie die meisten auf chemischem Wege dargestellten pulverförmigen Nieder-

schläge. Für diese Gruppe werden gebogene Schaufeln von geringerer Tiefe, 10, 13 oder 20 mm Radius der inneren Schaufelkante, verwendet. Das äußere Schaufelende ist 7 bis 8 mm länger als das innere. Der äußere Schaufelwinkel ist ungefähr 70°, der innere 45, 60 oder 70°. Von diesen drei Formen nimmt die erstere eine größere Schlammenge als die letztere.

2. Stickstoffhaltige Verbindungen aus Pflanzenstofflaugen, sowie die meisten auf chemischem Wege dargestellten flockigen Niederschläge, zu welcher Gruppe auch das Abwasser von Städten zu zählen ist. Für diese Schlammarten sind stark gebogene Schaufeln, mit einem Radius der inneren Schaufelkante von ungefähr 20 mm zu verwenden. Das äußere Schaufelende ist 20—30 mm länger als das innere, und der äußere Schaufelwinkel beträgt 73 bis 75°. Der innere Schaufelwinkel ist, wenn der Schlamm sich glatt und schlüpfrig anfühlt, ungefähr 70°, und wenn derselbe rauh und klebrig ist, 60 bis 45° zu nehmen.

3. Stoffe, welche Neigung haben, sich zusammenzubacken, z. B. Stärke. Für diese Gruppe eignen sich schwach gekrümmte Schaufeln, deren beide Winkel 10 bis 20° betragen, oder auch gerade Schaufeln. Die Tiefe der schwach gekrümmten Schaufeln, der Radius der inneren Schaufelkante ist ca. 4 mm, und die äußere Schaufelkante reicht 3—4 mm weiter hervor als die innere. Bei Verwendung dieser Schaufelform ist stets eine äußere Leitschiene für den Schlamm erforderlich.

Wenn die geringere Relativgeschwindigkeit für die Schlammbeförderungsanordnung gebraucht werden soll, kann man sich nicht der Federwage bedienen, um den Widerstand zu ermitteln, welchen der Schlamm bei der Trennung ausübt, weshalb man bei Bestimmung der Größe der Leistung für jede einzelne Steigerung derselben genau darauf achtgeben muß, daß der Schlamm ordentlich aus der Schleuder abgeht. Sollte die ununterbrochene Abscheidung des Schlammes verringert werden oder gar aufhören, beruht dies darauf, daß die Grenze für die Größe der Leistung überschritten ist, wobei also der Schleuder mehr Schlamm zugeführt wird als die Schaufelräder zu befördern vermögen. Aus diesem Grunde muß, nachdem die Beförderungsanordnung wieder gereinigt worden ist, die Leistung etwas geringer angesetzt werden. Diese geringere Relativgeschwindigkeit ist geeigneterweise anzuwenden:

a) für Schlammstoffe der Gruppe 1, wenn bei voller Leistung die abgeschiedene Schlammenge so klein ist, daß sie nicht die Schaufeln zu füllen vermag, welche deshalb auch Flüssigkeit mit sich nehmen. Dies ist der Fall, wenn der Schlammgehalt der Flüssigkeit so gering ist, oder die Flüssigkeit sich so schwer scheiden läßt, daß das Aufnahmevermögen der Scheideteller vollständig ausgenützt ist, das der Beförderungsanordnung aber nur teilweise. Gewöhnlich kann indessen das gleiche Ergebnis dadurch erzielt werden, daß man weniger Schaufeln an den Schaufelrädern verwendet oder die Tiefe der Schaufeln etwas verringert.

b) für Schlammstoffe der Gruppe 2, welche bei der größeren Geschwindigkeit der Schaufelräder umgerührt und wieder verschlämmt werden; falls nämlich der Wunsch vorliegt, den Schlamm so trocken wie möglich aus der Schleuder zu erhalten.

c) für Schlammstoffe der Gruppe 3, welche gleich der Stärke bei erhöhter Verarbeitungsgeschwindigkeit eine beträchtliche Zunahme ihres Härtegrades aufweisen. Auch in diesem Falle wird mit der geringeren Geschwindigkeit Schlamm von größerer Trockenheit gewonnen.

Für sehr schlüpfrige Schlammstoffe der Gruppe 2 kann es von Vorteil sein, Schirme mit größerem Neigungswinkel im Verhältnis zur wagerechten Ebene (z. B. 60 °) zu verwenden, wodurch nämlich der Schlamm etwas eher aus den Schaufeln geleert wird. Da infolgedessen eine geringere Menge aus den Schaufeln verloren geht, wird naturgemäß die abgeschiedene Schlammenge um so viel größer.

Nach dem D. R. P. 236 285/1909 soll nach Lindahl-Stockholm das Hinausdrücken des an der tiefsten Stelle der kegelförmigen Trommel (siehe Abb. 91, deren Auswurfdüsen nicht mehr selbsttätig arbeiten, wenn der Schlamm zu steif wird) sich abgesetzten Schlammes durch die Bewegung von Plattenschiebern erfolgen, die bei ihrer planetenartigen Bewegung abwechselnd kleine Schlammkammern öffnen, die Schlamm eintreten lassen, die Kammern schließen und den Schlamm herausdrücken. Diese Einrichtung dürfte durch Verschleiß und Klemmen wenig betriebssicher sein. Die sich abwechselnd von der Drehachse exzentrisch entfernenden Schieber stören die Gleichgewichtslage der Trommel. Der Schwerpunkt wird fortwährend verlegt, so daß ein ruhiger Lauf um die Schwerpunktsachse nicht möglich ist. Gleichzeitig beanspruchen starke exzentrische Kräfte die Welle, die in Verbindung mit kritischen Umlaufzahlen leicht zu

Brüchen Veranlassung geben können. Im D. R. P. 196 826/1906 war ein zellenartiges Zahnrad für den genannten Zweck vorgesehen.

Eine Anwendung des Planetengetriebes für die Öffnung der Entleerungsöffnung *b-c* nach Abb. 100 zeigt das D. R. P. 296 063/1915 von Kurt Österreicher in Feuerbach. Zu dem Zwecke sind Drehscheiben eingebaut, die abwechselnd dem Schlamm den Austritt gestatten. Die Drehschieber werden aber wohl schwer dichthalten. Der Schlamm wird sich festklemmen und den Betrieb hemmen.

P. Die Abscheidung des Schlammes aus Abwässern durch Schleudern.

Die Gewinnung und Verdichtung des Schlammes aus den städtischen Abwässern ist eine volkswirtschaftliche Notwendigkeit, die immer dringlicher an uns herantritt. Man wird mit der Zeit nicht verstehen, wie man die wertvollen Abfälle, die Kotmassen verloren gehen läßt, während die tierischen Abfälle als wertvollste Düngerstoffe gesammelt und dem Felde wieder zugeführt werden. Milliarden Werte werden dem Lande entzogen und ins Meer geleitet, während teure Düngemittel von dem Ausland als Ersatz dauernd eingeführt werden müssen. Bei dem niedrigen Stand unseres Geldwertes wird uns dies aber immer schwieriger. Trotzdem laugen wir, über die Städte, unseren fruchtbaren Boden immermehr aus, führen weiter gewaltige Massen durch die Flüsse fort, als daß wir Mittel und Wege anwenden, um diese Abwässerstoffe dem Inlande zu erhalten.

So lange die Gewinnung dieses Schlammes aber mit unangenehmer Handarbeit verbunden ist, so lange wird eine allgemeine Anwendung nicht zu erwarten sein. Die Handarbeit ist hier häßlich und anstrengend, sie muß deshalb unter den heutigen Verhältnissen so außerordentlich hoch entlohnt werden (Berliner Müllkutscher), daß ihre Verminderung jetzt ganz besonders unabweisbar ist.

66. Geschichtliches.

Schon frühzeitig hat man deshalb die Anwendung von Schleudern auch hier versucht. In Leicester sind schon im Jahre 1855 Versuche nach dieser Richtung gemacht worden. Eingehende Trockenversuche wurden 1904 in Spandau vorgenommen. In demselben Jahre hat auch Baumeister Schäfer in Frankfurt a. M. sich dieser Frage zugewendet. In der städtischen Kläranlage Chemnitz wurden von Haubold Versuche mit einer Schleuder, die eine ungelochte Trommel, Einrichtung zur Untenentleerung sowie Schälrohr hatte, vorgenommen, die nicht zum gewünschten Endergebnis führten. Außerdem sind auch in Belgien (Ostende), Frankreich (Robatel) und Amerika (mit der Schleuder ähnlich Abb. 118) weitere Schlammschleudern in Versuch genommen.

Nach dem D. R. P. 23 404/1882 will H. Betche, Berlin, die städtischen Abwässer durch eine Siebschleuder filtern, nachdem eine dünne Lösung von schwefelsaurer Tonerde zugesetzt wurde. Das Filtermaterial in der gelochten Trommel besteht nach ihm am besten aus Schwämmen, mit Eisentonat getränkt. Im D. R. P. 24 801/1883 sieht dann Betche noch Schaber vor, welche in gleicher Drehrichtung wie die Schleudertrommel, jedoch mit einer anderen Geschwindigkeit umlaufen, um die sich auf der inneren Fläche absetzenden groben Verunreinigungen abzuschaben. Die kleine Filterfläche und die sonstigen im Abschnitt K genannten Nachteile verhindern die wirtschaftliche Anwendung solcher Schleudern für die Trennung der kolloidale Schleimstoffe enthaltenden Abwässer. Auch die Notwendigkeit, die Filterschicht häufig herauszunehmen zwecks Reinigung, dürfte hier die Unanwendbarkeit derartiger Schleudern bedingen.

In dauernder Benutzung befinden sich zur Zeit nur noch die Schlammschleudern der Hannoverschen Masch.-A.-G., die ohne Handarbeit betrieben werden, denn diese muß bei dem nicht appetitlichen unästhetischen Kanalisationsschlamm mit seinen Kotmassen unbedingt vermieden werden, und es wird auf diese noch näher eingegangen.

67. Der Charakter der Abwässer.

Über den Charakter der Abwässer schreibt Dunbar (Leitfaden für die Abwasserreinigungsfrage 1912, S. 62): „Stelle man sich an den Sammelkanal einer Stadt, die alle abschwemmbaren Stoffe in die Kanäle entleert, so sieht man eine Flüssigkeit von schmutziggrauer Farbe sich in meist schnellem, ununterbrochenem Laufe dahinbewegen, die einen widerlich süßlichen Geruch verbreitet, der im Freien kaum bemerkt werden kann, in geschlossenen Kanälen oder Schächten, sofern sie sachgemäß gebaut sind, nur eben, kaum belästigend, wahrnehmbar ist. Hin und wieder zeigen sich an der Oberfläche Streichhölzer, Korken, Fruchtschalen, Gemüsereste oder Kotballen. Setzt man ein feines Sieb in den Abwasserstrom, das alle gröberen, festen Partikeln abfängt, und untersucht man die so gewonnenen, ungelösten Stoffe, so findet man auf dem Sieb, außer den eben genannten Körpern, hauptsächlich flockige, faserige Bestandteile, Gewebefetzen, vorwiegend Papierstückchen von sehr geringem Umfange, hier und da auch Haare und ähnliche Stoffe. — Eine in einem Glasgefäß entnommene Probe sieht ungefähr wie Scheuerwasser aus und setzt beim Stehenlassen verhältnismäßig geringe Mengen eines schmutziggrauen, schleimigen Bodensatzes ab, ohne daß sich das darüberstehende Abwasser merklich verändert. Selbst bei 24stündigem Stehen ändert sich daran wenig. Filtriert man die Probe, so fließt sie selbst durch feines Filtrierpapier in fast unveränderter Trübung hindurch. Gießt man das Filtrat aber wiederholt auf das Filter zurück, so wird es nach mehrfachem Durchfließen in dem Maße klarer, wie die Poren des Filters sich mit den abgefangenen Stoffen verstopfen. Schließlich fließt ein klares Produkt ab, ohne daß das Filter einen erheblichen Schmutzrückstand zeigt. Bleibt die klar filtrierte Flüssigkeit einige Tage stehen, so nimmt sie zunächst einen fauligen Geruch an, und später einen ausgesprochenen Geruch nach Schwefelwasserstoff infolge allmählicher Zersetzung der gelösten fäulnisfähigen Stoffe. Nach und nach verliert sich der Geruch. Läßt man eine gleiche Probe unfiltriert, also in trübem Zustande, stehen, so wird sie nach längerer Zeit ebenfalls klar, ohne daß der erwähnte Bodensatz sich vermehrt. Dieser verschwindet vielmehr allmählich auch so weit, daß nur ein kleiner Rest flockiger Bestandteile übrigbleibt, die bei mikroskopischer Betrachtung aussehen, als ob sie sich ganz aus Mikroorganismen zusammensetzten. Die Probe ist dann ausgefault. Hat man sie bis dahin unter Korkverschluß stehen lassen, so zeigt sich beim Öffnen Geruch nach Schwefelwasserstoff, der aber leicht verfliegt.

Wer zum ersten Male solche Vorgänge beobachtet, der wundert sich in der Regel darüber, daß die Abwässer nicht konzentrierter und schmutziger sind. Denn man stellt unwillkürlich einen Vergleich an mit dem Inhalt von Fäkal- und Jauchegruben und denkt nicht daran, daß die Schmutzstoffe in den städtischen Kanälen durch das gesamte Brauchwasser der Stadt verdünnt und aufgeschwemmt werden. Es kommt hinzu, daß die ungelösten Stoffe, wie Fäkalien und Papier, bei ihrem schnellen Laufe durch die Kanäle sich an deren Wandungen zerreiben und bis auf einzelne widerstandsfähigere Reste in kleinste Partikelchen verwandelt werden, so daß z. B. selten ein größeres Stück Papier bis an die Ausmündung der Kanäle gelangt, wenn diese nicht sehr kurz sind, und daß sich die ungelösten Stoffe zum weitaus größten Teil in der Form feinen Schlammes in dem Abwasser finden."

Man fand ungefähr in 1 cbm Abwasser in

Hannover	0,3	kg Trockenmasse
Köln	0,3	,, ,,
Danzig	0,6	,, ,,
Berlin	1,08	,, ,,
Frankfurt a. M.	1,39	,, ,,
Paris	1,52	,, ,,
Brünn	1,60	,, ,,
Unna	4,65	,, ,,

Die Bestrebungen, die Stoffe nicht als Dünger zu benützen, sondern zu verbrennen, erscheint volkswirtschaftlich nicht richtig. 1 kg trockener Klärschlamm hat nur einen Heizwert von 2000 WE, weit weniger als Braunkohle. Um aber 1 kg trockenen Klärschlamm zu erhalten, muß man mehr Wärme aus anderen Brennstoffen aufwenden, als er selbst abgibt.

Degener fand in den Ablagerungen (Sedimenten) aus den Abwässern verschiedener Städte 4—18% Fett, berechnet auf lufttrockene Rückstände. Diese Fette bestanden aus 20% Neutralfetten, 50—70% Fettsäuren und bis 30% unverseihbaren Fetten. Diese Fette aus den Rückständen zu gewinnen ist bis heute wirtschaftlich nicht gelungen. Viel leichter ist es, das auf der Oberfläche schwimmende Fett abzufangen, z. B. durch Fettfänger nach Abb. 4. Abgesehen von dem Gewinn ist die Entfernung dieses Fettes wichtig, wenn die Abwässer auf Rieselwiesen oder biologische Tropfkörper geleitet werden, wo sie deren Poren bald verstopfen würden. — Diese aufschwimmenden Fette müßte man aus den von den Sinkstoffen befreiten Wässern durch Schleudern in vollkommenerer Weise entfernen, wie sie im Abschnitt 55 für Wollwaschwässer beschrieben wurden.

68. Die Schleuder von Schäfer-ter Meer.

Die ursprüngliche Schleuder von Schaefer - ter Meer (Schaefer ist Stadtbaurat in Frankfurt a. M., ter Meer Generaldirektor der H. M. A.-G.) besaß Siebflächen, die, wie gesagt, nicht ihren Zweck erfüllen können, weil sie für unsere Zwecke eine zu kleine Filterfläche besitzen und immer noch Filtertücher beanspruchen.

Es handelt sich hier um die D.-R.-Patente 153 081/1903, sowie 162 699/1903 über eine mechanische Bewegung der Verschlüsse. Das D. R. P. 160 232/1904 betrifft eine Schleuder mit zeitweise sich öffnenden Auslässen und in der Trommel angeordneten Siebflächen. Schaber und Kratzer, die die Siebflächen freihalten sollten, waren durch D. R. P. 187 676/1905 geschützt.

Die neue verbesserte Schleuder, Bauart ter Meer, von der Hannoverschen Masch. A.-G., Hannover-Linden, hat eine sieblose Trommel und wurde von Fr. Ludwig (Chem. Apparatur 1919, S. 1) eingehend beschrieben. Sie hat sich zur Trennung der Schwebestoffe aus den Abwässern der Stadt Hannover und Frankfurt befriedigend bewährt.

Die Schleudern sind für ununterbrochenen Betrieb gebaut und arbeiten mit zwei sich stets wiederholenden Betriebsabschnitten. Während des ersten tritt der Klärschlamm in die Maschine ein und wird durch Ausschleudern des Wassers

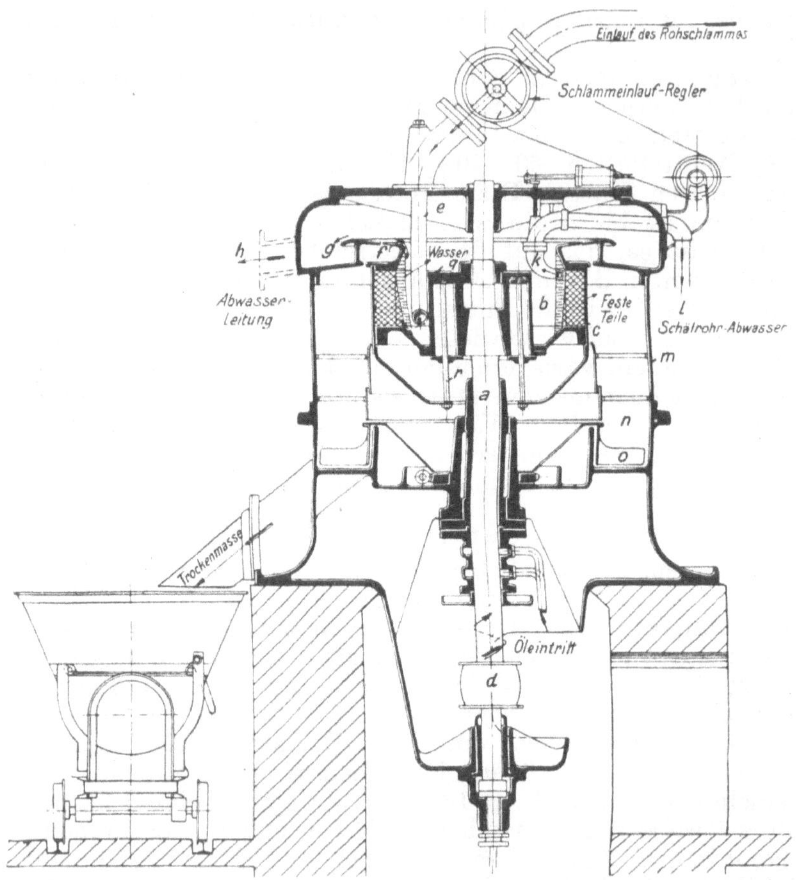

Abb. 120. Sieblose Schleudermaschine Bauart „ter Meer“ im Schnitt.

getrocknet. Nach der Trocknung werden während des zweiten Abschnittes die zurückgebliebenen festen Bestandteile selbsttätig aus der Schleuder entfernt. — Siehe auch das D. R. P. 22085/1882 von O. Lenz, Berlin.

Bei der sieblosen Schleudermaschine Bauart „teer Meer“ (Abb. 120) sind die Siebe vermieden und die Übertragungseinrichtungen für den

Antrieb der sternförmigen Schaber entfallen. Die auf der Spindel *a* festbefindliche Schleudertrommel *b* besitzt außen einen auf- und abbeweglichen Trommelmantel *c*. In der gezeichneten Stellung ist der Trommelmantel oben, die Trommel geschlossen nach Abb. 121. Der Rohschlamm tritt durch das feststehende Rohr *e* unten in die Trommel ein und steigt nach oben. Die schwereren Schlammteile werden durch die Fliehkraft nach außen an den Trommelmantel gedrückt und das Wasser tritt, sobald die Trommel bis zum Überlauf *f* angefüllt ist, in einer dünnen Schicht über die Ringkante und fließt durch den Ringkanal *g* und den Stutzen *h* in die Ablaufleitung. Der Schlamm füllt nach und nach die Trommel, deshalb wird der Einlaufregler *i* nach bestimmter Zeit geschlossen und der Zulauf hört auf. Jetzt

Abb. 121. Schleudertrommel mit geschlossenem Schiebermantel.

Abb. 122. Schleudertrommel mit geöffnetem Schiebermantel.

wird das bewegliche Schälrohr *k* in die Wasserzone selbsttätig geschwenkt (entspricht der gezeichneten Stellung in Abb. 120) und das noch in der Trommel befindliche Restwasser abgeschält. Durch die Leitung 1 fließt das Schälrohrablaufwasser zurück zum Klärbecken bzw. zum Rohschlammbehälter. Während des Schlammeinlaufes ist das Schälrohr *k* um 90° gedreht, also nicht in der Wasserzone.

Nachdem das Restwasser, welches nicht allein überlaufen kann, abgeschält ist, befindet sich nur verhältnismäßig trockener Schlamm in der Trommel. Jetzt geht der Trommelmantel *c* nach unten (Abb. 122) und der Schlamm gleitet durch die eigene Fliehkraft nach außen gegen die Gehäusewand *m*, wird durch Anprallen zerkleinert und fällt in die Rinne *n*, von wo er durch die sich langsam bewegenden Räumer *o* zur Öffnung *p* geführt wird und auf ein Förderband oder in einen Wagen fällt. Nach Entleerung der Trommel geht der Mantel wieder nach oben, das Schälrohr k ist inzwischen zurückgeschwenkt, der Einlaufregler i öffnet wieder den Zulauf e und der Vorgang wiederholt sich.

Der Schiebermantel c wird durch den Ringkolben q mittels der Stangen r bewegt. Die Betätigung des Kolbens erfolgt durch Preßöl, und zwar tritt dieses durch zwei Bohrungen in der Spindel a abwechselnd über und unter den Kolben. Auch die Bewegungen des

Abb. 123. Sieblose Schleuder, Bauart ter Meer. Außenansicht mit Preßöl-Steuerung.

Einlaufreglers i und des Schälrohres k erfolgen durch Steuerkolben mittels Preßöl (ter Meer, D. R. P. 211 559/1907). Zu- und Ablauf des Preßöles werden durch eine besondere Steuerung geregelt (D. R. P. 291 832/1913), welche außen am feststehenden Gehäuse nach Abb. 123 angebracht ist und nicht an der drehenden Bewegung der Trommel teilnimmt. Die vollständig selbsttätig arbeitende Steuerung besteht aus drei, entsprechend den Bewegungsstellen — dem Trommelmantel,

Einlaufregler und Schälrohr — in einem Gehäuse untergebrachten entlasteten Kolbenschiebern, die wiederum durch drei auf einer gemeinsamen Welle sitzende Nockenscheiben betätigt werden (Abb. 123). Je nach Beschaffenheit des Rohschlammes wird die Steuerung eingestellt bzw. die Einlaufzeit geändert. Außerdem kann noch durch Veränderung der Drehzahl des Einlaufreglers die Einlaufmenge geregelt werden. Beide Einstellungen können während des Betriebes vorgenommen werden, ohne daß hierzu die Schleuder außer Betrieb gesetzt zu werden braucht. So ist es möglich, die Arbeitsweise der sieblosen Schleuder den Schwankungen in der Beschaffenheit des Rohschlammes auch während der Arbeitszeit in den weitesten Grenzen vollständig anzupassen.

Die besondere Durchbildung des Zulaufreglers, bestehend aus einem Zellenrad mit Drehschieber ist im D. R. P. 291 915/1913 ter Meer geschützt.

Der Schiebermantel wird durch das Preßöl fest an das Trommelgehäuse gedrückt, so daß eine bessere Abdichtung der Schleudertrommel ermöglicht wird. Das erforderliche Preßöl liefert eine Plungerpumpe, die das Öl in die Druckleitung fördert, an die ein Gewichtsakkumulator angeschlossen ist. Dieser dient dazu, das von der Preßpumpe zuviel geförderte Öl aufzunehmen und unter wenig wechselndem Druck für die Umsteuerung der Schleuder bereit zu halten, so daß diese zeitweise (während der Umsteuerung) mehr Preßöl verbrauchen können, als die Pumpe liefert. Er wirkt als Regler des Öldruckes und Verbrauches und besteht aus einem einfachwirkenden, aufrechtstehenden Zylinder, dessen Kolben mit Gewichten belastet ist. Liefert die Pumpe mehr Öl, als die Schleudern verbrauchen, so steigt der Akkumulatorenkolben, während er im entgegengesetzten Falle sinkt. Gleichzeitig dient das Preßöl auch zum Schmieren und Entlasten des durch die schwere Trommel stark belasteten Spurlagers.

Bei der Schleuder nach Abb. 120 macht sich der Übelstand geltend, daß sich beim Verschieben des Schleuderkessels das fest an ihn gedrückte Schleudergut zwischen den Abstreifboden (Entleerungseinsatz) und die Kesselwand hineindrückt. Die Erfindung (Abb. 124) bezweckt eine Dichtung an dieser Stelle dadurch, daß ein aus einzelnen Ringteilen r^1, r^2 bestehender Dichtungsring verwendet wird, der durch die Schleuderkraft an den verschiebbaren Mantel M der Maschine gepreßt wird. Auf der sich im Betrieb dauernd drehenden Welle w ist ein Kopfstück k angeordnet, an welchem der Boden b der Schleuder befestigt ist, und in welchem mehrere Zylinder c mit Kolben K untergebracht sind, die auf eine beliebige Weise bewegt werden. Die Enden der Kolbenstangen st sind fest mit den Armen a des Trommelmantels M verbunden. Beim Entleeren der Schleuder wird der Mantel nach unten gezogen. Hierbei steht das am Trommelmantel befindliche getrocknete Schleudergut noch unter der Schleuderkraft und haftet daher an dem Mantel M so fest, daß es sich noch zwischen dem Mantel und dem Abstreifboden *b* hindurchpreßt. Dies wird unmöglich gemacht durch die an dem äußeren Umfang des Bodens angebrachte Dichtung 3, deren voneinander unabhängige Ringteile r^1, r^2 fester gegen den Mantel *M* geschleudert werden als das leichtere Schleuder-

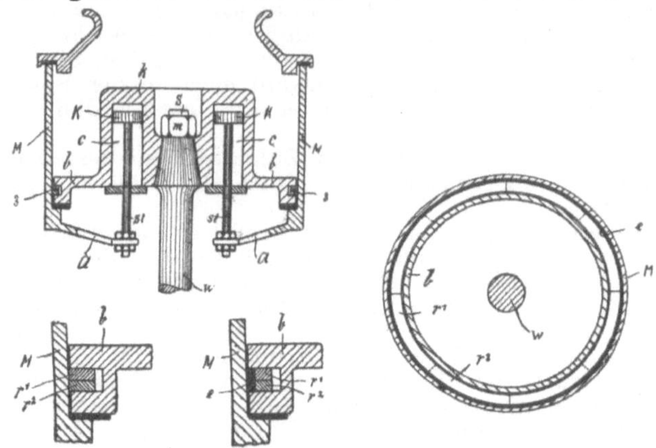

Abb. 124. Dichtung des Abstreifbodens.

gut. Die losen Ringteile r^1, r^2 können noch mit einem Dichtungsmittel *e* umkleidet sein (D. R. P. 294 381/1913).

Die auch bei den Abwässern häufig störende Schaumbelästigung will ter Meer (D. R. P. 277 899/1912) dadurch beseitigen, daß zwischen dem Austrittsrand (an der Trommel) für die Flüssigkeit und dem Auffangrohr *g*, nach Abb. 125 eine stillstehende, sanft ansteigende Wand *w* eingeschaltet ist.

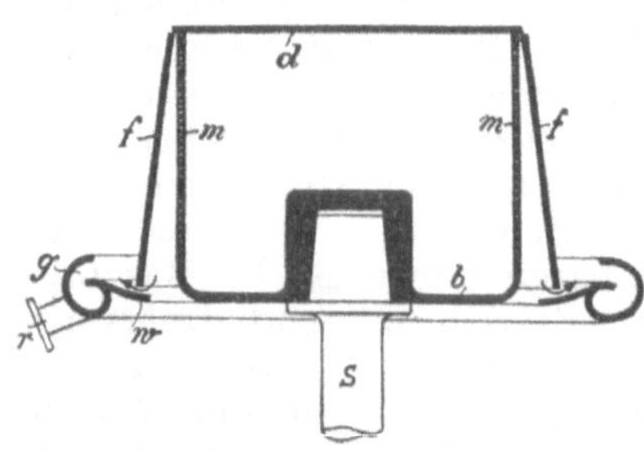

Abb. 125. Auffangwände zur Verminderung der Schaumbelästigung.

Bei den ungelochten Schleudertrommeln legen sich die festen Stoffe an die innere Trommelwand, dann folgt weniger trockenes Gut und zuletzt die Flüssigkeit. Bei einem geschlossenen scheibenartigen Schieber, der das Gut in der Trommel weiterfördert, wurden gleichzeitig trockenes und nasses Gut zum Auswurf gefördert. Im D. R. P. 245 924/1910 sieht ter Meer deshalb einen ringförmigen Zylinderschieber vor, von solcher Wanddicke, daß nur das unmittelbar an der Trommel haftende, geschleuderte Gut fortgeschoben wird und zwar bis zur Entleerungsstelle, wo das Gut mittelst Schnecken aus der Trommel abgeleitet wird.

Da die außerordentlich verschiedene Zusammensetzung des Klärschlammes mit den Tagesstunden, Wochentagen und den Jahreszeiten wechselt und in jeder Anlage verschieden ist, lassen sich scharf abgegrenzte Leistungsangaben für diese Schleuder nicht machen. Nach den bisherigen Erfahrungen gelten die nachstehend aufgeführten Zahlen als

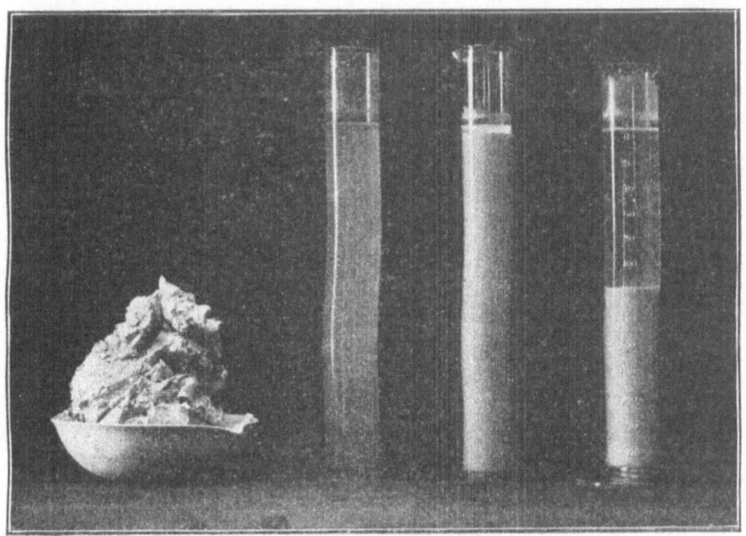

Abb. 126. Kaolinschlamm.

gute Mittelwerte. In einer sieblosen Schleuder können etwa 4—9 cbm Rohschlamm stündlich verarbeitet werden, dabei beträgt die Menge der ausgeschleuderten Trockenmasse 700—1400 kg. Aus 1 cbm Rohschlamm von 90% Wassergehalt werden etwa 125—225 kg Trockenmasse ausgeschieden und dabei etwa 60—80% aller im Schlamm befindlichen festen Teile gewonnen. Der Wassergehalt des abgeschleuderten Trockenschlammes beträgt durchschnittlich 60%, im Ablaufwasser sind noch bis etwa 2—3% feste Teile enthalten. Die Schleuder gestattet somit nicht, den gesamten Trockengehalt aus dem Abwasser zu gewinnen, vielmehr ein ziemlicher Anteil, durchschnittlich 40% werden mit dem Ablaufwasser der Schleuder weggeführt. Dabei ergibt sich weiter, daß bei der Schleuderung eine Entmischung des Schlammes in der Richtung eintritt, daß in das Ablaufwasser mehr als die Hälfte der organischen Stoffe des Rohschlammes überführt werden, dagegen nur $^1/_3$ der Mineralstoffe. Das Ablaufwasser wird somit verhältnismäßig viel reicher an fäulnisfähigen organischen Stoffen, als der ursprüngliche Schlamm und wird daher auch viel leichter in

Abb. 117. Salzschlammrückstände aus der Löserei einer Chlorkaliumfabrik.

Zersetzung übergehen, als jener (s. Mitteil. d. Kgl. Prüfungsanstalt Berlin, Heft 10, 1908 über die Untersuchung der Anlage in Harburg a. E.). Man kann sie deshalb nur dort in die Flußläufe einführen, wo günstige Vorflutverhältnisse vorhanden sind. Die Wasserentfernung, bezogen auf den Wassergehalt des Rohschlammes, beläuft sich auf 80—90%. Der Kraftbedarf für eine Schleudermaschine beträgt etwa 12—15 PS, für die Preßölpumpe 3—5 PS. Das ablaufende Wasser ist immer noch stark getrübt, die trennende Wirkung für unsere Zwecke ungenügend. Die Aufenthaltszeit ist zu ungleichmäßig und besonders zu kurz für das zuletzt eingetretene Abwasser. Es wird wie bei der Schlammschleuder nach Abb. 50 auf dem kürzesten Wege von der Eintrittsstelle nach dem Überlauf *f* fließen, ohne genügend lange der trennenden Schleuderkraft ausgesetzt zu sein. Hauptsächlich scheint auch trübes Wasser durch die Dichtstellen zwischen dem Zellenkorb und dem verschiebbaren Trommelmantel hindurchzutreten. Der Schleuderdruck (Formel 43, S. 120) ist hier sehr groß, so daß auch durch den kleinsten Ritz große Mengen ungeklärten Rohwassers in das geklärte Wasser spritzen können. Ob dies durch entsprechende Durchbildung vermieden werden kann, will ich hier nicht näher prüfen. Zumindest erscheint der ganze Aufbau der Schleuder recht teuer, und man würde sicher einfachere Formen vorziehen, wenn mit diesen Gleichwertiges zu erreichen ist. Bemerkenswert ist das vollständig selbsttätige Arbeiten dieser Schleudern ohne jede menschliche Hilfe, und daß sie einen stichfesten Schlamm von lockerer, krümeliger Beschaffenheit liefert.

Der Betrieb mit den Schleudern ist ohne Zweifel sauberer als der mit Absatzbehältern oder Filterpressen. Aber er soll sich zur Zeit noch teurer stellen als dieser. Schwierigkeiten mit den Arbeitern und die Notwendigkeit, nichts mehr ungenützt in die Flüsse zu entlassen, wird hier zu weiteren Fortschritten zwingen. Man wird eine Teilung der Arbeit für die Schleudern vornehmen müssen, mit anschließendem Ausflocken der löslichen Bestandteile (s. Abschn. 37), ähnlich dem folgenden Schema.

Durch die Unterteilung wird die Verarbeitung sowohl der abgeschleuderten Schlammsorten, als auch der verschiedenen Abwässer sehr erleichtert, z. B. durch biologische Abwasserreinigung, durch Ausfaulen, Abdampfen u. dgl. Günstig wirkt die innige Durchmischung mit Sauerstoff der Luft, das Abwasser sättigt sich damit wie in den natürlichen Gewässern, sodaß die Mikroorganismen lebensfähiger werden und die organischen Beimengungen schneller verarbeiten. Ammoniak wird ausgetrieben, Schwefelwasserstoff oxydiert.

Auch für die Abscheidung anderer schlammartiger Stoffe hat diese „ter Meer-Schleuder" Anwendung gefunden. Auf der Abb. 126 ist in dem in der Mitte stehenden Standglas frischer, aufgerührter Kaolinschlamm mit 74% Wassergehalt sichtbar, rechts dagegen im abgesetzten Zustande nach 24 Stunden. Im Standglas links ist das abgeschleuderte Wasser sichtbar und daneben der, der Schleuder entnommene Kaolinschlamm mit 35% Wassergehalt. Entsprechend zeigt die Abb. 127 den Salzschlammrückstand aus der Löserei einer Chlorkaliumfabrik, mit 37 bzw. 15% Wassergehalt.

Q. Der Kraftverbrauch.

Zu prüfen wäre noch, wie der Kraftverbrauch die wirtschaftliche Verwendung der Schleuder, z. B. in Zuckerfabriken, beeinflußt. Eine Schleuder der Größe von 1200 ⌀ erfordert etwa 7 PS im vollen Lauf und zum Anlassen kurze Zeit bis 25 PS. Zwei Schleudern, für eine tägliche Verarbeitung von 10000 Zentner Rüben werden somit durchschnittlich nicht mehr als insgesamt 20—25 PS beanspruchen, die bei der gut durchgebildeten Dampfwirtschaft in der Zuckerfabrik keine Rolle spielen.

Es ist aber in Zuckerfabriken noch ein Gewinnkonto offen, das mit diesem Kraftverbrauch in Ausgleich gebracht werden kann. Das ist die Koksmenge, die durch den geringeren Kalkverbrauch erspart wird. Rechne ich nur mit einer Kalkersparnis von 3% (Claaßen berechnet diese in einer Erwiderung auf meine Arbeit [Zeitschr. d. V. d. D. Zucker-Ind. 1919, S. 63] nur zu 1 bis $1^1/_2$%, weil er für die Nachscheidung eine größere Kalkmenge für notwendig erachtet), dann werden mindestens 0,3% Koks oder täglich 1500 kg erspart. Mit diesem könnte ich etwa 600 kg Dampf stündlich erzeugen, die ohne Schwierigkeit in der Lage wären, eine 25 pferd. Dampfmaschine für die zwei Schlammschleudern zu treiben. Der mit den

Schleudern verbundene Kraftverbrauch wird hier also glatt durch die Koksersparnis gedeckt. Außerdem wird auch der nicht unbedeutende Kraftverbrauch für die Filterpreß-Schlammpumpen erspart.

Der Kraftverbrauch setzt sich zusammen aus dem ersten Aufwand zur Inbetriebsetzung der Schleuder und dann aus dem weiteren Aufwand zur Aufrechterhaltung des Betriebes. Der Kraftaufwand für die Inbetriebsetzung ist sehr bedeutend. Je weniger oft die Schleuder in Betrieb gesetzt werden muß, je länger sie ununterbrochen läuft, um so weniger oft ist diese Kraft aufzuwenden und um so geringer ist der Gesamtkraftverbrauch. Darin liegt ein großer Vorteil der ununterbrochen arbeitenden Schleuder.

Im einzelnen will ich auf die verschiedenen Ursachen, die den Kraftverbrauch beeinflussen, eingehen.

69. Kraftverbrauch für den Anlauf.

Für die Inbetriebsetzung der Schleuder, um die Trommel und die mit ihr umlaufenden Teile einschließlich der Füllung auf die volle Umlaufzahl zu bringen, ist eine Energiezufuhr notwendig, die sich berechnet zu

$$L = \tfrac{1}{2} J \cdot \omega \,. \tag{51}$$

Darin ist J = Trägheitsmoment der umlaufenden Massen, ω = Winkelgeschwindigkeit des Schwerpunktes der umlaufenden Massen.

Das Trägheitsmoment J ist gleich der Summe der Produkte aus den umlaufenden Massenteilchen (aus denen sich die Trommel nebst Zubehör und die Füllung zusammensetzen) und dem Quadrat ihrer Entfernung r von der Drehachse. Je geringer die Masse, je kleiner also das Gewicht der Trommel, je näher sie sich an der Drehachse befinden, je kleiner also der Durchmesser ist, um so geringer ist das Trägheitsmoment. Um so geringer ist auch die aufzuwendende Kraft, die bedingt wird durch leichte Konstruktionen.

Die Winkelgeschwindigkeit ist gleich der Umfangsgeschwindigkeit für $r = 1$, somit

$$\omega = \frac{2 \cdot 1 \cdot \pi \cdot n}{60} = 0{,}1047 \cdot n \ \text{m/sek}, \tag{52}$$

so daß die Kraft für die Inbetriebsetzung um so kleiner wäre, je niedriger die Umlaufzahl n bleibt. Dies darf aber für die Wahl der Umlaufzahl nicht maßgebend sein, weil geringer

Radius hohe Umlaufzahlen bedingt, und im Trägheitsmoment J der Radius im Quadrat wirkt, dagegen in der Winkelgeschwindigkeit die Umlaufzahl nur proportional n ist.

Hier an einzelnen Beispielen auszurechnen, wie sich der Kraftverbrauch für die Bewegung der Massen stellt, bringt keine neuen Gesichtspunkte und wird deshalb unterlassen.

70. Leerlaufsarbeit.

Zu dem Kraftverbrauch für den Anlauf gesellt sich noch die Arbeit, die notwendig ist, um die Schleuder, ohne daß sie sonst arbeitet, auf die volle Umlaufzahl zu bringen und darauf zu erhalten. Diese sog. Leerlaufsarbeit wird bewirkt durch

die Reibung in der Lagerung, den Luftwiderstand, die Verluste im Antrieb, mangelhafte Ausführung.

a) Der Arbeitsaufwand, den die Reibung in der Lagerung bedingt, wird um so kleiner, je geringer das Gewicht der Trommel mit Füllung ist. Also auch hier gilt die Forderung leichter Konstruktionen. So bauten Fesca und Burmeister & Wain (Abb. 63) nach Art der in Zuckerfabriken üblichen Siebschleudern jahrelang ihre schweren Trommelschleudern, bis sie von den leichten, geringe Durchmesser besitzende, aber schnellaufenden Schleudern (Separatoren) bei der Reinigung und Entrahmung von Milch, Hefe usw. ganz verdrängt wurden.

Das Reibungsmoment, welches sich der Drehung der Trommel auf ihrem Spurzapfen entgegenstellt, ist

$$M = \tfrac{1}{2}\,\mu_1 r_2\,(G_S + G_F)\,. \tag{53}$$

Darin ist μ_1 = Reibungszahl für den Zapfen; bei Stahl auf Bronze z. B. $\mu_1 = 0{,}07$; r_2 = Radius des Spurzapfens in cm; G_S das Gewicht der auf dem Zapfen ruhenden und umlaufenden Teile der Trommel, Spindel, Deckel, Scheideteller u. dgl. in kg; G_F das Gewicht der in der Trommel verbleibenden Füllung.

Die aufzuwendende Reibungsarbeit beträgt

$$E_3 = \frac{\pi \cdot n}{3000} \cdot M \quad \text{in mkg/sek} \tag{54}$$

$$N_3 = \frac{\pi \cdot n}{3000} \cdot \frac{\mu_1 \cdot r_2\,(G_S + G_F)}{75 \cdot 2} \quad \text{in PS.} \tag{55}$$

Aus diesen Formeln ersieht man, daß die Zapfenreibungsarbeit wieder um so kleiner wird, je leichter die Trommel und je kleiner die Füllung ist. Um so geringer ist der Druck auf die Lagerung, die dann auch um so weniger der Abnutzung unterworfen ist. Auch zeigt die Formel 55 die Abnahme des Arbeitsaufwandes mit der Abnahme des Zapfenradius bzw. Zapfendurchmessers. Beliebig dünn kann man den Zapfen aber nicht machen, sonst wird er angefressen oder zerdrückt. Die Reibungszahl μ_1 kann besonders durch die Wahl von Kugellagern vermindert werden. — Die Abb. 52 zeigt Rollenlager, die sich bei leichteren Schleudern sehr bewährt haben.

b) Der Luftwiderstand ist ebenfalls um so kleiner, je kleiner die Abmessungen der Trommel sind. Glatte Oberfläche bedingt selbstverständlich geringe Luftreibung, und doch wird viel hiergegen gehandelt. Rippen, Flügel und Führungen werden angebracht oft ohne Rücksicht darauf, daß diese wie Ventilatorflügel kraftverzehrend wirken. Wie ungünstig die freikreisenden Becherschleudern in dieser Beziehung wirken, habe ich schon im Abschnitt H gezeigt und zeigte auch die Milchschleuder von Prof. A. Prandtl-München vom Jahre 1875.

Diese Becherschleuder war mit Zu- und Ablaufröhren so ausgestattet, daß ein ununterbrochener Betrieb möglich gewesen wäre. Die beiden langen, schräg geneigten Becher (s. Martiny, Die Schleuderentrahmung, Geschichte ihrer Entwicklung 1913, S. 20) sollten von Hand gedreht werden. Um die Kurbel mit 20 Umläufen minutlich umzudrehen, so daß die Becher 310 vollführten, waren zwei Mann notwendig, die etwa 11 mkg/sek $= \frac{11}{75} = 0{,}15$ PS zu leisten hatten. Von diesen 11 mkg wurden 3 mkg allein auf Überwindung des Luftwiderstandes verbraucht. Ob Milch zufloß ($^1/_2$ l in der Minute) oder nicht, machte keinen entschieden merkbaren Unterschied im Kraftbedarf. Prandtl erklärte, daß der Gedanke der ununterbrochenen Schleuderentrahmung auf dem von ihm eingeschlagenen Wege, wegen zu großen Reibungswiderständen an der Luft, praktisch nicht verwertbar sei. Er sah von weiteren Versuchen ab und die so zweckmäßig begonnene Arbeit blieb liegen. Es ist dies ein Schulbeispiel dafür, wie eine gut durchdachte Sache wegen geringen Unzulänglichkeiten nicht lebensfähig wurde, weil, wie so häufig, sich Chemiker und Ingenieur nicht rechtzeitig zusammenfanden. Hätte Prandtl die Becher mit einem vollständig geschlossenen, abgestumpften Kegelmantel umgeben, dann wäre der Luftwiderstand sehr viel geringer ausgefallen. So aber wirkten die Schleudergefäße wie lange Ventilatorflügel, die große Mengen Luft umwarfen und viel Kraft abbremsten. Hieran sei ausdrücklich erinnert, denn häufig findet man Schleudertrommeln mit breit ausladenden Rippen, Wänden u. dgl., die durch den bedeutenden Ventilationswiderstand einen unnötig hohen Kraftverbrauch bewirken.

Auch die einzelnen Zellen der ursprünglichen „Schaefer-ter-Meer"-Schleuder wirken wie Ventilatorflügel, stark den Antrieb belastend.

Welchen Nutzen die Ummantelung in bezug auf den Kraftverbrauch bietet, habe ich ebenfalls schon mehrfach erwähnt. Der Mantel, der gleichzeitig als Schutzmantel gegen gefährliche Trommelsprünge dienen soll, darf aber nicht zu enge und dicht die Trommel umhüllen. Mit der Trommel kreist eine gewisse Luftmenge, deren Geschwindigkeit um so weniger behindert wird, je weniger dicht der feststehende Mantel an der Trommel steht. Den vorteilhaftesten Zwischenraum können nur Versuche erweisen.

Auch bei der Schleuder nach Abb. 112 u. 113, deren Trommeln Planetenbewegung ausführen, ist die Notwendigkeit wohl durchdachter Verkleidungen erwähnt. Hier sind diese Verschalungen noch nützlicher als bei den schnellaufenden Riemenscheiben und Schwungrädern.

c) Die Verluste im Antriebe.

Auf diese Verluste einzugehen, würde zu weit führen, weil dann alle möglichen Antriebsarten, wie Riemen, Schnüre, Ketten, Elektromotoren, Wasserdampf - Turbinen, Dampfmaschinen u. dgl., einer Würdigung unterzogen werden müßten. Da auch die Antriebsart mehr von den örtlichen Verhältnissen abhängt und weniger von der Schleuder bedingt wird, so haben diese eigentlich wenig mit dem inneren Wesen der Schleuder zu tun, auf welches ich hier in der Hauptsache eingehen wollte.

d) Mangelhafte Ausführung.

Sorgfältige Ausführung vermindert ganz wesentlich den Arbeitsaufwand. Unrunder Lauf, schlagende Trommeln, führen nicht nur leicht zur Zerstörung, sondern bedingen auch großen Kraftverbrauch. Dies ist schließlich jedem, der mit Schleudern arbeitet, bekannt, und doch sucht man meistens durch unnütze Einrichtungen diesem Übelstand abzuhelfen. Ich möchte zur Klarstellung dieser kraftfressenden Wirkung auf Versuche an Schmirgelscheiben (Z. d. V. d. Ing. 1899, S. 1295) hinweisen, die zeigten, daß eine nur geringe Exzentrizität in der Lage des Steines schon starke Schwingungen erzeugte, welche manchmal sogar das Fundament und die angrenzenden Umfassungsmauern des Gebäudes in Mitleidenschaft zogen. Zerstörungen der ganzen Einrichtungen traten ein. Der Arbeitsaufwand nahm sehr erheblich zu. Bei zentrischer Lage des Steines lief dagegen die Vorrichtung sehr ruhig und mit ganz geringem Kraftverbrauch. — Wie schädlich der unrunde butternde Lauf auf die Trennung bei Schleudern wirkt, darauf ist schon mehrfach hingewiesen. —

Hat man eine Schleuderanlage vor sich, bei der alles sich bewegt, sogar die Fundamente hin- und herschwingen, dann soll man sich überlegen, welche Kraft notwendig ist, um solche Masse zu bewegen und in Bewegung zu erhalten. Diese Kraft muß am Antrieb zugeführt werden, frißt also ständig kostbare motorische Betriebskraft. Mittel und Wege müssen gefunden werden, um ruhigen Lauf zu erzielen.

Auch bei einer leer ruhig laufenden Schleuder können Störungen in der Gleichgewichtslage durch die Füllung eintreten. Durch die exzentrische Lage des Schwerpunktes treten bei der als Kreisel zu betrachtenden Schleudertrommel Präzissions- und Nutationsbewegungen auf, die dem Kreisen einen mit der Umlaufgeschwindigkeit steigenden Widerstand entgegensetzen. Dieser muß durch größeren Kraftaufwand überwunden werden.

Es wird nicht möglich sein, den Kraftverbrauch, der sich aus der Reibung, dem Luftwiderstand, den Antriebsverlusten und aus mangelhafter Ausführung ergibt, rechnerisch genau zu bestimmen. Nach verschiedener Richtung ausgeführte Versuchszahlen liegen nicht vor. Ich habe deshalb bei einigen der ausgeführten Schleudern die Leerlaufsarbeit angegeben, um wenigstens Vergleichsgrundlagen zur Verfügung zu haben.

Der Kraftbedarf für den Eigenbetrieb, den Leerlauf, läßt sich gut beurteilen aus der Auslaufzeit einer Schleuder. Die zur Erreichung der vollen Umlaufzahl aufgewendete Anlaufsarbeit L wird nach der Abstellung des Antriebes verzehrt durch Lager- und Luftreibung, sowie durch innere Kreiselwiderstände und Kraftverbrauch im Antrieb. Vergleichende Versuche über die Auslaufzeit, z. B. an verschiedenen Milchschleudern, liegen leider noch nicht vor, trotzdem diese leicht feststellbar ist und wertvolle Winke für die Konstruktion daraus zu erhalten wären.

Mit der Umlaufszahl steigt fast proportional der Kraftverbrauch. Eine Schleuder, die bei 1500 Umdrehungen etwa 0,5 PS beansprucht, erfordert bei 9000 Umdrehungen etwa

$$0{,}5 \cdot \frac{9000}{1500} = 3 \text{ PS} .$$

71. Vollaufarbeit.

Die Arbeit, die aufzuwenden ist, um die Schleuder im vollen Lauf zu erhalten, setzt sich zusammen aus der Leerlaufsarbeit nach 70. und der Arbeit, welche die Flüssigkeit in der Schleuder verbraucht, durch ihren Zu- und Ablauf.

Die zu klärende Flüssigkeit, der Schlammsaft, wird in die Schleuder geleitet und muß auf die volle Umlaufzahl der Schleuder gebracht werden. Jedes Kilogramm der Füllung soll die größte Umlaufgeschwindigkeit v_1 annehmen, und es ist der hierzu erforderliche Arbeitsaufwand $A = \frac{Q_{kg}}{3600} \cdot v_1$, wenn Q_{kg} das Gewicht der stündlich zufließenden Menge ist. Die Arbeitsleistung ist

$$N = \frac{Q_{kg} \cdot v_1}{3600 \cdot 75} \text{ PS}, \tag{56}$$

oder für $\frac{Q_{kg}}{3600} = 1$ kg in der Sek. wird

$$N_F = 1 \cdot \frac{v_1}{75} = \frac{2\, r_1 \cdot \pi \cdot n}{60 \cdot 75} = 0{,}0014 \cdot r_1 \cdot n. \tag{57}$$

Diese Arbeit N_F geht verloren, wenn man die Schleuder nach jeder Füllung abbremst, oder wenn die Flüssigkeit am Trommelumfang durch radial gerichtete Auswurfdüsen oder Schlitze nach Abb. 98, 102, 104 austritt. Deshalb macht sich auch bei Schleudern mit Teilfugen am Mantel (z. B. Abb. 51, 74, 80) sofort eine außerordentliche Steigerung des Kraftverbrauches bemerkbar, wenn durch die undichte Teilfuge Flüssigkeit austritt. Auch im Schälrohr geht diese Arbeit verloren, wenn sie nicht, wie im Abschn. L angegeben, zur Hebung nutzbar gemacht werden kann.

Die in der Flüssigkeit aufgespeicherte und bei ihrem ungehinderten Austritt verlorengehende Arbeit beträgt z. B. bei einer Schleuder, nach Abb. 104, deren Auswurfdüsen 325 mm von der Drehachse abstehen,

$$N_F = 0{,}0014 \cdot r_1 \cdot n = 0{,}0014 \cdot 0{,}325 \cdot 900 = 0{,}41 \text{ PS}$$

für 1 kg in der Sekunde austretendes Wasser oder für die dort genannte Leistung

$$0{,}41 \cdot \frac{10\,000}{3600} = \backsim 0{,}41 \cdot 3 = 1{,}23 \text{ PS}.$$

Es gibt nun verschiedene Möglichkeiten, diese Arbeit wieder zurückzugewinnen.

72. Die Rückgewinnung der von der Flüssigkeit aufgenommenen Arbeit.

Bei der Rückgewinnung der von der Flüssigkeit aufgenommenen Arbeit gelten die gleichen Bedingungen wie bei den Wasserturbinen. Trifft in beliebiger Richtung strömendes

Wasser tangential auf eine konkav gekrümmte Fläche, mit genügend großem Krümmungsradius, so wird es allmählich von seiner Richtung abgelenkt (wobei der gegenseitige Druck seiner Schleuderkraft gleich ist), seine relative Geschwindigkeit aber nicht geändert. Ist diese beim Austritt der absoluten Geschwindigkeit der Austrittsstelle (am Turbinenrad, hier an der Schleudertrommel) gleich und entgegengesetzt, so ist seine absolute Austrittsgeschwindigkeit gleich Null. Auf diese Weise könnte also, abgesehen von Nebenverlusten, dem Wasser, der in der Schleudertrommel befindlichen Flüssigkeit, seine lebendige Kraft wieder vollständig entzogen und wieder zurückgewonnen werden. Wilhelm Jaeger-Könkendorf (D. R. P. 43550/1887) sah im Anspruch „3“ Leitschaufeln am Trommelboden vor, welche die der überlaufenden Flüssigkeit innewohnende Arbeitskraft wieder auf die Trommel übertragen. S. a. Brit. P. 2245/1911, österr. P. 49446, ferner Abb. 98 u. 99.

Durch die Drehung um die Achse wird aber die Flüssigkeit beeinflußt. Die entstehende Schleuderkraft preßt sie nach außen, und die so vermehrte Pressung vergrößert die *relative Austrittsgeschwindigkeit* der Flüssigkeit. Diese Austrittsgeschwindigkeit v_4 ist, wie im stillstehenden Gefäß, abhängig von der Höhe der darüber stehenden Flüssigkeit h (nach Abb. 16, h_4, h_5, h_6). Diese Ausflußgeschwindigkeit durch die Düsenöffnung ist demnach

$$v_4 = \sqrt{2 \cdot g \cdot h}\,. \tag{58}$$

In dieser Formel 58 ist für h je nach der Lage der Austrittsöffnung (Abb. 16) h_4 h_5 oder h_6 zu setzen. Da die Schleuderkraft zwar dem Radius umgekehrt, aber dem Quadrate der Umfangsgeschwindigkeit unmittelbar proportional ist, wird, wenn man die austretende Flüssigkeit nur durch Rückdruck (Reaktion) wirken läßt, die relative Ausflußgeschwindigkeit in allen ausführbaren Fällen beträchtlich größer als die entgegengesetzte absolute Umfangsgeschwindigkeit der Austrittsstelle an der Trommel. Es gelingt daher nur sehr unvollkommen, auf diese Weise der austretenden Flüssigkeit ihre lebende Kraft zu entziehen.

Trotzdem soll man sich diese Möglichkeit des Kräftegewinnes durch tangentiale Anordnung der Austrittsdüsen nach Art des Segnerschen Wasserrades nicht entgehen lassen, wenn eine andere nicht anwendbar ist wegen der Eigenschaften der zu schleudernden Flüssigkeit. Die verschiedenen bisher beschriebenen Auswurfdüsen, z. B. Abb. 94, sind radial zu der Achse nach außen gerichtet. Der durch den Ausfluß eintretende Rückdruck kann so nicht für die Drehung nutzbar gemacht werden.

Der Rückdruck des austretenden Strahles ist mehr oder weniger zentrisch auf die Drehachse gerichtet. Ist nur eine Düse vorhanden, oder stehen sich, beim Vorhandensein von mehreren Düsen, diese nicht symmetrisch um die Drehachse und achsial gegenüber, so entstehen einseitige Drucke. Diese stören das Gleichgewicht und damit den ruhigen Lauf, die gute Scheidung und vermehren den Kraftaufwand.

Erst die tangentiale Anordnung der Austrittsdüsen nach Art des bekannten Segnerschen Wasserrades nach Abb. 128 übt die drehende Wirkung auf das Rad aus, die wir häufig an Springbrunnenaufsätzen betrachten können.

Rennerfelt in New York (D. R. P. 155 981/1903) will sich dies zunutze machen, um den sonst erforderlichen Kraftverbrauch zu vermindern und dadurch die Leistungsfähigkeit einer Flüssigkeitsschleuder mit bestimmtem Kraftverbrauch zu erhöhen.

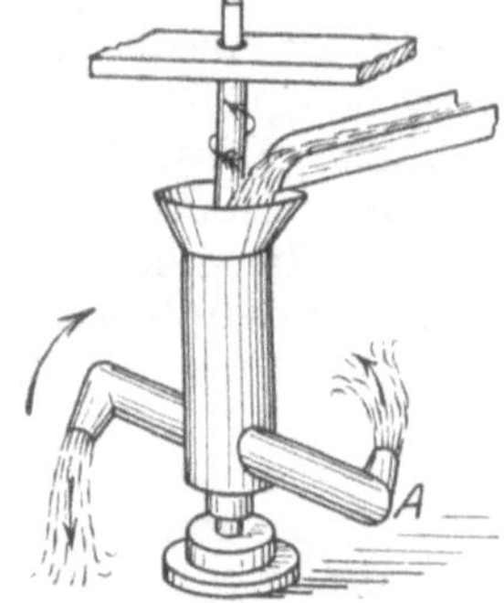

Abb. 128.
Rückdruck aus tangential austretender Flüssigkeit.

Bei den bisher verwendeten Schleudern erreicht man bei einer hohen Drehgeschwindigkeit eine vollkommenere Trennung und bessere Wirkung mit kleineren Trommeln als mit größeren Trommeln bei einer geringeren Geschwindigkeit. Die von der Trommel abzuleitende Flüssigkeit bewegt sich mit gleicher Geschwindigkeit wie die Trommel; sie strömt, wenn sie durch eine oder mehrere von ihr nicht ganz gefüllte Ausströmungsdüsen abgeleitet wird, mit einer Geschwindigkeit aus, die infolge des Beharrungsvermögens der Flüssigkeit derjenigen der Düse gleichkommt und noch durch den Schleuderdruck vergrößert wird, wobei sie in einer tangentialen Richtung zur Trommel abgeschleudert wird (siehe Abb. 129). Die Geschwindigkeit der ausströmenden Flüssigkeit stellt einen Energieverlust dar, der durch die Triebkraft ersetzt werden muß, und da die verlorene Energie im Verhältnis des Quadrates der Abflußgeschwindigkeit steigt, so ergibt sich, daß bei einer gewissen Flüssigkeitsmenge die zu einer guten

Trennung erforderliche Geschwindigkeit in manchen Fällen nicht erhalten werden kann, falls die zur Verfügung stehende Kraft beschränkt ist.

Nach dem D. R. P. 155 981 wird der in den Düsen der Trommel vorhandene hydrostatische Druck zum Erleichtern der Drehbewegung der Trommel ausgenutzt, indem die Ausströmungsdüsen der entrahmten Milch so angebracht werden, daß sie die Flüssigkeit in einer zur Drehrichtung der Trommel entgegengesetzten tangentialen Richtung abgeben und zugleich so ausgebildet sind, daß die in erwähnter Richtung ausströmende entrahmte Milch eine möglichst hohe relative Geschwindigkeit zur Austrittsstelle der Milch aus der Trommel erhält. Durch eine solche Anordnung wird die ausströmende Flüssigkeit (die Milch) vermöge des Rückdruckes dazu beitragen, die Trommel in der Richtung herumzudrehen, in welcher sie durch die Triebkraft gedreht wird, so daß also die Arbeit der letzteren unterstützt wird. Hierdurch wird die zum Antrieb der Schleuder erforderliche Kraft vermindert, da die absolute Geschwindigkeit der ausströmenden entrahmten Milch so viel als möglich vermindert wird.

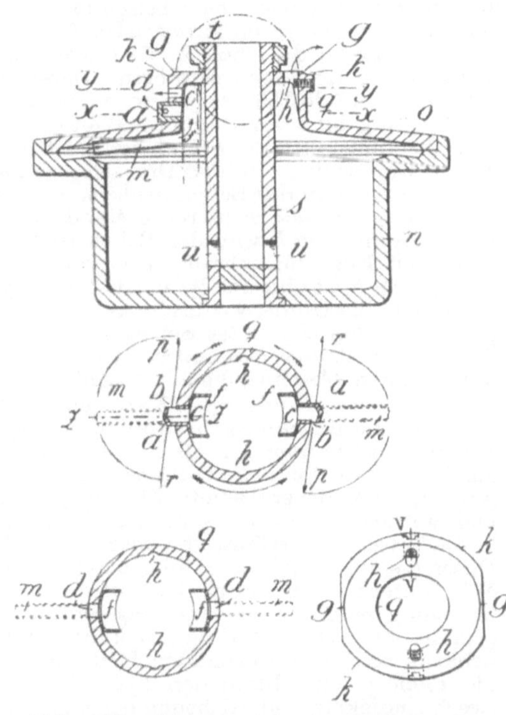

Abb. 129. Tangentiale, kraftsparende Anordnung der Auswurfdüsen.

Auf der Abb. 129 bezeichnet *n* die Trommel, *o* den Deckel, *q* dessen Hals, *s* das Milcheinlaßrohr, *t* die den Deckel an der Trommel festhaltende Mutter und *u* die Löcher im Einlaßrohre, durch welche die Milch in die Trommel eintritt.

An den inneren Enden der Rohre *m* sind für die entrahmte Milch Tröge oder Kammern *f* vorgesehen, die nach der Mitte der Schleuder zu offen sind, um die Reinigung der Rohre *m* mittels dazu geeigneter

Bürsten zu erleichtern. Diese Tröge reichen mit einer Düse *a* durch den Trommelhals hindurch und tragen verengte Ausflußöffnungen *b*, so daß die hier auszulassende Flüssigkeitsmenge infolge Drosselung nur mit einer bestimmten Geschwindigkeit abzufließen vermag. Diese Geschwindigkeit wird durch den hydrostatischen Druck der in der Düse zwischen ihrem inneren Ende *c*, dem Eingang zur Düse und ihrer Mündung *b* vorhandenen Flüssigkeit bewirkt. Die Tröge *f* sind außerdem oberhalb oder seitlich der Öffnungen *a* mit Öffnungen *d* versehen, die den Zweck haben, den Überschuß von Milch abzuleiten, falls die Schleuder mit einer nicht normalen Geschwindigkeit getrieben wird und die Düsen *a* die ganze in die Tröge *f* hineingepreßte Flüssigkeitsmenge nicht abzuleiten vermögen. Diese Öffnungen *d* liegen infolge der Kegelform des Halses *q* etwas näher der Drehachse der Trommel als der Eingang *c* der Düsen *a*. Während des Ganges der Schleuder muß die Innenseite der entrahmten Milchschicht immer in einer gewissen Entfernung von der Drehachse gehalten werden, wenn nicht Veränderungen in der Beschaffenheit, d. h. im Fettgehalt des erhaltenen Rahms bzw. der leichteren Bestandteile der Milch eintreten sollen. Durch die Spalten *h* wird der Rahm abgleiten; sie sind in bekannter Weise mit Regelungsschrauben versehen. Dicht am äußeren Rande der Spalten *h* ist eine rundlaufende Kante *g* vorgesehen, über welche der Rahm ausströmt, wodurch seine Geschwindigkeit gegenüber derjenigen bei den bekannten Schleudern vermindert wird, da bei diesen der Rahm erst über den äußeren Rand *k* des Trommelhalses und mit der größeren Geschwindigkeit desselben abfließt.

Eine in vorbeschriebener Weise gebaute Schleuder wirkt wie folgt: Nachdem die Regelungsschrauben in den Spalten *h* eingestellt worden sind und die Trommel in Drehbewegung versetzt ist, wird die Milch durch das Rohr *s* und die Öffnungen *u* in die Trommel fortlaufend eingeführt, wobei die entrahmte Milch in gewöhnlicher Weise nach außen und aufwärts durch die Rohre *m*, wie die Pfeile angeben, und weiter in die Tröge *f* einströmt, von welchen sie durch die Einlässe c in die Düsen *a* eintritt und diese füllt, so daß die dort gesammelte entrahmte Milch unter Einwirkung des hydrostatischen Druckes in einer der Drehbewegung der Trommel entgegengesetzten tangentialen Richtung ausgepreßt wird. Diese Wirkung ist in Abb. 129 schematisch veranschaulicht, in welcher die krummen Pfeile die Drehrichtung der Trommel, die Pfeile *p* die durch den hydrostatischen Druck herbeigeführte Geschwindigkeit und Richtung der ausströmenden entrahmten Milch und die Pfeile *r* die Geschwindigkeit und Richtung der ausströmenden Milch in bisher gebräuchlichen Schleudern angeben. Hieraus geht hervor, daß die entrahmte Milch die Düsen mit einer Geschwindigkeit verläßt, die dem Unterschied zwischen den beiden Geschwindigkeiten *r* und *p* gleichkommt, also gleich r-p ist.

Infolge der in ihrem oberen Teil der Drehachse sich nähernden Wandlung des Halses *q* und der Tröge *f* wird die abfließende entrahmte Milch den oberen Rand der Düseneinlässe *c* gewöhnlich nicht übersteigen; würde dieses aber infolge verminderter Drehgeschwindigkeit oder vermehrter Milchzufuhr durch das Rohr *s* eintreten, so wird der Überschuß von entrahmter Milch wie bei gewöhnlichen Schleudern durch die Öffnungen *d* abfließen, die, wie vorerwähnt, der Achse der Trommel näher liegen als die inneren Enden der Düsen a. Die Öffnungen *d* haben somit nur den Zweck, den Überschuß von Milch von den Trögen f dann abzuleiten, wenn die Schleuder zu langsam getrieben oder wenn die Menge der zugeführten Milch zu groß wird.

Die Abflußgeschwindigkeit des ausströmenden Rahms kann auch dadurch beschränkt werden, daß der Rahm durch Düsen abgeleitet wird, welche die Gestalt der beschriebenen Düsen für die entrahmte Milch besitzen; selbstverständlich wird die hierdurch noch weiter erreichte Kraftersparnis nicht erheblich sein, da die Menge des Rahms eine geringere ist als die der Milch. Wollte man für den abgleiteten Rahm gleichfalls Düsen anwenden, so müßten sie auch verhältnismäßig kleiner ausfallen, wodurch aber der Nachteil entsteht, daß sie schwieriger zu reinigen sind. In der Praxis dürfte es daher zweckmäßiger sein, den Rahm in gewöhnlicher Weise abzuleiten; doch ist hierbei zu bemerken, daß durch die Anordnung der Kante g dicht an den Abflußspalten h schon eine Kraftersparnis erreicht wird gegenüber den alten Einrichtungen, bei welchen der Rahm an der äußersten Kante k abgeschleudert wird.

Wie im Vorstehenden die Einrichtung in Anwendung auf Milchschleudern beschrieben worden ist, kann sie auch an manchen anderen Flüssigkeitsschleudern verwendet werden.

Gestattet die Eigenart des Schleudergutes oder der Flüssigkeit die Rückführung bis nahe an die Drehachse, nachdem das Gut der größten Schleuderkraft die erforderliche Zeit ausgesetzt war, ohne daß durch Schlammablagerungen Verstopfungen eintreten, dann kann die aufgewendete Arbeit zum größten Teil wieder an die Trommel zurückgegeben werden. Die Arbeit der Schleuderkraft ergibt sich nach Weißbach (Theoret. Mechanik) aus folgenden Berechnungen.

Ist die Bahn $c\,a\,b$, Abb. 130, in welcher sich ein Körper m bewegt, selbst nicht in Ruhe, sondern dreht sich diese um eine Achse c, so teilt sie dem Körper eine Schleuderkraft C mit, vermöge welcher das Arbeitsvermögen des Körpers vergrößert oder vermindert wird, je nachdem er sich bei seiner Bewegung in der Bahn von der Drehachse c entfernt oder sich derselben nähert.

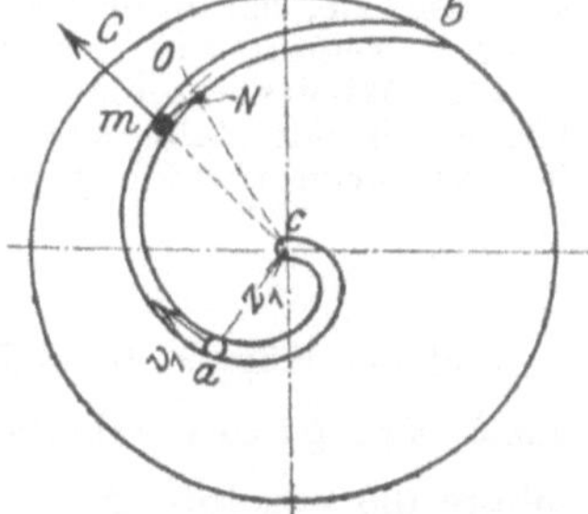

Abb. 130. Bahn eines unter der Schleuderkraft sich bewegenden Körpers.

Ist ω die Winkelgeschwindigkeit, z die veränderliche Entfernung $c\,m$ des in der Bahn $c\,a\,b$ laufenden Körpers, so hat man die veränderliche Schleuderkraft derselben.

$$C = \omega^2 \cdot m \cdot z \qquad (59)$$

Es ist folglich die Arbeit dieser Kraft, während der Körper ein Wegteilchen $m\,O$ durchläuft, und der Halbmesser c—m um $NO = \xi$ wächst

$$C\,\xi = \omega^2 m \cdot z \cdot \xi \qquad (60)$$

Denken wir uns nun den Halbmesser z aus x-Teilchen, jeden $= \xi$, bestehend, setzen also $z = x \cdot \xi$, und nehmen wir an, daß der Körper seinen Weg im Drehungspunkt c beginnt, so erhalten wir die Arbeit der Schleuderkraft des Körpers beim Durchlaufen des Weges $c\,a\,m$, wobei die Entfernung des Körpers allmählich von *0* bis *z* wächst, indem wir in dem letzten Ausdruck statt *z* nach und nach die Werte ξ, 2ξ, $3\xi \ldots n\xi$ einsetzen und die so erhaltenen Werte zusammenzählen:

$$A = \omega^2 \cdot m\,\xi\,(\xi + 2\,\xi + 3\,\xi + \ldots + x\,\xi) = \omega^2\,m\,\xi^2\,(1 + 2 + 3 + \ldots + x$$

oder da $1 + 2 + 3 + \ldots\ldots + x$ bei einer großen Anzahl von Gliedern $\frac{n^2}{2}$ zu setzen ist: $A = \omega^2\,m\,\xi^2\,\frac{n^2}{2} = \frac{1}{2}\,\omega^2\,m\,z^2$. (61)

Da die Umdrehungsgeschwindigkeit des Kreisels im Abstande $c—m = z$ von der Umdrehungsachse ist $v_1 = \omega \cdot z$, so läßt sich folglich einfacher setzen

$$A = \tfrac{1}{2}\,m \cdot v_1^2 = \frac{v_1^2}{2\,g} \cdot G. \tag{62}$$

Wenn der Körper seine Bewegung nicht in *c*, sondern in irgendeinem anderen Punkte *a* außerhalb der Umdrehungsachse beginnt, dessen Entfernung von *c*, $c\,a = z_1$ und Umdrehungsgeschwindigkeit $v_2 = \omega\,z_1$ ist, so fällt natürlich die Arbeit $\frac{1}{2}\,\omega^2\,m\,z_1^2$ beim Durchlaufen des Weges *c a* ganz aus, und es ist daher die entsprechende Arbeit der Schleuderkraft, während der Körper von *a* nach *m* läuft.

$$A = \tfrac{1}{2}\,\omega^2\,m\,z^2 - \tfrac{1}{2}\,\omega^2\,m\,z_1^2 = \tfrac{1}{2}\,\omega^2\,m\,(z^2 - z_1^2)$$

$$= \tfrac{1}{2}\,m\,(v_1^2 - v_2^2) = \frac{(v_1^2 - v^2)}{2\,g}\,G. \tag{63}$$

Wenn sich also ein Körper in einer starren Bahn oder Rinne bewegt, welche sich um eine feste Achse dreht, so nimmt das Arbeitsvermögen dieses Körpers um das Produkt aus dem Gewicht *G* und aus dem Unterschied der Geschwindigkeitshöhen $\left(\frac{v^2}{2\,g}\right.$ und $\left.\frac{v_1^2}{2\,g}\right)$, welche den Umdrehungsgeschwindigkeiten der Endpunkte *a* und *m* des Weges zukommen, **zu**, bei einer Bewegung von innen nach außen, und **ab** bei einer Bewegung von außen nach innen.

Das Arbeitsvermögen, welches der Körper beim Durchlaufen des Kreisels in der Bahn *a m b* gewonnen oder verloren und folglich der Kreisel verloren oder gewonnen hat, ist

$$A = \pm\left(\frac{v_1^2 - v_2^2}{2\,g}\right) G. \tag{64}$$

Soll der Körper beim Durchlaufen des Kreisels in der Richtung *a m b* sein ganzes Arbeitsvermögen $\frac{v_2^2}{2\,g}\,G$ dem Kreisel mitteilen, so müßte die absolute Austrittsgeschwindigkeit v = Null und deshalb müßte die Bahn bei *b*, wie schon gesagt, tangential am Umfang des Kreisels auslaufen.

Diese beim Durchlaufen der Flüssigkeit aufzuwendende oder freiwerdende Arbeit ist schon früher als Druckwirkung auf die Trennwände behandelt. Die Abb. 29 hat den Seitendruck auf die Scheidewand gezeigt, der durch Gegendruck auf die Trommel, also durch drehende Kraftäußerung, überwunden werden muß. Leite ich aber die Flüssigkeit wieder zurück zur Achsenmitte, dann muß ein entgegengesetzter Druck auftreten, nach Weißbach die aufgewendete Arbeit zurückgebend. Bei Milchschleudern ist dies lange erkannt und deshalb wird die Magermilch, nachdem sie der größten Schleuderkraft ausgesetzt war, zurück möglichst nahe an die Achse geleitet. Je näher der Auslauf an den Einlauf herangeführt werden kann, um so vollkommener ist der Rückgewinn an Kraft. Die Milchschleudern, z. B. nach Abb. 85, zeigen, wie weit dies konstruktiv möglich ist. Ganz in die Achsenmitte *a-b* nach Abb. **131** kann man nicht gehen, weil dann der Ausfluß aufhören würde. Es fehlt dann der für die Bewegung der Flüssigkeit durch die Schleuder notwendige Druckunterschied *e* und der Ausgleich für die spezifischen Gewichte nach Abschn. 57. Dieser Druckunterschied *e* (Abb. 131) wird bedingt durch den Unterschied der Schleuderkräfte entsprechend der Abstände r_1 und r_2. Die Austrittsöffnung *d* muß soviel weiter entfernt von der Drehachse *a-b* liegen, als die Einlauföffnung *a*, daß der notwendige Druck erzeugt wird, der die Flüssigkeit bewegt und die Reibungswiderstände in der Schleuder auf dem Wege *a-b* — *c-d* überwindet. Meist ist die Entfernung r_1 des Überlaufes einstellbar, um die davon abhängige Druckflußgeschwindigkeit einstellen zu können. — Ist r_1 zu klein und die Zuflußmenge zu groß, dann füllt sich die Trommel nach der Zulaufseite immer mehr an, r_2 wird ebenfalls immer kleiner, bis schließlich der Überfluß bei *f* übertritt. Sind gleichzeitig spezifisch leichtere Stoffe, z. B. Milchfett, zu scheiden, dann muß dessen Überlauf *h* näher an die

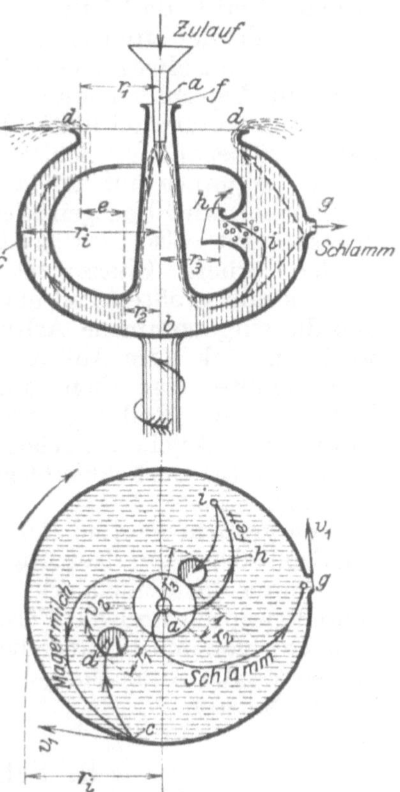

Abb. 131. Weg der Körperchen und Lage der Zu- sowie Abflußöffnungen.

Schleuderachse gelegt werden als der Überlauf *d* für die spezifisch schwerere Flüssigkeit (Magermilch). Es muß infolge dieser Gewichtsunterschiede sein $r_2 < r_3 < r_4$.

In bezug auf den Kräfterückgewinn ergibt sich z. B. in bezug auf die schematische Abb. 131 folgendes, wenn angenommen wird, daß Milch zu schleudern ist: Die bei *a* im Mittelpunkt der Drehachse eintretende Vollmilch bewegt sich auf einem Spiralweg nach außen. Dabei trennt sich das Fett, während Magermilch von *a* bis *c* und der Schlamm von *a*—*g*, zum Trommelmantel läuft. Der Schlamm bleibt bei *g* liegen (oder wird bei anderen Schleudern herausgedrückt), verbraucht somit die ganze auf ihn verwendete Schleuderkraft. Die Magermilch wird dagegen wieder zurück zum Überlauf *d* gedrückt, gibt also den größten Teil der Schleuderarbeit wieder zurück. Ebenso ist dies beim Milchfett der Fall, welches zum größten Teil nur einen kürzeren Weg zurücklegt und die aufgenommene Arbeit wieder abgibt, indem es von *i* wieder zurück zum Auslauf *h* wandert. Diese Rückwanderung müßte eigentlich auf der ursprünglichen Spirallinie erfolgen, Reibungswiderstände, Arbeit verbrauchend, halten die Teilchen zurück, so daß die Rücklaufspirale nach Abb. 131 zurückbleibt gegenüber der zulaufenden (s. a. Abb. 31).

Von großem Einfluß auf den Kraftverbrauch ist auch in den Schleudern die selbsttätige Austragung, weil die Schlammteile durch die Schleuderkraft auf den Trommelmantel aufgepreßt werden und die Fördervorrichtung diese bedeutende Last bewegen muß. Einzelheiten zu berechnen, dürfte wenig nützen, da die Abmessungen doch von Fall zu Fall bestimmt werden müssen.

R. Schlußwort.

Es ist eigenartig und wunderbar, daß uns in der Schleuderkraft ein sehr wirksames Mittel in die Hand gegeben ist, welches gestattet, auf die kleinen und kleinsten Körperchen mit weit größerer Gewalt wirken zu können, als durch die Schwere. Mit einer solchen Kraft, daß die absetzende Wirkung wesentlich beschleunigt wird und somit Zeit und Raum erspart werden. Man braucht nicht zu warten und zu warten, bis sich unter dem Einfluß der Schwerkraft die Teilchen langsam absetzen, man kann vollständig oder wesentlich Filter ersparen.

Daran ändern auch nichts die neueren Ansichten über die Relativität. Hier wurde für die Schleuderkraft, nach der Newtonschen Mechanik, die Grundformel 8 angewendet

$$C = \frac{m \cdot v_1^2}{r} = m \cdot r \cdot \omega^2 .$$

Nach der Relativitätstheorie ist, wenn die Lichtgeschwindigkeit $c = 300\,000$ km/sek ist

$$C = \frac{m \cdot r \cdot \omega^2}{1 - \left(\frac{r \cdot \omega}{c}\right)^2} = \frac{m \cdot v_1^2}{r\left(1 - \frac{v_1^2}{c^2}\right)} . \tag{65}$$

Diese Formel 65 zeigt, daß die Schleuderkraft bei zunehmender Umfangsgeschwindigkeit $v_1 = r \cdot \omega$ schneller wächst, als nach der Newtonschen Formel. Sie wird schon bei der Umfangsgeschwindigkeit $v_1 = r \cdot \omega = c$ unendlich groß. Dabei tritt auch hier die Lichtgeschwindigkeit c als Grenzgeschwindigkeit auf, wie bei anderen Bedingungen der Relativitätstheorie. Wir haben es aber hier bei den Schlammschleudern mit Umfangsgeschwindigkeiten zu tun, die weit unter der Lichtgeschwindigkeit von $c = 300\,000$ km $= 300$ Mill. m/sek liegen, so daß die Abweichung fast gar nicht in Rechnung zu stellen ist.

Bei der Wahl der Schlammschleuder muß man beachten, daß wohl Sink- und Schwimmstoffe durch Schleudern aus Flüssigkeiten abscheidbar sind, aber nicht Schwebestoffe. Während die ersteren sich in der Ruhe absetzen, also auch von der Schleuder beeinflußt werden, sind die in der Schleuder zur Verfügung stehenden Kräfte auch auf die in den Flüssigkeiten frei schwebenden Stoffe wirkungslos, wenn nicht andere fällende Hilfsmittel angewendet werden.

Wie in den Absetzgefäßen findet auch in der sieblosen Schlammschleuder keine vollständige Trennung, keine vollkommene Entwässerung, sondern nur eine Anreicherung der festen Körper statt. Immer wird noch ein mehr oder weniger hoher Prozentsatz Flüssigkeit in den Zwischenräumen der Körperchen mit dem Schlamm vermischt bleiben.

Die Größe der Poren-Zwischenräume ist von der körperlichen Gestalt der festen Teilchen und deren mehr oder weniger gleichen Abmessung abhängig. Nimmt man den festen Rückstand des Schlammes als Kugeln von gleichem Durchmesser an, dann ist der Rauminhalt aller Kugeln

$V = 0{,}73$ des zur Verfügung stehenden Gesamtraumes (s. Block, Kalkbrennen, S. 135). Es verbleibt dann zwischen den Kugeln ein Hohlraum von

$$100 - 73 = 27\%.$$

Hatte der feste Rückstand ein spez. Gew. von $\gamma_2 = 1{,}0$ und die, die Hohlräume ausfüllende Flüssigkeit ebenfalls ein spez. Gew. von $\gamma_1 = 1{,}0$, dann würde der Flüssigkeitsgehalt des Schlammes im günstigsten Falle auf 27% in der sieblosen Schleuder vermindert werden können. Haben wir es z. B. mit Quarzkügelchen zu tun, mit $\gamma_2 = 2{,}8$ und Wasser mit $\gamma_1 = 1{,}0$, dann würde der geringstmögliche Wassergehalt des Quarzschlammes sein

$$\frac{27 \cdot 1{,}0 \cdot 100}{73 \cdot 2{,}8} = 13{,}2\%.$$

In Wirklichkeit bleibt aber der Wassergehalt wesentlich höher infolge des anhaftenden oder auch aufgesogenen Wassers bei anderen Schlammarten.

An diese Grenzen der Leistungsfähigkeit muß man immer denken, um die Anforderungen nicht höher zu stellen, als sie erreichbar sind. Ist vollständige Entwässerung nötig, dann kommen noch andere Einrichtungen (Trockner u. dgl.) in Frage.

Es kann sich bei der Verwendung der sieblosen Schleuder um nichts weiter handeln, als um ein beschleunigtes Absetzen, um die Erreichung der damit zusammenhängenden vielen Vorteile.

Die vorliegende Arbeit dürfte auch gezeigt haben, daß viele Industriezweige nebeneinander Einrichtungen benutzen und neue erfanden, ohne voneinander etwas zu wissen. Viel Arbeit wird dadurch doppelt, also nutzlos geleistet. Wenn es gelingt, diese hinderlichen Scheuklappen auch nur etwas zu kürzen, so ist der Zweck dieser Arbeit erfüllt.

Namenregister.

Sachregister.